看護学生のための 物理学 (第6版)

佐藤和艮
元　愛知県立看護大学教授

医学書院

著者略歴

佐藤和良（さとう　かずたか）
1965 年　名古屋大学理学部物理学科卒業
1968 年　愛知県立看護短期大学勤務
1995 年　愛知県立看護大学勤務
2003 年　愛知県立看護大学退職

看護学生のための物理学

発　行	1989 年 1 月 6 日	第 1 版第 1 刷
	1993 年 3 月 1 日	第 1 版第 5 刷
	1994 年 1 月 6 日	第 2 版第 1 刷
	2000 年 2 月 15 日	第 2 版第 8 刷
	2001 年 3 月 1 日	第 3 版第 1 刷
	2007 年 12 月 1 日	第 3 版第 8 刷
	2008 年 11 月 1 日	第 4 版第 1 刷
	2013 年 12 月 15 日	第 4 版第 6 刷
	2014 年 10 月 15 日	第 5 版第 1 刷
	2020 年 11 月 1 日	第 5 版第 7 刷
	2022 年 1 月 15 日	第 6 版第 1 刷Ⓒ
	2023 年 12 月 15 日	第 6 版第 3 刷

著　者　佐藤和良
発行者　株式会社　医学書院
　　　　代表取締役　金原　俊
　　　　〒113-8719　東京都文京区本郷 1-28-23
　　　　電話　03-3817-5600（社内案内）
印刷・製本　三報社印刷

🖊 第6版の序

　本書初版が1989年に出版されてから既に30年以上になります。その間，医療現場も看護師職務内容もずいぶんと変化して，看護学生が学ぶべき課題も変わってきました。それに対応してこの教科書の内容も順次書き改めてきました。新たに話題を掘り起こし物理学との関連で内容を深めた事柄もあれば，看護教育の中では以前ほどは重要視されなくなってきた内容もあり，本書の限られた頁数に収まりきれずに削除した内容もあります。

　最新の医療を効果的に進め発展させていくために，看護業務には物理学的視点がますます重要になっていますが，現実の看護教育の場では物理学を履修する看護学生はごく少数で，ほとんどの看護学生は物理学を学ばないようで残念なことです。そうした中で，勇気を持って本書を手にされた皆さんが，真に役立つ学びができたと感じられるよう，しかもそのご努力が苦難ではなく喜びに感じられるようにと願っています。

　看護学には全くの素人の筆者が，たまたま看護の物理教育にかかわるようになってから既に50年以上が経過していますが，その間，看護学生や卒業生の教え子や同僚の看護教員の皆さんに，たくさんのことを教えてもらいました。その中で，看護学が実に奥深く崇高で，学問的にも大変興味深いことや，看護学にとって物理学がとても大事な視点であることを知り，大いに知的に楽しませてもらいました。ありがたくとても感謝しております。

　看護学と物理学の関連性には絶対的な確信を持ったものの，看護学生の先入観である「物理嫌い」には，かなり苦労しました。物理学に苦手意識を持った看護学生たちに何とか学習意欲を持ってもらい，学んでよかったとか楽しかったとか思ってもらえる講義を目指して，試行錯誤を繰り返してきました。物理学に対する拒否反応を解きほぐし前向きに学んでもらうために，「遊び心の物理学」というキャッチフレーズでさまざまな試みをした教育実践例を「日本物理教育学会」等の場で研究発表していた時期もありました。本書はこうした精神を継承して書かれています。

　第6版では，本文での主要な記述に追加して，「脚注」と「参考」の欄をさらに充実させて，関連事項を多面的に興味を持って学べるように工夫を凝らしてあります。この部分は，講義の中ではおそらく時間不足になると思われるので，是非皆さん自身の自己学習で深めていってください。さらにまた今回の第6版では，本文を読む頭脳活動だけでなく，自分で簡単な実験を試みる「遊び心の演習」を，各章に新たに加えました。実際に自分の手先も身体も使って，物理学の学びを楽しんでいただきたいと思います。

　巻末の『寺田寅彦の科学随筆』3編は，ご遺族と岩波書店の特別のご厚意

で初版から掲載させていただいており，看護学生先輩諸氏が愛読し好評をいただいております。おそらく皆さん方も共感し，自然の見方が変わってくることでしょう。そして皆さん自身が，看護実践や日常の生活の中でこうした面白い視点を見つけ出して，探究を楽しんでいってください。

「看護学生の声」は，今ではベテラン（すでに定年退職された方も大勢いらっしゃいます）の元看護学生諸氏が，現在の皆さんと同様に希望にもえて看護学の道を歩み始めた時期に残してくれた貴重なお言葉の一端です。真摯な前向きのお気持ちが正直に綴られています。皆さんの思いと共通する部分も多々あるのではないでしょうか。学生の頃にはいろいろと迷い悩んでいても，真剣に立ち向かって努力しつづけていけば必ずや立派に成長し，誇りと確信を持って世の中に立派な役割を果たしていくようになることを，筆者はたくさん知っています。こうした本文以外の付録的記述欄も，皆さんの励みとなりお役に立てば幸いです。

本書はこうしていろいろな試行錯誤をした結果，従来の格調高い教科書とは随分と違った雰囲気の，手作り感いっぱいの教科書になってしまいました。この教科書で看護学生のための物理学を楽しく学んでいただき，それが将来の看護実践や生涯の生活に少しでも役立ってくれれば，筆者の大きな喜びであります。

奥深い看護学の世界の中には，浅学の筆者が気づいていない看護学と物理学の接点や学問的面白味がたくさん存在しているはずです。それらを皆さんご自身で見つけ出し深めて，そしてそれを役立ててくれることを期待しております。

2020年初頭より，おそらく人類の歴史に記されるであろう大きな出来事，新型コロナウイルス感染症(COVID-19)の世界的な感染拡大によって，世界中の誰もが大きな影響を受け，多大な苦難を強いられてきました。とくに医療従事者のご苦労は計りしれず，感謝と敬意を表します。さらにこれに関連して，看護教育においてもさまざまな影響が表われ，安全・安楽・安心の目標に加え，感染リスクを軽減するための処置がより注意深く求められています。この看護物理学に関連しても，とくにボディメカニクスの学問的原理と具体的な感染予防策との関係で，むずかしい対応が必要になっています。患者と看護師の両者にとって最大限の安全が保たれるように，「標準予防策（スタンダード・プリコーション）」を遵守しながら，必要な看護行為を確実に実施していただきたいと思います。ご健闘をお祈りいたします。

なお，このたび本書第6版発行にあたっては，医療環境の大きな変化に対応して記述内容を大幅に入れ替えた部分が多く，編集担当者の溝口明子さんには大変お骨折りをいただきました。感謝いたします。

2021年10月

著　者

🖌 初版の序

　この本は，看護学生向けに物理学的思考のセンスを養い，物理学的取扱いの面白さを知り，現代的医療従事者としてその職務に対処できる基礎を身につけてもらう目的で書いた。

　筆者は約20年間，看護学生に対する物理学の授業を通して，将来の職業や人生のうえで真に役立つ物理学の授業はどうあるべきかを考え，試行錯誤を重ねてきた。学生の反応・看護教員の意見・職場で働く卒業生の声などを集約し，その結果得られた結論は次のとおりであった。まず，医療や人体に関連した物理現象を取り上げ，学生が興味を持って授業を受けられること。そして，知識の蓄積や計算演習を中心とした授業から，1つの現象をていねいに観察してそれを物理的に思考できるような授業をすること。最終的に学生自身がそれほど大きな間違いをしない結論に達せられる。そのような能力が身につく授業をすることである。

　人体に関連して生ずる物理現象は，一般の物理学教科書で扱う純粋な現象に比較してはるかに複雑である。本来ならば，物理学の基本法則を学習したうえにさらに応用的学習も必要となる。しかし，与えられた時間は限られており，また深めようとしたら際限がない。本書は，物理学の基本法則や医療に関係する物理的知識のすべてを網羅して解説し，それを覚えるようには書いていない。医療現場に出ると，予備知識なしに初めて対処しなくてはならない事態がつぎつぎと現われてくる。ここでは冷静な判断と，迅速かつ最低限必要な処置が要求される。そのためには，学生時代から新しいことに抵抗感なくとび込んでいき，適切な対処ができる基本的態度を身につけておくことが大切である。それを身につける学習として，人体や医療に関連する物理現象と日常の身近な物理現象について数例を取り上げた。中には医療現場には直接何の役にも立たない議論だけに終始し，確固とした結論にもいたらず終わっている例もある。しかしこうしたものの考え方や取り組み方は，前向きに考えていく姿勢を作ったり，まだ誰も取り上げていないことでも自分で取り組んでいく姿勢を作るために，ぜひ必要なことである。

　本書がめざす物理の学習は，法則を覚えたりそれを使った演習訓練をするのが目的ではないから，数式など覚える必要はない。本書での勉強法は，「覚えることを主体とした勉強法」の発想を捨て，「自然を深くみる目，自分で問題点を見つけ考えようとする姿勢，物理的に解釈するセンスを養うこと」を主眼においてもらいたい。

　これらの学習によって，皆さんが自然界や人体のメカニズムの深さ・素晴らしさ・バランスのとれた美しさに興味を持ちはじめ，さらには心を奪

われ，もっと知りたい，もっと勉強したいという気持ちになってほしい。さらに，身の周りの物理現象にじっと見入って，どうしてかなと考えたり，ちょっとした器具を使って何かを試してみる。そうしたことが抵抗感なしにすぐにできる，そして自分の考えや行ったことを他人に分かりやすく伝えることがふつうにできる人間になってくれればありがたい。本書で学んだ皆さんが，医療の職業に就いた暁には，いつも目をキラキラと輝かせて前向きに仕事に取り組み，自ら学習しつづけ，患者さんからも喜ばれる医療従事者になることを期待したい。

謝　辞

　本書をまとめるにあたっては，上田良二名古屋大学名誉教授を中心とした物理教育研究会の先生方，岩井郁子聖路加看護大学教授および本学の教員に多くの助言と励ましをいただきました。「遊び心の物理」の中の寺田寅彦の随筆の引用に関しては，寺田寅彦のご子息の寺田東一氏および岩波書店に特別の厚意をもって引用の承諾をしていただきました。本書の各頁を飾っている楽しいイラストの原画は，卒業生の横山さつきさんに描いていただきました。また，医学書院の七尾　清，武田　誠両氏には拙稿をていねいに検討していただき，教科書の体裁を整えていただきました。深く感謝します。

　昭和63年12月

著　者

🔍 目次

第1章	重いものを持つにはどうしたらよいか

A 力のモーメント 1
　1 力とは 1
　2 力のモーメントとは 2
　3 アンプル 4
　4 ものを支えるとは 4
　5 力のモーメントの応用 5
　6 看護動作(患者の挙上)にみられる力のモーメントの応用 6
　7 椎骨の突起の役割 7
　8 骨の出っ張り 8

B てこの原理の人体中での応用 9

C 筋肉の張力と関節にはたらく力 10
　1 僧帽筋の張力(第1種のてこ) 11
　2 腓腹筋の張力(第2種のてこ) 12
　3 上腕二頭筋の張力(第3種のてこ) 14
　4 人体メカニズムの力学模型 15

D 腰にかかる力 16
　1 第5腰椎ならびに脊柱起立筋にはたらく力 16
　2 腰を傷めないために 18
　3 重いものを持つときの5つの基本 19
　　a 重いものに自分ができるだけ近づく 19
　　b 腰ではなく膝を曲げる 20
　　c 荷物に正対して持ち上げる 20
　　d 力を徐々に加える 21
　　e 準備運動をしてから作業する 21
　4 正しい姿勢は美しく見せる 21
　　a 立つ姿勢 21
　　b 歩き方 22
　　c 正しい姿勢になる鍛錬をする 22

練習問題 23
　遊び心の演習 どっちが重い? 23
看護学生の声 24

第**2**章	看護ボディメカニクスの物理	

Ⓐ ベッド上の患者の上体を起こす方法 ……………………………………… 27

　1 動作の観察 ……………………………………………………………… 27

　2 動作の物理的考察 ……………………………………………………… 28

Ⓑ 小さな力でも大きな効果が ………………………………………………… 29

　1 仰臥位から側臥位への体位変換の方法 ……………………………… 29

　2 ベッドメイキングでの皺 ……………………………………………… 31

Ⓒ 看護ボディメカニクスの物理的重点事項 ………………………………… 32

　1 まず前準備，ベッドの高さを調節 …………………………………… 33

　2 両足を広げ，安定性を増す …………………………………………… 33

　3 膝を曲げて低い姿勢をとる …………………………………………… 35

　4 持ち上げるより水平にずらす ………………………………………… 36

　5 自分に近づける方向に引っ張る ……………………………………… 38

　　ⓐ 筋肉の特性の観点から ……………………………………………… 38

　　ⓑ 力の節約の観点から ………………………………………………… 40

　　ⓒ 看護の観点から ……………………………………………………… 40

　　ⓓ 引く場合の注意点 …………………………………………………… 41

　6 自分の横方向への作業は非能率 ……………………………………… 41

　7 力を節約するための工夫 ……………………………………………… 42

　　ⓐ 第1種のてこの原理にする ………………………………………… 42

　　ⓑ 近づいて相手と一体となる ………………………………………… 42

　　ⓒ 相手をできるだけ小さくまとめる ………………………………… 43

　8 最も重い部分を広い面積で支える …………………………………… 43

　9 強い筋肉を優先的に使い，自分の体重も利用する ………………… 44

　10 急激な速さの変化や方向の変化を避ける …………………………… 45

　　ⓐ 急発進・急ブレーキを避ける ……………………………………… 46

　　ⓑ 急ハンドルを避ける ………………………………………………… 46

　　ⓒ 平衡感覚器の反応 …………………………………………………… 47

練習問題 ………………………………………………………………………… 48

　遊び心の演習 模擬ベッドメイキング「下シーツ角の三角の作り方」の
　　　　　　　　一例 ……………………………………………………………… 48

看護学生の声 …………………………………………………………………… 50

第**3**章	身近な圧力	

Ⓐ 圧力とは何か ………………………………………………………………… 53

　1 力と圧力の違い ………………………………………………………… 53

　2 片足立ちした人が地面に及ぼす圧力 ………………………………… 54

　　③ 注射針の先端が皮膚に及ぼす圧力 ………………………… 55
　　④ 注射を刺すときの針の刃面の向き ………………………… 56
　　⑤ 褥瘡を防ぐために …………………………………………… 59
　　⑥ 体重を支える長骨の圧力 …………………………………… 61
　　⑦ スケーリングの話 …………………………………………… 62
　　⑧ 生体における面積と体積の関係 …………………………… 63
　Ⓑ もし気圧が変わったら人間はどうなるか ……………………… 65
　　① 大気圧の表し方 ……………………………………………… 65
　　② 大気圧の大きさ ……………………………………………… 66
　　③ 水柱圧 ………………………………………………………… 67
　　④ 高圧力のもとでの人間 ……………………………………… 67
　　⑤ 低圧力のもとでの人間 ……………………………………… 68
　　⑥ 耳の圧力変化に対する工夫 ………………………………… 69
　Ⓒ 入浴とベッドの圧力効果 ………………………………………… 70
　　① 浴槽内の水圧効果 …………………………………………… 70
　　② 入浴は血圧のジェットコースター ………………………… 71
　　③ 入浴介助の注意点 …………………………………………… 72
　　④ スプリングベッド …………………………………………… 72
　　⑤ ウォーターベッド …………………………………………… 73
　練習問題 ……………………………………………………………… 74
　　遊び心の演習　靴が床に及ぼす圧力 ………………………… 75
　看護学生の声 ………………………………………………………… 75

第4章　呼吸器と吸引の物理

　Ⓐ 肺はどのようにして呼吸をするのか …………………………… 79
　　① 呼吸運動のメカニズム ……………………………………… 79
　　　ⓐ 吸息 …………………………………………………………… 80
　　　ⓑ 呼息 …………………………………………………………… 81
　　　ⓒ 胸腔内圧と肺胞内圧の区別 ……………………………… 82
　　　ⓓ 胸腔内圧はなぜいつも陰圧なのか ……………………… 82
　Ⓑ 吸引(胸腔ドレナージ) …………………………………………… 83
　　① 3連ボトルシステム ………………………………………… 84
　　② チェスト・ドレーン・バッグ(一体型) ………………… 87
　　③ 気管吸引 ……………………………………………………… 88
　Ⓒ サイフォン ………………………………………………………… 90
　　① サイフォンとは ……………………………………………… 90
　　② サイフォンの原理 …………………………………………… 91
　　③ 胃洗浄 ………………………………………………………… 92

　　　④ 真空採血管による採血 ─────────────────────── 93

練習問題 ──────────────────────────────────── 95

　　遊び心の演習　サイフォンの模型 ───────────────── 95

看護学生の声 ────────────────────────────── 96

第5章　点滴静脈内注射の物理

Ⓐ 点滴静脈内注射のセッティング ───────────────── 98

　① ソフト・プラスチックバッグの点滴セッティング ──── 98

　　ⓐ びん針を刺す ───────────────────────── 98

　　ⓑ バッグ内の空気を追い出す ─────────────── 98

　　ⓒ ポンピングをする ───────────────────── 99

　　ⓓ 静脈針の先端までルート内を薬液で満たす ─────── 100

　　ⓔ 静脈針を静脈血管に刺す ─────────────── 100

　② ガラス製ボトルの点滴セッティング ───────────── 101

　③ プラスチック製ボトルの点滴セッティング ──────── 102

　　ⓐ ハード・プラスチック製ボトル ──────────── 102

　　ⓑ ソフト・プラスチック製ボトル ──────────── 103

　④ 複雑な点滴セット ───────────────────── 103

Ⓑ 流量の調節 ──────────────────────────── 104

　① ローラークレンメの役割 ─────────────────── 104

　② 点滴所要時間 ───────────────────────── 105

　　ⓐ 計算　その1 ─────────────────────── 105

　　ⓑ 計算　その2 ─────────────────────── 105

　　ⓒ 実施経過と終了時刻を確認するために ───────── 105

　③ 輸液ポンプとシリンジポンプ ──────────────── 106

　④ 電動ポンプの初期設定 ─────────────────── 106

Ⓒ 輸液バッグの高さ ─────────────────────── 107

　① 静脈血圧 ──────────────────────────── 108

　② 点滴持続に必要な輸液バッグの高さ ───────────── 109

　③ 点滴終了後のチューブ内の空気は ───────────── 109

　　ⓐ チューブ内の空気は急激に下がる ──────────── 110

　　ⓑ 空気はどこまで降りるのか ──────────────── 110

　　ⓒ 点滴終了の少し前に処理する ────────────── 111

練習問題 ──────────────────────────────── 112

看護学生の声 ──────────────────────────── 112

第6章 循環器の物理

Ⓐ ポンプとしての心臓 ……………………………………… 115

Ⓑ 血液循環と血圧 ………………………………………… 117

　1 血流抵抗の大きさ ………………………………………… 117

　2 ドロドロ血とサラサラ血 …………………………………… 118

　3 動脈硬化 …………………………………………………… 119

　4 高血圧の原因 ……………………………………………… 119

　5 低血圧 ……………………………………………………… 120

　6 血圧と血流量の変化 ……………………………………… 120

　7 毛細血管 …………………………………………………… 121

Ⓒ 血圧が測定できる理由 …………………………………… 122

　1 血圧測定の歴史 …………………………………………… 122

　2 水銀血圧計を使った血圧測定の原理 …………………… 123

　3 収縮期血圧(最高血圧)・拡張期血圧(最低血圧)の確定原理 … 124

Ⓓ いろいろなタイプの血圧計 ……………………………… 125

　1 アネロイド血圧計 …………………………………………… 125

　2 自動電子血圧計 …………………………………………… 125

　3 "水"血圧計による血圧測定デモンストレーション ………… 126

　　ⓐ "水"血圧計の装置 …………………………………… 127

　　ⓑ 測定 …………………………………………………… 127

　　ⓒ 自分のコロトコフ音を聞く …………………………… 128

　　ⓓ 血圧値の量的認識 …………………………………… 128

Ⓔ 血圧の重力による影響 ………………………………… 129

　1 なぜ血圧は心臓の高さで測定するのか ………………… 129

　2 立ちくらみ ………………………………………………… 130

　3 静脈血はなぜ心臓まで戻れるのか ……………………… 131

　4 静脈血が滞留してしまうと… …………………………… 132

　5 キリンと恐竜の血圧 ……………………………………… 133

練習問題 …………………………………………………… 135

　遊び心の演習 「"水"血圧計」の簡易模型 ……………… 135

看護学生の声 ……………………………………………… 136

　Tea Time 生体のゆらぎ …………………………………… 137

第7章 感覚器の物理

Ⓐ 感覚の大きさ …………………………………………… 139

　1 感覚は刺激の変化に敏感 ……………………………… 140

　　　② 刺激量を加工して感じる ……………………………………………… 140
　Ⓑ 聴覚の大きさ …………………………………………………………… 141
　　　① 音の大きさ ……………………………………………………………… 141
　　　② 音の高さによる聴覚の感受性 ………………………………………… 142
　Ⓒ 対数目盛を使った感覚範囲の拡大 ………………………………… 144
　　　① 算術目盛とは …………………………………………………………… 144
　　　② 対数目盛とは …………………………………………………………… 145
　　　③ 生物の感覚器官 ………………………………………………………… 145
　Ⓓ 対数目盛の感覚で聞いている音程 ………………………………… 146
　Ⓔ 生理現象も対数関係 …………………………………………………… 148
　Ⓕ 感覚は変化に敏感で，時間とともに弱まる ……………………… 149
　　　① 変化を敏感にキャッチ ………………………………………………… 149
　　　② 感受性は時間とともに鈍化 …………………………………………… 150
　Ⓖ 視覚の機能 ……………………………………………………………… 151
　　　① 暗いところでの見え方 ………………………………………………… 151
　　　② 暗順応の寄せ集め機能 ………………………………………………… 152
　　　③ 明るいところでの見え方 ……………………………………………… 154
　練習問題 ……………………………………………………………………… 156
　看護学生の声 ………………………………………………………………… 158
　　　TeaTime　冷罨法と温罨法 ………………………………………… 159

第8章　体温制御の物理

　Ⓐ 身体各部の温度 ………………………………………………………… 161
　Ⓑ 身体の熱流モデル ……………………………………………………… 163
　Ⓒ 体温調節のための機能 ………………………………………………… 164
　　　① 基礎代謝率 ……………………………………………………………… 164
　　　② 筋肉運動による代謝率 ………………………………………………… 165
　　　③ 呼吸などによる熱伝達率 ……………………………………………… 165
　　　④ 筋肉のふるえによる代謝率 …………………………………………… 165
　　　⑤ 皮膚からの蒸発による熱伝達率 ……………………………………… 165
　　　⑥ 皮膚からの対流による熱伝達率 ……………………………………… 166
　　　⑦ 皮膚からの放射による熱伝達率 ……………………………………… 166
　　　⑧ 各部分間の熱伝達率 …………………………………………………… 166
　Ⓓ 身体の熱収支の計算例 ………………………………………………… 167
　　　① 激しい運動時 …………………………………………………………… 167
　　　② 裸で静かに座っているとき …………………………………………… 167
　　　③ 中程度の運動時 ………………………………………………………… 168

E 体温調節のための制御機能 ⋯⋯⋯⋯⋯⋯⋯⋯⋯ 168
　[1] フィードバック・システム ⋯⋯⋯⋯⋯⋯⋯⋯ 168
　[2] 体温調節のフィードバック・システム ⋯⋯ 168
　[3] 設定値 ⋯⋯⋯⋯⋯⋯⋯⋯⋯⋯⋯⋯⋯⋯⋯⋯ 169
　[4] ダイエットとリバウンド ⋯⋯⋯⋯⋯⋯⋯⋯ 170

F 体温異常のメカニズム ⋯⋯⋯⋯⋯⋯⋯⋯⋯⋯ 172
　[1] 発熱とうつ熱の違い ⋯⋯⋯⋯⋯⋯⋯⋯⋯⋯ 172
　[2] 発熱と解熱のメカニズムの仮説 ⋯⋯⋯⋯⋯ 173
　[3] 発熱の意味は ⋯⋯⋯⋯⋯⋯⋯⋯⋯⋯⋯⋯⋯ 175

G 熱温存のための巧妙な仕組み ⋯⋯⋯⋯⋯⋯⋯ 176
　[1] 対向流 ⋯⋯⋯⋯⋯⋯⋯⋯⋯⋯⋯⋯⋯⋯⋯⋯ 176
　[2] 動静脈吻合血管 ⋯⋯⋯⋯⋯⋯⋯⋯⋯⋯⋯⋯ 177

練習問題 ⋯⋯⋯⋯⋯⋯⋯⋯⋯⋯⋯⋯⋯⋯⋯⋯⋯ 178
看護学生の声 ⋯⋯⋯⋯⋯⋯⋯⋯⋯⋯⋯⋯⋯⋯⋯ 178

付録　観察と思考の物理

　[1] 看護師はきつい!? ⋯⋯⋯⋯⋯⋯⋯⋯⋯⋯⋯⋯ 181
　[2] まずよく観察する ⋯⋯⋯⋯⋯⋯⋯⋯⋯⋯⋯ 181
　[3] 思考する愉しみ ⋯⋯⋯⋯⋯⋯⋯⋯⋯⋯⋯⋯ 182
　[4] 事実を他人に正しく伝える ⋯⋯⋯⋯⋯⋯⋯ 182
　[5] 理系の表現 ⋯⋯⋯⋯⋯⋯⋯⋯⋯⋯⋯⋯⋯⋯ 183
　　ⓐ 客観的な記述 ⋯⋯⋯⋯⋯⋯⋯⋯⋯⋯⋯ 183
　　ⓑ 簡潔な文章 ⋯⋯⋯⋯⋯⋯⋯⋯⋯⋯⋯⋯ 183
　　ⓒ 読みやすい文章 ⋯⋯⋯⋯⋯⋯⋯⋯⋯⋯ 184
　　ⓓ 誤解されない文章表現 ⋯⋯⋯⋯⋯⋯⋯ 184
　　ⓔ 飾りは不要 ⋯⋯⋯⋯⋯⋯⋯⋯⋯⋯⋯⋯ 184
　　ⓕ 論理の環を省かない ⋯⋯⋯⋯⋯⋯⋯⋯ 184
　　ⓖ 重点先行主義 ⋯⋯⋯⋯⋯⋯⋯⋯⋯⋯⋯ 184
　[6] 文章を仕上げる秘訣 ⋯⋯⋯⋯⋯⋯⋯⋯⋯⋯ 184
　[7] 寺田寅彦の科学随筆 ⋯⋯⋯⋯⋯⋯⋯⋯⋯⋯ 185
看護学生の声 ⋯⋯⋯⋯⋯⋯⋯⋯⋯⋯⋯⋯⋯⋯⋯ 186

寺田寅彦全集より ⋯⋯⋯⋯⋯⋯⋯⋯⋯⋯⋯⋯⋯ 187
　線香花火 ⋯⋯⋯⋯⋯⋯⋯⋯⋯⋯⋯⋯⋯⋯⋯⋯⋯ 187
　夏 ⋯⋯⋯⋯⋯⋯⋯⋯⋯⋯⋯⋯⋯⋯⋯⋯⋯⋯⋯⋯ 188
　涼　味 ⋯⋯⋯⋯⋯⋯⋯⋯⋯⋯⋯⋯⋯⋯⋯⋯⋯⋯ 189

参考図書 ··· 190

練習問題の解答 ·· 191

索引 ··· 195

重いものを持つにはどうしたらよいか

　いま体格のよい患者さんを担架に横たえて乗せ，2人で運ぶとする。このとき夜勤明けで疲れているあなたは，元気いっぱいの日勤のAさんにさりげなく重いほうの端を持ってもらいたいと思っている。さて，Aさんには頭側，足側，どちらの端を持ってもらえばあなたの負担が軽くなるだろうか。

　「重いものを持つにはどうしたらよいか」というタイトルに反し，「軽いほうを持つための工夫は」という書き出しになってしまったが，この問題を解決するための原理が，物理学でいう**力のモーメント**といわれるものである。この例のみならず，さまざまなものを運んだり，持ち上げるような日常業務が多い看護師にとって，できるだけ効率よく，しかも負担のかからないようにしたいのは当然である。ここで力のモーメントの原理をうまく導入できれば，ずいぶんと違ったはたらきができるのではないだろうか。

　力のモーメントとは，皆さんが小学生のときに習った，**てこの原理**と同じ事柄である。「てこの原理を使えば，小さな力からでも大きい力を生み出すことができ，重いものを動かすことができる」と習ったはずである。高校物理で習う**仕事の定義**からみると，てこの原理によって加える力は小さくできても，そのぶん動かす距離は長くなる。加えた力と動かす距離との積は一定だから，全体の仕事量は変わらない，ということになる。物理的定義からは確かにそのとおりだが，私たちはほとんどの場合，少々長い距離を動かしても小さい力ですむほうを選ぼうとする。これはおそらく私たちの筋肉が，同じ仕事量に対して一度に大きな力を出すよりも，少しずつ小さな力を出し続けるほうが，生理的には効率がよいためであろう。

　というわけで，生理的には力を節約したほうが，確かに有利である。第1章では，力を節約するための物理的な原理である力のモーメントについて学んでいこう。なお，この力のモーメントは，第2章の「看護ボディメカニクスの物理」の基本となる大切な原理である。

Ⓐ 力のモーメント

① 力とは

　テーブルの上にコップが置いてあるとする。コップに何も力を加えなければ，そのコップは静止したままである。いまコップを横から力を加え押して，コップを動かしたとする。このように，静止していた物体が動き出したとき(物体の運動状態が変化したとき)，物理学では「物体に力がはたらいた」と表現する(正確には，質量を持った物体に力がはたらくと，その物体は加速運動をする)。しかしわざわざそのような面倒なことを意識し

なくても，私たちは無意識のうちに筋肉を収縮させて力を出して，ものを動かし，あるいは支えたりしている。

　何かを行おうとすれば必ず力を出さなくてはならない。力を出し仕事をすれば，当然ながら，物理的にはエネルギーを消費し，生理的には疲労する。同じ仕事をするのなら，できるだけ力を節約して疲労をためないようにしたい。物理的原理を応用して，最小限の力で，求められる任務を効率よく行っていこうとする観点を，第 1 章・第 2 章では学んでいこう。

　力を物体に加えるとき，通常は直線運動をさせる方向に力を加えるのが普通である。しかし，人体の動きや看護動作においては，「回転の作用」を活用する目的で，「回転軸に対して直角の方向に力を加える」場合も多くある。この回転の作用（力のモーメント）の活用次第で，皆さんの出す力が節約できたり無駄になったりする。

② 力のモーメントとは

　骨折などによって長期間寝たきりの状態になると，骨が脆くしかも細くなり，筋肉も収縮したまま伸びにくく細くなり，関節も滑らかに動きにくく可動範囲も狭まってしまう（拘縮）。これは用不用の法則 [1] による廃用症候群 [2] といわれる生体の摂理から生じる当然の症状である。そこで関節の可動域と柔軟性を維持するために，理学療法では図 1-1 のように患者の脚を持ち上げて股関節を動かす治療体操 [3] を行うことがある。

> 参考 関節は動かさないと硬化する
>
> 　関節は形状が安定しない可動部なので，血管を張り巡らすことは難しい。よって，関節内部にある関節軟骨への栄養分と水分の供給は，血液を通してではなく，関節腔を満たしている関節液（滑液）から関節軟骨に浸み込む形で行われる。そして不用物質と水分は，関節の動きによって生ずる内部圧力の不均等に押されて移動し，排出される。このようにして，関節は常に適度に動かしておかないと新陳代謝が滞り，硬化して，やがては動かなくなってしまう。

　図 1-1 において，支点（この場合，股関節）を中心とした回転の作用の大きさを表す量を力のモーメント，あるいはトルク [4] と呼んでいる。回転の中心（支点）となる股関節を O，力点となる踵の位置を P，両者の距離を r，

---

[1] 用不用の法則：フランスの植物学者ラマルクの説。ある器官の恒常的不使用は，その器官を退化あるいは消滅させる。逆に，ある器官が正常範囲内で頻繁に使用されると，その器官は鍛えられ，大きく強くなる。

[2] 廃用症候群：不必要な部分は徐々に萎縮し，筋肉や骨が縮小したり，心肺機能や消化機能が低下していく現象。長期の安静状態によって生ずる臓器の退行性の臨床症状。運動器症候群（ロコモティブ・シンドローム）の要因の 1 つ。

[3] 治療体操：機能改善や症状軽減のための，関節や筋肉の運動療法。（おことわり）これと一見よく似ている治療行為に牽引がある。牽引は骨折などの場合に，つながる骨が短縮化するのを防ぐ目的で，軸方向に引っ張っておく整復治療法で，図 1-1 とは力を加える方向が 90° 違うことに注意しよう。

図1-1　力のモーメント N≡rF

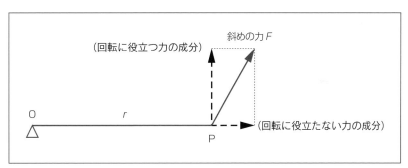

図1-2　斜めの力による力のモーメント

3本線のイコール
「左辺」≡「右辺」
は, 式を定義する
ときに使う

踵を持ち上げるのに必要なOPに直角な力をFとしたとき, 支点Oに関する力のモーメントの大きさNは, 次式のように定義される。

$$N \equiv rF \tag{1-1}$$

　このときrを**力学的腕の長さ**(この場合は, 脚の長さだが)と呼ぶ。よって, 力学的腕の長さrが長いほど, また力Fが大きいほど, 力のモーメントNは大きくなり, 回転の作用が大きく激しくなる。

　ここで注意してほしい点は, 加える力Fの方向性である。いま仮に図1-2のように, 運動する方向からずれた斜め方向の力を加えたとする。この斜め方向の力を, 力学的腕に対して直角の方向の力と平行な方向の力に分解してみる。このうちの直角方向の力だけが回転の作用に役立つ。

　力Fを力学的腕OPに対して直角に加えたときに, (1-1)式のように力のモーメントNは最大となり, 最も効率的に回転作用を起こすことができる。回転運動させる方向と同じ方向に力を加えるのが最も効果的である。

---

4)　トルク：古代ケルト人の霊魂の宿る神聖な首輪(ねじって渦を巻いたらせんの形状)を意味する。以後, ねじるイメージから発想し, ねじの締めつけの強さやエンジンの回転力を表す言葉として定着した。

よって，力は力学的腕に対して直角方向に加えよう。

③ **アンプル**

$F\rightarrow$

ワンポイント
カットマーク

アンプル

1 回分の注射液が入った小さなひょうたん型のガラス製容器を一般に**ア****ンプル**と呼んでいる。アンプルは，上部の括れた首部分を折って薬液を注射器で吸い上げる。首部を折る切欠(きっかけ)をつくるために，首部のくびれには傷がつけてある。その位置を示すために，**ワンポイントカットマーク**と呼ばれる丸印がついている。マークのすぐ下のくびれに傷がつけてある印なので，ワンポイントカットマークを手前にして，頭を向こう側に押し倒すと首部が容易に折れる[5]。

ところで皆さんは，薬液の入ったアンプルの首部を折るとき，①どの辺りを持ち，②力をどの辺りの，③どの方向に加えるであろうか。

アンプルは，できるだけ小さな力で，しかも安全に折りたい。①持つところは，安定性を最優先に考えて，アンプルの中心部をしっかりと持つ。②折るための力を加えるところ(**力点**)を，アンプルの首部から遠い頭の先のほうにすると，(1-1)式で力学的腕の長さ r が長くなり，力のモーメント N が大きくなり，折れやすくなる。でもあまりにも先端を押すと，頭の先端は丸くて滑るので危険である。安全確実に折れる範囲のできるだけ先端，ということになる。③力を加える方向は，物理的にはアンプルの中心軸に対して直角方向に押すと，力のモーメントが最大となり，最も効率よく折れる。

物理的には，加える力の「位置」と「方向」の 2 点が基本事項であるが，看護指導書には「やや斜め上に，押し上げるように力を加えて折る」となっており，これは小さめの力で安全に折るための現実的な方策であろう。

④ **ものを支えるとは**

高校物理の力学では，物体を加速したり，投げ上げたり，衝突させたりして主に「動きの現象」を解析してきた。病棟での力学は通常，患者が不安定な動きや危険な動きをしないように「静止」させ，安定的にしかるべき位置に留まらせるためにはどうしたらよいかを考えることがまず基本となる。

物体の動きは，どんなに複雑な動きでも，次の 2 つの運動が組み合わされている。

①存在場所を直線的に平行移動していく**並進運動**

②同じ場所に留まっていながら，その場所での**回転運動**

たとえば，抱っこした赤ちゃんを床に落としてしまったとすると，それ

---

5) **アンプルカット**：昔は，首部の傷がついていなかった(よって，カットマークもついていない)。首部を折るためには，新たに首部に傷をつける必要があった。そのための処置室の机上には必ずかわいいハート型カッター(ヤスリ)が置いてあった。なお，現在は「全周カットアンプル」もある。これにはカットマークはついておらず，全周のどの方向からでもカットできる。

は①の鉛直方向への並進運動であり，首の座らない赤ちゃんの頭を後ろに反り返らせてしまったとすると，それは②の首を中心とした頭部の回転運動である。そのどちら1つを起こしても，赤ちゃんを確実に支えたことにはならない。

　すなわち，ものを支えるためには，次の2つの条件が同時に成り立っていなくてならない。

①**並進運動をさせない。** 上下・左右・前後の，3つのいずれの方向にも移動させない。

②**回転運動をさせない。** 右回り[6]・左回りのいずれの回転もさせない。

　このことを物理的に表現すると，次のようになる。

①上下・左右・前後のいずれの方向も，それぞれの力とその反対方向の力の大きさが同じである。すなわち，3つの方向とも，力が打ち消し合ってつりあっている。

②ある支点の回りの「右回りの力のモーメント」と「左回りの力のモーメント」の大きさが同じである。すなわち，右左両方向とも，「力のモーメント」が打ち消し合ってつりあっている。

　看護技術では，患者を支えたり，あるいはゆっくりと移動させたりといった動作が多い。この動作の内容として，上記の①の並進運動と，②の回転運動の2つの運動を同時に考え，対処していかなければならない。

5 力のモーメントの応用

　力のモーメントの応用例として，紀元前のエジプトでは，「てこ」を使って大きな重い石材を動かし，巨大なピラミッドを積み上げた。また重いものを，輪軸[7]を使って持ち上げていた。現在でも建設重機のクレーンは，この輪軸の原理を応用したものである。これらはいずれも，力学的腕の長さrを調節して，加える力Fを節約しながら，最終的に大きな力を生み出すための工夫である。

　私たちの身近にある道具類でも，力のモーメントの原理は随所に使われている。たとえば，握りの細いドライバー（ネジ回し）では回らなかった固いネジが，握りの太いドライバーでは容易にネジを回すことができる。ペットボトルのネジ式キャップでも，キャップが太いほど小さい力でも回しやすい。

　看護動作においても，こうした力のモーメントの観点を考慮しながら作

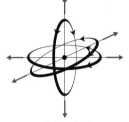

支えるとは，
並進・回転運動をさせない

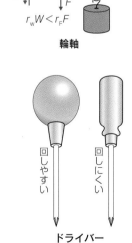

まわす

r_{w}　r_{F}

W　F

W

F

$r_{\mathrm{w}}W < r_{\mathrm{F}}F$

輪軸

回しやすい　回しにくい

ドライバー

6）**右回り**：北半球の北回帰線以北において，日時計の影が動く方向を，時計の運針の方向と定め，これを右回り（clockwise）とした。南半球の南回帰線以南においては，日時計の影は常に左回り（反時計回り）に動く。なお，南北回帰線の中間地帯では，季節によって太陽がその地点の南側か北側のどちらを通るかによって，日時計の影が右回りと左回りとを繰り返す。

7）**輪軸**：半径の違う2つの滑車を1つの軸に固定し，小さい力で（動かす距離は長くなるが）重い荷物の上げ下ろしができるようにしたもの。

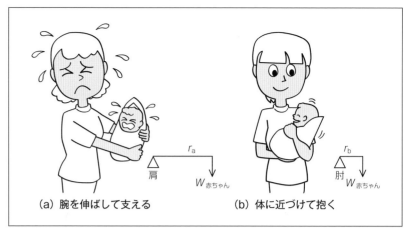

（a）腕を伸ばして支える　　　　（b）体に近づけて抱く

図1-3　赤ちゃんを支えるときの筋力の節約

業している例がたくさんみられる。たとえば，**図1-3**のように赤ちゃんを抱いて支える動作を考えてみよう。図(a)のように腕を伸ばして支えるのと，図(b)のように体に近づけて抱くのでは，どちらが楽に赤ちゃんを抱けるであろうか。(a)の看護師は辛そうで赤ちゃんも不安になって泣いている。(b)の看護師は楽そうで，赤ちゃんも安心してご機嫌である。

　赤ちゃんの体重は図(a)，(b)ともに同じはずなのに，この違いはどうして起こるのであろうか。(a)では，肩関節を中心として腕全体が赤ちゃんの重みで下方に回転しようとしている。この場合の力学的腕の長さr_aは，肩関節から赤ちゃんの重心までの水平距離で，かなり長い。一方，(b)では，肘関節を中心として回転しようとしている。この場合の力学的腕の長さr_bは，肘関節から赤ちゃんの重心までの水平距離で，r_bはr_aよりも明らかに短い。赤ちゃんが重みで下方に回転しようとする力のモーメントNを(a)，(b)で比較すると，赤ちゃんの体重$W_{赤ちゃん}$は同じでありながら(a)の力のモーメントN_aのほうが(b)の力のモーメントN_bよりもずっと大きくなる。

　よって，赤ちゃんを支えるためには，(a)では三角筋や上腕二頭筋などが大きな上向きの筋力を出し続ける必要があり，(b)では小さな筋力ですむことになる。すなわち，手にものを持って支えるときには，その重さによって生ずる力学的腕の長さrをできるだけ短くしたほうが，筋力が節約できて楽だということになる。つまり，ものを遠くにおいたまま持つのではなく，できるだけ自分の体に近づけて持ったほうが楽である。

6 看護動作（患者の挙上）にみられる力のモーメントの応用

　同様の観点を看護動作の至るところでみることができる。一例として，ベッド上の患者の寝衣交換やシーツ交換のために，看護師が患者を抱きかかえ一瞬でも空中に浮かせたい場面を，次の①，②のように想定してみよう。

　①肘をまっすぐに伸ばし，前腕の上に患者を乗せて，手と腕を空中に浮かせて持ち上げてみよう。いわゆる「お姫様抱っこ」といわれる捧げ持つ方

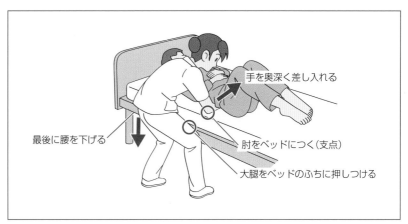

図1-4　ベッド上の患者を抱きかかえるときの体勢

（図中のラベル）
手を奥深く差し入れる
最後に腰を下げる
肘をベッドにつく（支点）
大腿をベッドのふちに押しつける

法である。この場合は肩関節が回転の中心となり，そこから荷重（前腕にある患者）までの距離（力学的腕の長さ r）が長いので，力のモーメントがとても大きくなる。この方法では，よほどの怪力を持った看護師でないと，持ち上げるのはまず無理であろう。

　②次に，図 1-4 のようにして①と比較してみよう。つまり，患者にできるだけ近づき，患者の身体の下に手をできるだけ奥深く差し入れる。そのためには大腿をベッドのふちに押しつける。さらに肘をベッドの端について，そこを支点とする。この工夫により，力学的腕の長さ r が①の場合よりも格段に短くなり，よって必要とされる力のモーメントが格段に小さくなる。持ち上げるのに必要な筋力がずいぶん節約できるはずである。

　さらに②の場合，この持ち上げる力を，前腕を上に引き上げるという意識ではなく，曲げた肘をベッドに固定したまま腰を下げて沈み込むようにする。すると，ベッドにつけた肘を支点として回転しはじめ，患者が自然に浮き上がってくる。これは，力の発生源が，①では手や腕の筋肉だけだが，②では腰や腿の強力な筋力やさらに自分の体重までも利用している。皆さんが実際に行ってみると，②がたいへん楽な抱きかかえ方であることを実感するはずである。

7 椎骨の突起の役割

　ここで人体の構造にも，力のモーメントが生かされている例をみてみよう。

　皆さんは，博物館や図鑑で古代の恐竜骨格をみたことはないだろうか。恐竜の椎骨には，異様に大きな突起が首筋や背中から飛び出している。この突起の役割は何であろうか。

　ここで皆さんは，自分の背骨の後ろ側を上下に触ってみてほしい。ゴツゴツと尖った骨の連なりに気づくであろう。これらは椎骨の後ろに長くとび出た棘突起といわれるものである。さらに標本室へ行って人体の骨格標

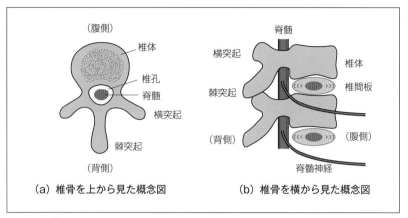

図1-5　椎骨

　本をながめてみると，椎骨には後ろ側の**棘突起**だけでなく左右にも一対の**横突起**が出ていることがわかる（**図1-5**）。ヒトにも恐竜にもついている棘突起や横突起の役割は，何であろうか。

　椎骨の主要な役割は，上下に連続した椎体部分で体重を受け止め，重みを上の椎体から下の椎体に伝えることである。しかし，椎体からはみ出している突起は，椎骨と違って厚みが薄いので上下に連続せず分離している。よって，突起部分は上からの重みを支える役割は果たせない。実は，突起の先端にはさまざまな種類の筋肉（棘筋）がついており，頭を動かしたり，呼吸を助けたり，背骨を真っ直ぐに保つ，あるいは前屈姿勢や側彎姿勢を支える，などの役割を果たしている。四足動物の突起の役割は，重い胴体や長い首を水平に保つ役目をしているのであろう。

　もし突起がなくて，椎体の後面や側面に直接それぞれの筋肉がついているとすると，その姿勢を維持するための「力学的腕の長さ」が短くなり，同じ大きさの力のモーメントを維持するためには，より強い筋力が必要となる。突起のおかげで力点までの「力学的腕の長さ」が長くなり，同じ力のモーメントを得るのに小さな筋力ですむ，よって筋肉量も少なくてすむようになっている。

　なお，ヒトの24個の椎骨はそれぞれ役割が少しずつ違っているので，その位置によって，突起の太さ・長さ・方向が微妙に違っている。

8 骨の出っ張り

　標本室へ行って人体骨格標本を観察すると，あちこちに興味深い形状を発見する。たとえば，人体で最も大きな骨である大腿骨の形状は，太さの一様な円筒状の棒や管ではない。大腿骨の上下の骨端は，別の骨が向き合って関節になるために膨らんでいる。この膨らみは，関節の強度を保つために大きいほうが有利なためと推測される。大腿骨骨頭は，寛骨臼にはまって球関節を形成するため，球形である。

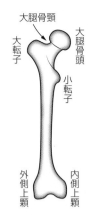

大腿骨頸

大転子

大腿骨頭

小転子

外側上顆

内側上顆

右側大腿骨前面

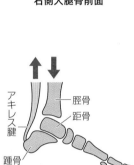

アキレス腱

脛骨

距骨

踵骨

踵骨の役割

大腿骨の中央部は細長くなっているが，不思議なことに途中の所々に膨らみがある。何のために膨らんでいるのだろうか。大腿骨上端外側のやや大きな突起（膨らみ）は**大転子**と呼ばれ，この突起部には姿勢の保持や歩行に関与する5つの重要な筋肉の腱が付着している。さらに，大転子のすぐ下の内側のやや小さな突起は**小転子**と呼ばれ，この突起部には腸骨筋や腰椎からの筋肉（腸腰筋）が付着している。こうした骨の突起は，出っ張りが大きいほど，「力学的腕の長さ」が増し「力のモーメント」が大きくなるので，筋力の節約に貢献する。おそらく長年の進化の過程で，筋肉付着点の骨が引っ張られ続け，微細な損傷と修復の積み重ねにより徐々に膨らんできたのであろう。

　さらに足の関節部分もみてみよう。下肢の脛骨を伝わった体重を足の距骨で受け止めているが，その距骨を乗せ後ろに大きく出っ張った**踵骨**は，距骨の後ろに突き出た「突起」とも考えられる。踵骨の後端（踵骨隆起）にはアキレス腱がついており，踵を引き上げ，歩行に重要な役割を果たしている。踵骨が後ろ側により長く突き出ているほど，腓腹筋とヒラメ筋（下腿三頭筋）の筋力が節約でき，アキレス腱の負担も減少する。仮に，踵骨がもっと小さく出っ張りが少ないと，腓腹筋やアキレス腱は今よりもっと太く強力でないと，踵を持ち上げることができず歩行も困難であろう。

　この他の骨格と筋肉との関係についても，力のモーメントの観点を使って考察していくと，多くの興味深い点に気づくであろう。

B てこの原理の人体中での応用

　力のモーメントを応用する「てこ」には，次のような重要な「3点」がある。

①**支　点**：回転の中心点

②**力　点**：力を加える点

③**作用点**：てこによって生み出された力が他に対して作用を及ぼす点

　この3点の位置関係によって，3種類のてこの原理が存在する（図1-6）。

第1種のてこの原理：力点と作用点が両端にあり，支点がその中間。
　　　　　　　　　　　シーソー，洋バサミ，鉗子[8]など。

第2種のてこの原理：支点と力点が両端にあり，作用点がその中間。
　　　　　　　　　　　栓抜き，ペーパーカッターなど。

第3種のてこの原理：支点と作用点が両端にあり，力点がその中間。
　　　　　　　　　　　ピンセット，トング，日本バサミなど。

　このように「てこ」は道具として役立つだけでなく，実は私たちの身体の内部にも，てこの原理が組み込まれていて，有効に機能している。驚くこ

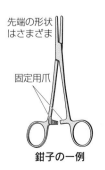

先端の形状はさまざま

固定用爪

鉗子の一例

---

8) 鉗子：手術や外科処置で用いられる器具で，はさみ型をしている。血管を挟んで止血し固定したり，組織をつかんだり圧迫するときに使われる。

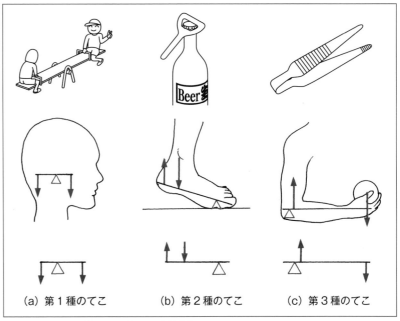

（a）第１種のてこ　　　（b）第２種のてこ　　　（c）第３種のてこ

図 1-6　てこの原理の人体への応用例

とに，身体の内部には，骨格・筋肉・関節の位置関係の組み合せによって，この３種類のてこの原理がすべて存在し，人体の複雑な動きを可能にしている。

　「てこの原理」の各要素に対応する身体の構造は，次のとおりである。
①支点に相当するものは，**関節**（骨と骨との接合点）
②力学的腕に相当するものは，**骨格**
③力が発揮される力点は，**付着**（筋肉と骨格との接合点）
④力の発生源は，**筋肉**

　次の **C** 節では，こうした身体内部に存在する３種類の「てこの原理」を，具体的に明らかにして，実際に筋肉が生み出している力（生体内力）と外部に現れて作用している力（外力）との関係を調べてみよう。

ⓒ　筋肉の張力と関節にはたらく力

　たとえば，重さ１kg 重[9]のものを持ち上げているとき，そのためにはたらいている筋肉にも同じく１kg 重の力がはたらいていると思いがちである。しかし，同じ１kg 重のものを持ち上げていても，その持ち上げ方によって筋肉にかかる負担は違ってくる。もし，持ち上げ方が不適切ならば，

---

9) **kg 重**：重さ（重力）を表す力の単位。質量を表す単位「kg」とは区別する必要がある。質量１kg の物体にはたらく地球の重力が１kg 重（1 kgw, 1 kgf）となる。

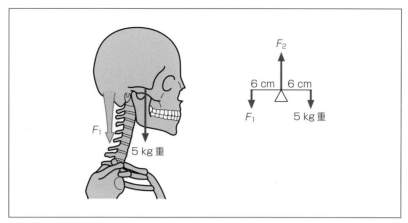

図1-7　僧帽筋の張力

実際に持ち上げたものの重さの10倍以上の筋力を必要とする場合もある。

　こうした違いは，ものを支える位置(先の**図1-3**の例では，赤ちゃんを腕のどの位置で支えるか)にも関係するが，最も大きく関係するのは，3種類のてこの原理のうちのどれを選ぶかによる。3種類のてこの原理の違いによって，生体内部で生み出している筋力(**生体内力**)と，作用点に作用する力(**外力**)とが著しく違ってくる。

　身体のどこで，どのてこの原理が使われているのか。実際に筋肉が出している力の大きさと，最終的に外に生み出される力の大きさとが，どの程度違っているのか，以下で具体的にみていこう。ただし，以下の例はかなり簡略化したモデルであり，厳密には実際とやや異なる部分があることを断っておく。

1 僧帽筋の張力(第1種のてこ)

　頭の重量は頸椎によって支えられているが，頭の重心は頸椎の真上に乗っていなくて，頸椎の中心軸よりもやや前方に位置している。そのため，そのまま放っておくと，頭はその重みのために前方に回転してしまう。頭が前に倒れるのを防ぐために，後頭部から背中・肩を結ぶ**僧帽筋**[10]が常に引っ張ってくれて，頭部を鉛直に保ってくれている。授業中に，眠くなってつい僧帽筋をはたらかせることを忘れると，頭は無意識のうちに前に倒れてしまう。この現象は，自然の理にかなった正常な物理現象である。

　このメカニズムは**図1-7**のように，頸椎が支点となり，その前方(図では右側)には頭の重さが，後方(図では左側)には僧帽筋の張力がはたらく，という構造である。頭が前に倒れずに鉛直に支えられているのは，**図1-6**

---

10) **僧帽筋**の名前は，西洋のトラピスト教団の修道士が頭から肩にかけてかぶるフードに似た形をしていることに由来している。肩が凝るのは，この筋肉が疲労するためである。

(a)にあるシーソーと同じ原理で，第1種のてこの原理が適応される。

　いま，頭の重さ[11]Wを5 kg重とし，僧帽筋の張力をF_1，支点となる頸椎が支える力をF_2とする。さらに，頸椎の中心から頭の重心までの水平距離を6 cm，頸椎の中心から僧帽筋の付着部までの水平距離を6 cmと仮定する。

　頭が鉛直に支えられているときは，図1-7のように「左回りの力のモーメント」と「右回りの力のモーメント」は大きさが同じで，つりあっている。

$$6×5＝6×F_1 \quad （右回りのモーメント）＝（左回りのモーメント） \tag{1-2}$$

また，頭は鉛直方向に並進運動をしていないので，鉛直方向の力はつりあっている。頸椎が支えている力F_2（上向き）は，頭の重さ $W＝5$ kg重（下向き）と僧帽筋の張力F_1（下向き）の和に等しい。

$$F_2＝5＋F_1 \quad （上向きの力）＝（下向きの力） \tag{1-3}$$

この2式より，$F_1＝5$ kg重，　　$F_2＝10$ kg重

　計算結果から，頭が前のめりにならないように引っ張っている僧帽筋の張力F_1は，頭の重さとちょうど同じになる。しかし，頸椎が頭を支えている力F_2は，頭の重さと同じではなく，その2倍（首の真上に頭が2つ分乗った重さ）になっていることがわかった。

　このように第1種のてこの原理を利用した場合は，外力（頭の重さ）と生体内力（この場合は僧帽筋の張力）とが，数倍もの極端に飛び離れた大きさにはならずに，約2倍内のほぼ似かよった大きさとなる。すなわち，第1種のてこの原理を使えば，極端に大きな筋力を使わなくてもすむ。

② 腓腹筋の張力（第2種のてこ）

　高い棚の上の物品を，無理やり背伸びして取ろうとして，つま先立ちをすることはないだろうか。このようなときには，ふくらはぎの中にある腓腹筋（ひ）の張力によって踵（かかと）を引き上げて背丈を伸ばしている（図1-8(a)）。この腓腹筋を踵骨につないでいる腱は，あの有名な**アキレス腱**[12]である。体重50 kg重の人が片足でつま先立ちしたとき，アキレス腱にはどれほどの張力がかかっているのだろうか。自分の体重と同じ50 kg重であろうか。

　このメカニズムは，つま先が前方（図では右側）にあり，支点となっている。踵が後方（左側）にあり，力点となり踵を引き上げている。その中間部分において，脛骨（けいこつ）が距骨を押し下げている関節部分があり，作用点となっている。これは図1-6(b)にある栓抜きと同じ原理で，第2種のてこの原理である。

　腓腹筋の張力（上向き）をF_1，つま先にかかる床からの抗力（上向き）を

---

11) 頭の重さ：体重の8〜10%くらい。
12) **アキレス腱**：ギリシャ神話の英雄アキレウスは不死身の身体を持ち，つねに善戦したが，トロイ戦争で唯一の弱点である踵に毒矢を刺されて戦死したという故事から，この部分がアキレス腱と命名された。人体中で最も強い腱といわれる。

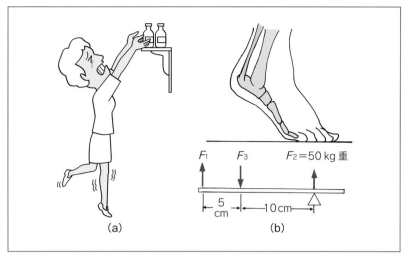

図 1-8　腓腹筋の張力

F_2, 脛骨が距骨を押す力(下向き)を F_3 とする。体重計の上でつま先立ちをしてその指針を読めば明らかなように,つま先だけが床(この場合は体重計)に接して,この部分だけで体重は支えられているので $F_2 = 50$ kg 重である。さらに,つま先から足関節までの水平距離を 10 cm,足関節からアキレス腱の付着部までの水平距離を 5 cm と仮定しよう(**図 1-8(b)**)。

　このとき,つま先を回転の中心とした「右回りの力のモーメント」と「左回りの力のモーメント」は大きさが同じでつりあっている。

$$15 \times F_1 = 10 \times F_3 \quad (右回りのモーメント)=(左回りのモーメント) \quad (1\text{-}4)$$

　また,鉛直方向に並進運動をしていないので,鉛直方向の力はつりあっている。上向きにはたらく力は,腓腹筋の張力 F_1 と,床がつま先を押し返す反作用の力 F_2 との和である。下向きにはたらく力は F_3 である。

$$F_1 + 50 = F_3 \quad (上向きの力)=(下向きの力) \quad (1\text{-}5)$$

　この 2 式より,$F_1 = 100$ kg 重,　$F_3 = 150$ kg 重となる。

　つまり,体重 50 kg 重のヒトが片足でつま先立ちしたとき,アキレス腱には 100 kg 重の大きな張力が,また足関節には 150 kg 重の大きな圧迫力がかかっていることになる。

　計算が終わったことで安心して,そこで終わりにしないでもらいたい。出てきた数値の意味合いをよく吟味してみよう。静かに片足でつま先立ちしただけで,アキレス腱には 100 kg 重という自分 2 人分の体重に相当する大きな張力がかかっている。急にジャンプをしたときには,さらにその何倍もの張力がはたらいて,驚くべき大きさになる(高校物理で習う**力積**[13]

---

13) **力積**：衝撃力 F の大きさと継続時間 Δt との積($F\Delta t$)。力積は,運動量 mv の変化に等しい。$F\Delta t = mv_2 - mv_1$。同じ運動量の変化のとき,コンクリートのような固い面に落下すると,静止するまでの時間 Δt が短いので,衝撃力 F が大きくなる。柔かい面に落下すると,静止するまでの Δt が長いので,衝撃力 F が小さくなる。

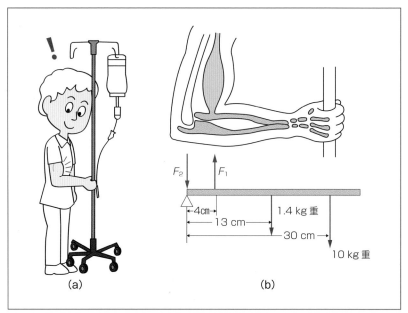

図1-9　上腕二頭筋の張力

の観点）。ふだん運動をほとんどしていない人が急にスポーツを始め，ちょっとした弾みでアキレス腱をプツンと切ってしまう現象も，この計算結果からうなずける。

③ 上腕二頭筋の張力（第３種のてこ）

　少々重い移動式の点滴スタンドを**図1-9(a)**のように，上腕を鉛直にして前腕を水平にして持ち上げた場合，点滴スタンドの重さを支えているのは**上腕二頭筋**[14]という**二の腕**[15]に力瘤を作る筋肉である。いま点滴スタンドの重さを10 kg重としたとき，この上腕二頭筋はどのくらいの張力を出しているだろうか。10 kg重の物体を持ち上げているので，やはり10 kg重の張力であろうか。

　このメカニズムは，肘関節が回転中心（支点）となっており，自分の手前にある（図では左端）。手に持っている荷重がその前方にあり（図では右端）そこが作用点となっている。上腕二頭筋が橈骨上で停止する点が肘と手の間にあり，そこが力点となる。これは**図1-6(c)**のピンセットの原理と同じで，第３種のてこの原理に対応する。

　上腕二頭筋の張力（上向き）をF_1，肘関節にかかる力（下向き）をF_2とする。前腕と手を合わせた重さ1.4 kg重が肘関節から13 cmの距離にある重

---

14) **上腕二頭筋**：肩甲骨の２か所から起始し（頭が２つ），前腕の橈骨に停止する上腕の内側にある筋肉。この筋肉が収縮すると肘が曲がる（**屈筋**）。これと対をなして（拮抗して），起始の頭が３つで前腕の尺骨に停止する上腕三頭筋も存在する。これは上腕の外側にあって，これが収縮すると曲がっていた肘が伸びる（**伸筋**）。
15) **二の腕**：上腕二頭筋を持つ腕の慣用的表現。医学用語では「**上腕**」。

心にかかり，肘関節から点滴スタンドを持った手までの距離を 30 cm，肘
関節から橈骨上の上腕二頭筋の付着（力点）までの距離を 4 cm と仮定して，
F_1 と F_2 の大きさを計算してみよう（**図 1-9(b)**）。

　今，肘関節の回りで回転運動をしていないので，肘関節を中心とした「右
回りの力のモーメント」と「左回りの力のモーメント」は大きさが同じであ
る。

$$30 \times 10 + 13 \times 1.4 = 4 \times F_1 \quad \text{（右回りのモーメント）＝（左回りのモーメント）}$$

$$(1\text{-}6)$$

また，鉛直方向に並進運動をしていないので，鉛直方向の力はつりあって
いる。上腕二頭筋の張力 F_1（上向き）は，点滴スタンドの重さ 10 kg 重（下
向き）と前腕と手の重さ 1.4 kg 重（下向き）と肘関節にかかる力 F_2（下向き）
の和に等しい。

$$F_1 = 10 + 1.4 + F_2 \quad \text{（上向きの力）＝（下向きの力）} \qquad (1\text{-}7)$$

この 2 式より，$F_1 = 79.6$ kg 重，　　　$F_2 = 68.2$ kg 重

　何と上腕二頭筋の張力 F_1 は，手に持ったものの重さの 79.6/10 ≒ 8 倍にも
なっている。このように第 3 種のてこの原理を応用した場合には，手に
持ったものの重さに比べ，体内で実際に筋肉が出す力（生体内力）が極端に
大きくなってしまう。また肘関節にかかる力 F_2 についても自分の体重を上
回るような大きな力がかかってくるのも驚きである。赤ちゃんを抱えてい
るお母さんたちの「二の腕が太くなった！」という嘆きが聞こえてくるよう
である。

4 人体メカニズムの力学模型

　人体の内部で応用されている 3 種類のてこの原理を，それぞれ力学模型
にして実験してみる。順番に，(a)頭部の力学模型，(b)脚部の力学模型，
(c)腕部の力学模型を**図 1-10** に示す。これらの力学模型において各要素
（支柱とか腕木，バネばかり，おもり，蝶番，ゆるめに固定したボルト・
ナット，全長を調節するターンバックル）などが，人体の何に対応し，どの
ような役割を果たしているか，それぞれについて考えてみよう。

　実際にこうしただいたい実物大の力学模型を作ってバネばかりで力の大
きさを測定してみると，ほぼ計算通りの値が示される。ものの重さ（みかけ
の力）に対して，バネばかりが実際に示している力（筋力）がいかに大きい
かがわかり，驚くほどである。

　また，人体の他の部分についての力学模型も自分で考えてみよう。こう
した考察により，人体の基本的な構造，運動のメカニズム，各部分の負荷
の程度，などの理解がより深まるであろう。

　実際の人体の構造はこんなに単純なものではなく，もっともっと緻密で
複雑な構造がいくつも組み合わされている。人体のメカニズムのすばらし
さ・精密さは，荘厳ともいえる。心を打たれ敬虔な気持ちになるほどであ
る。

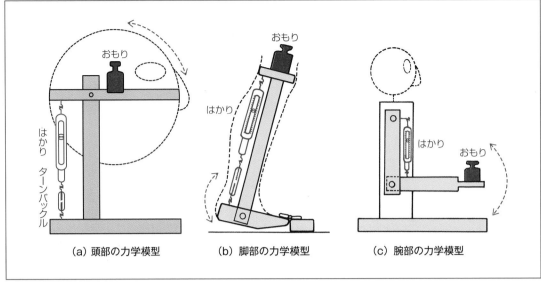

（a）頭部の力学模型　　　（b）脚部の力学模型　　　（c）腕部の力学模型

図1-10　てこの原理の人体への応用例の力学模型

D 腰にかかる力

1 第5腰椎ならびに脊柱起立筋にはたらく力

　整形外科には，重いものを持ち上げようとしたら**ギックリ腰**[16]になってしまった，という患者がよく来る。おおむね中年過ぎの男性が多いが，日常さまざまなものを運んだり患者の体位変換など，腰に負担のかかる肉体労働を日課とする看護師にとっても他人事ではない。ギックリ腰にならないために看護師のためのボディメカニクスは第2章で詳しく学ぶが，ここではとりあえず腰にはどの程度の負担がかかっているのか調べておこう。

　腰を曲げたとき，上半身の体重を支えている主な筋肉は，**脊柱起立筋**[17]（**脊柱挙筋**）である。腰を曲げたときの人体の力学構造は，頭と腕の重心から第5腰椎（仙骨の上）までの間（距離 L）で上から1/3の点において，脊柱起立筋が脊柱と12°ずれた方向に引っぱっているとみなすことができる。

　いま腰を曲げ，脊柱が水平と30°の角度をなし，手には何も持たずに下に垂らしたとする（**図1-11**）。このとき，第5腰椎にはたらく力 R，および脊柱起立筋の張力 F を求めてみよう。

　この計算は，斜め方向の力を取り扱う関係で三角関数が出てきて複雑な計算式になるので，詳細は次の「参考」の中に記す。先を急ぐ人は「参考」は飛ばして，結論の R と F の大きさだけに注目してもらいたい。

16）西洋ではこれを**急性腰痛**，あるいは**魔女の一撃**と呼んでいる。
17）**脊柱起立筋**：頸棘筋，頸最長筋，胸棘筋，胸最長筋，胸腸肋筋，腰腸肋筋の総称。

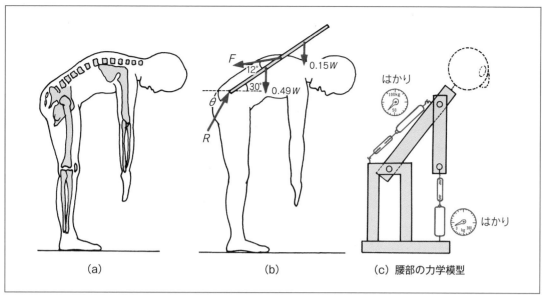

(a)　　　　　　　　(b)　　　　　　(c) 腰部の力学模型

図1-11　第5腰椎および脊柱起立筋にはたらく力

参考 **第5腰椎にはたらく力 R と脊柱起立筋の張力 F**

　仙骨が第5腰椎を押し返している力 R が水平となす角度を θ，また R の水平成分を R_x，鉛直成分を R_y とし，体重を W，頭・首・腕・手の重さの和を 0.15 W，胴体（肩から腰まで）の重さを 0.49 W，胴体の重心は脊柱の中心にあるとする（図1-11(b)）。

　まず，水平方向の力のつりあいより

$$R_x - F\cos(30° - 12°) = 0 \tag{1-8}$$

　同様に，鉛直方向の力のつりあいより

$$R_y - F\sin(30° - 12°) - 0.49W - 0.15W = 0 \tag{1-9}$$

　さらに，第5腰椎の回りの力のモーメントのつりあいより

$$\frac{2}{3}L \times F\sin 12° - \frac{1}{2}L \times 0.49W\cos 30° - L \times 0.15W\cos 30° = 0 \tag{1-10}$$

　以上の3式より，脊柱起立筋の張力は *F=2.46W*

　さらに，$R_x = 2.34W$，$R_y = 1.40W$　となるので，第5腰椎にはたらく力 R は

$$R = \sqrt{R_x{}^2 + R_y{}^2} = 2.74\,W \tag{1-11}$$

　以上のように腰を曲げ脊柱が水平と 30° になったときには，手に何も持っていないときでも，脊柱起立筋の張力 F は *F=2.46W* となり，自分の体重の 2.46 倍も必要である。第5腰椎にはたらく力は *R=2.74W* なので，自分の体重の 2.74 倍もの大きな力がかかっている。

　今，体重 W を 50 kg 重とすると，第5腰椎と仙骨の間では R=2.75×50 =137 kg 重のせめぎ合いが行われている。ラジオ体操で腕を垂らして腰を深く曲げる体操があるがこれを真面目に行うと，ずいぶんきつい体操だと実感したことがあるだろう。常日頃から猫背姿勢になりがちの人は脊柱起立筋にも腰椎にも，上の例に近い大きな負担をかけていることになる。

今までの計算では手に何も持たないで水平 30° まで前屈したが，今度はたとえば，10 kg 重の荷物を手に持って先と同じ姿勢をとったとき，腰の負担はどうなるであろうか。腰の負担は 10 kg 重増えるだけだろうか。計算は省略するが，結論は $R_{+10} = 203$ kg 重となる。<u>手の 10 kg 重の負担増が，腰には何と $R_{+10} - R = 203 - 137 = 66$ kg 重の負担増</u>になる。生体内力の負担増加は，見かけ上の外力の増加をはるかに上回っているのである。

② 腰を傷めないために

このように第 5 腰椎と仙骨の間には大きな圧迫力がはたらいている。両者の間でクッションの役割を果たしている椎間板もその影響を強く受ける。椎間板は髄核を線維輪で包んだ二重構造で，強い圧迫力や傾きがかかると線維輪が断裂し，中のやわらかい**髄核**が外に飛び出してくる。これが**椎間板ヘルニア**である。

椎体の後ろには**椎孔**が連なった**脊柱管**という通り道があり，その中には**脊髄**が通っている。脊髄からは椎間孔の窓を通って**脊髄神経**(末梢神経)が出ている。飛び出した髄核が，こうした脊髄や脊髄神経を圧迫すると，しびれ，激痛，麻痺などの悪影響が生じる。

とくに，腰を曲げて腰椎を弓なり状にしたような場合，椎骨同士の間隔はクサビ形になり，前方(腹側)は狭く，後方(背中側)は開いた形になる。すると椎間板の中の髄核は容易に後ろ側に飛び出しやすくなる。

二足歩行のヒトの上体は，椎体を鉛直に積み上げたような脆弱な危うい構造なので，できるだけ傾けずにそのまま鉛直姿勢を保ち，椎間は平行に保っておくのが安全である。

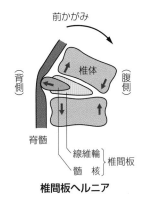

椎間板ヘルニア

椎間板ヘルニアの模型

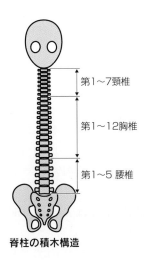

脊柱の積木構造

参考 **脊柱の関節構造**

脊柱は，椎骨が「積み木」のように縦に積み重なって，その周囲を靭帯で保持する構造になっている。脊柱の関節構造を，解剖学の関節の知識で考えてみる。椎骨を縦につなぐ椎骨間の関節は，何という関節であろうか。腰をほぼ直角に曲げることのできる人もいるので，肘関節と同じ「蝶番関節」であろうか。前後左右に自由にひねることのできる人もいるので，肩や股と同じ「球関節」であろうか。実は，椎骨間の関節は，最も不安定で無理のきかない「平面関節」である。

よって，上下の椎骨間の可動許容範囲は基本的に小さく，椎骨の連なりで順次少しずつ傾きを受け持ち，全体としてさまざまな姿勢を作っていく。そこで，腰の 1 か所だけに 90° もの大きな屈曲が集中するような姿勢は，椎骨間の関節の平面関節からは想定外の過酷な姿勢であり，危険である。

また，脊柱を取り巻く靭帯は，膝周辺などの靭帯に比べるとずっと弱いことも忘れてはならない。

腰椎の耐久力は，450～770 kg 重といわれている。この値は自分の体重と比べて十分大きな値なので「それならまず大丈夫！」，と安心してしまいそうだが注意をしてほしい。この値はおそらく，腰椎の鉛直方向の圧迫座屈[18]の限界値を工業的に静的に測定した値ではないかと思われる(あえて

腰を痛めるまでの人体実験を多数してデータを集めることは許されない）。身体は現実には，常時ゆらいでいるので瞬間的に限界値をオーバーする事態や，局所的に力が集中して限界値をオーバーすることがありうる。また，瞬間的な衝撃は，力を受ける時間が短いほど衝撃力は大きくなり（力積[13]の観点），やはり限界値をオーバーすることはありうる。腰椎の耐久力を過信することは禁物である。

　ここまでは，屈曲姿勢と腰椎の圧迫力の関係を話題にしてきたが，さらに，**背伸び姿勢**での「椎骨間隔の広げ過ぎ」も要注意である。背伸びをしながらの作業は，椎体同士の間隔が広がるため，椎間板が浮遊して泳ぎ，正常な位置からずれやすくなる。最も腰を傷めやすい動作は，背伸びをしながら，重い荷物をさらに上まで持ち上げたり，身体を前後左右に折り曲げたり，左右に捻る軸回転をすることである。これらの動作は，椎間の不安定な状態にさらに追い打ちをかけ，椎間板を追い出すことになる。よって，背伸びをしながらの作業は基本的に避けたほうがよい。高い位置での作業は，面倒でも踏み台や脚立などを用意して，正常な安定的鉛直姿勢を保ちながら作業してほしい。

　医療従事者の中には腰痛に苦しむ人が多くいるが，前かがみや中腰の姿勢での長時間の作業が原因であるといわれている。これは皆さんの日常生活においても，たとえば洗面所での洗顔の姿勢や台所での調理中の姿勢，床に落ちている紙屑を拾い上げる姿勢などでも同じことがいえるので，普段の生活の中でのちょっとした自分の姿勢もチェックして正していこう。

参考 **妊婦の腰痛対策**

　妊婦のお腹がだんだんと前に迫り出してくると，バランスをとるために無意識のうちに後ろにそりかえる姿勢になりがちになる。腰の過度の彎曲によって妊婦特有の腰痛が発生しやすくなる。腰痛は通常，出産後おさまるが，中には慢性化していつまでも苦しむ場合がある。妊婦に対する指導には，「妊婦体操」などとともに「妊婦の正しい姿勢」がある。

　妊婦の正しい姿勢とは，通常の正しい姿勢と同じで，これに近づけることである。背骨が正しい自然なカーブを描く，すなわちゆるやかなＳ字を描き，骨盤が約30°前に傾いた姿勢がよい。そのためには，まず顎を少し引き，肩の力を抜き，背筋を伸ばすと，自然に正しい姿勢に近づく。

---

③ 重いものを持つときの５つの基本

　これまで学んできた人体の力学構造から導かれる「安全に重いものを持つときの基本事項」を，次のａからｅのように５つにまとめた。

ⓐ 重いものに自分ができるだけ近づく

　力学的腕の長さが長くなれば，それだけ力のモーメントが増大し，作業

18）**座屈**：圧縮力を増していくと徐々に比例変形をしていくが，ある限界を超えると急に彎曲して，全体がぐにゃっと潰れる現象。

（a）楽な持ち方　　　（b）腰に負担のかかる持ち方

図1-12　重いものを持ち上げるときの姿勢

負担が増加する。重いものを体から離したまま持ち上げようとすると，大きな力のモーメントに打ち勝つ必要性から，大きな筋力を出さなければならなくなる。そこで，自分が重いものにできるだけ近づいて，荷重による力学的腕の長さを短くしてから持ち上げる。すると力のモーメントが減少して，持ち上げるのに必要な筋力を節約できる。

　したがって，図1-12(a)のように，相手（持ち上げるもの）に可能なかぎり近づき，相手の重心が自分の腰の真下に来るように姿勢をとる。図1-12(b)のような自分から離れた持ち方は避ける。

❺ 腰ではなく膝を曲げる

　腰を曲げたり背中を弓なりにする"前かがみ姿勢"をとると，椎間板が正位置から飛び出しやすくなるので，こうした姿勢での作業は厳禁であることを学んだ。では，低い位置にある荷物などはどんな姿勢で持ち上げたらよいのだろうか。腰や背中を曲げずに**上体を鉛直に保ったまま**（椎間を平行に保ったまま），腰ではなく**膝を曲げる**。すると，上体が下がり手が荷物に届くので，荷物を持って，曲がった膝を伸ばして立ち上がる。

❻ 荷物に正対して持ち上げる

　重いものを持ち上げている作業中に，身体をひねって荷物を左右に動かす（正面から横に，あるいは横から正面に動かす）と，これは最悪の事態となる。濡れた雑巾を絞るときのように，連続した椎骨の隙間から椎間板をわざわざ絞り出すようなことになり，損傷を起こす確率がきわめて高くなる。椎骨を横に22°ねじると，上下の椎骨の連結が破壊され，椎間板の**線維輪**にヒビ割れや剝がれが生じるといわれる。脊柱全体をくるんだ靱帯にも損傷を与える。

　よって，荷物に真正面に向きあって，荷物をそのまま真っ直ぐに身体に沿わせながら持ち上げる。身体を左右に**ひねった状態で荷物を持ち上げた**り，荷物を持ったまま身体を**ひねって横に移動させる**ことは厳禁である。荷物を真正面に持って，足で歩いて身体全体の向きを変える。荷物を下ろすときにも，荷物を正面の足元に，腰ではなく膝を曲げて下ろす。

悪い持ち方

ⓓ 力を徐々に加える

　丈夫そうな太いロープやスチールワイヤーでも，急激に力を加えると切れてしまうことが，建設や工業の業界ではよく知られている。筋肉でも腱でも骨でも同様である。とくに生体組織の活動は，イオン等の物質移動を伴う現象なので瞬時には対応できず，いくらか時間がかかる。よって生体の活動はゆっくりと行うことが基本である。「1, 2の3！」とかけ声をかけた"弾み"で，一気に瞬発力を出すようなことは，筋肉や腱に瞬間的に大きな力がかかって，断裂することがある（これも力積[13]の観点）。肉離れ・腱切断・靱帯損傷などはひどく辛く，その治癒には骨折以上に長期間を要することが多いので要注意である。

　重たい荷物を持ち上げるときには，徐々に力を大きくしながら作業するのが基本であり，それが最も安全である。もし作業相手が患者の場合，一気の力で急激に動かされると，患者は恐怖を感じてしまうであろう。もし独りでの作業に危惧を感じたときには，無謀な挑戦を試みないで，潔く援助を頼もう。

ⓔ 準備運動をしてから作業する

　運動選手はまず入念な準備運動をし，全力を出せる体調に整えてから試合に臨む。自動車でも，エンジンをかけてすぐに高速度で走ると車の寿命を縮める。アイドリングをしてエンジン全体を暖め，潤滑油を隅々までゆきわたらせてからでないと，滑らかなフル回転はできない。建設現場では，朝の始業時に作業員全員で体操をしている。作業効率の向上と労災事故を防止するために必須な取り組みなのであろう。

　看護師も起床直後に大急ぎで勤務について，すぐに，全力を出して作業をすると，身体を傷めてしまう危険がある。看護師も本来ならば，**ストレッチ体操**など適度な準備運動をして身体を作業体制に整えてから，本格的な作業にとりかかるのが望ましい。

４ 正しい姿勢は美しく見せる

　最近の健康志向ブームを反映して，姿勢や腰痛・膝痛・肩凝りなどの対策やエクササイズの解説本が多数出版され，テレビでもこうした健康番組が頻繁に放映されている。こうした正しい姿勢で正しい身体の使い方は，先の重いものを持つときの５つの基本とも関連し，看護師の心得として取り入れるべき内容がたくさん含まれている。これは看護師自身の身体に好ましいだけでなく，当然ながら患者に対しても適正な看護行為が提供されていくはずで，喜ばれる。また，第３者の目にも看護師の所作を美しくスマートに見せ，看護師に対する信頼と好感度を高めることになる。

ⓐ 立つ姿勢

　背中が丸まって，肩が内側に入って，俯きかげんの人は，あまり元気そうには見えず，仕事にも自信がありそうにはみえない。

　正しい姿勢とは次の４点である。

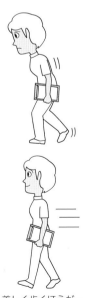

美しく歩くほうが…

①軽くあごを引き，視線は真っ直ぐ前を見る。左右の肩の線を水平に。

②背筋をピンと伸ばし，胸を軽く張る。腹筋に力を入れ，お腹を引っ込める。

③左右の腰の高さを同じに。

④膝を真っ直ぐに伸ばして，両足に均等に体重をかける。

ⓑ 歩き方

　膝が曲がったままの前のめりでチョコチョコと歩いている人を見たことはありませんか。気持ちよく見える爽快な歩き方とは，次の2点である。

①頭が糸で上から吊り下げられているイメージで，あごを引き，真っ直ぐ正面を見る。左右の肩甲骨を寄せ，胸を張り，背筋を伸ばす。コアマッスル（体幹支持筋肉群）を意識し，お腹を引っ込めてお尻の筋肉を引き締めて歩く。

②膝をピンと伸ばして，踵から先に着地し，次に拇趾球を着地させる。後ろ足で床を後ろに蹴る意識で前に進む。

ⓒ 正しい姿勢になる鍛錬をする

　お相撲さんが，腰を降ろすときや四股を踏むときの姿勢をイメージしてほしい。上体を鉛直に立てて，膝を曲げているはずである。さらに，重量挙げ選手が重いバーベルを持ち上げるときや，ラグビー選手がスクラムを組んで押し合うときの姿勢も同様である。あの膝を曲げた（腰ではない）低い姿勢が，人間工学に適した最も安全な姿勢で最強のパワーを発揮するといわれる。この姿勢のとき使っている主な筋肉は，全身の筋肉量の約2/3を占める下半身の腰や脚の筋肉である。この姿勢を意識しておくと，重いものを持つときに腰を傷めるのを防ぐことができ，さらに作業能率も確実に上がる。

　こうした姿勢のための鍛錬とは，足を肩幅くらいに開き，お尻を後ろに突き出す感じで（骨盤をやや前に傾けながら）上体を鉛直に立てて，ゆっくりとしゃがんで，ゆっくりと立ち上がる。この動作は通常**スクワット**と呼ばれている。スクワットの鍛錬は，最初はとてもきつく感じるが，次第に容易になり，むしろ気持ちがよくできるようになる。自分の一生の宝物が，お金もかけずに日頃の心がけ次第で得られる。大いに鍛錬に励んでほしい。

> 参考　あるテレビ番組で
>
> 　大病から無事に回復して元気になったある著名な文化人のインタビューがテレビ放映された。その内容は「看護師のきれいな立ち居振舞いは，その看護を受けた患者を勇気づけ病気の回復によい影響を与えることを実感しました。私はそれで助かりました。いまその看護師に感謝しています」。
>
> 　これは，看護師冥利に尽きるよい話です。おそらくその看護師はしっかりとした知性と技術を身につけたうえで，一生懸命に看護をしていたのでしょう。そうした真摯な姿が患者の信頼を得て，患者の回復する意欲を高め，よりよい効果をもたらしたのでしょう。

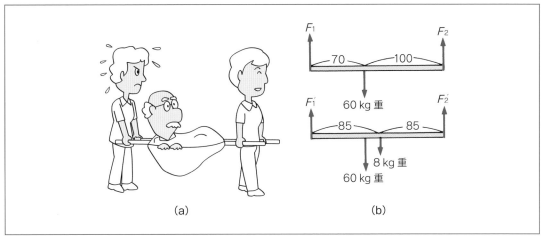

図 1-13　2 人の看護師で担架の前後を支える

練習問題 🖉

ティッピングレバー

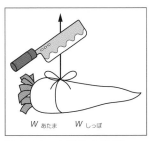

W あたま　　W しっぽ

図 1-14　大根のつりあい

問 1　担架に体重 60 kg 重・身長 170 cm の患者を横たえ，看護師が担架の前後を支えるとき，患者の頭側と足側のどちらが大きな力が必要であろうか。

　人体の重心位置は臍部（へそ）の少し下で，全身の半分より少し上にある。この患者では，頭頂から重心までの距離を 70 cm，重心から足底までの距離を 100 cm とする（図 1-13）。担架の重さ 8 kg 重を無視した場合と，考慮した場合の，それぞれの場合について，2 人の看護師の支える力の大きさを計算してみよう。

問 2　目を覚ましている赤ちゃんを背負っているときには（抱っこでも同様だが），軽く感じていたものが，赤ちゃんが眠ってしまうと急に重く感じられる，とよくいわれる。

　眠ると体重が本当に増加するのだろうか。体験的にもよく実感するこの現象を，物理的に説明してみよう。

問 3　車椅子を押して段差を乗り越えようとするとき，しゃにむに強く前に押してもうまくいかないことがある。このとき，ティッピングレバー（前輪昇降バー）を踏み込みながらハンドル（グリップ）を引くことにより前輪を浮かせ，前輪を先に段差の上に乗せ，その後，後輪を段差の上に乗せる。このときの操作にはどのような原理が利用されているのだろうか。

遊び心の演習　**どっちが重い？**

　大根の中ほどに紐をかけて，図 1-14 のように大根が水平になるつりあいの位置を探す。そのつりあいの位置で大根を頭側としっぽ側の 2 つに切り分ける。頭側としっぽ側のカット大根を，それぞれハカリに乗せて重さを測る。両者の重さは，①頭側のほうが重い，②しっぽ側のほうが重い，③同じになる，の 3 つのうちでどれになるだろうか。先に予想を立てたうえで，実際に確かめてみよう。そして，何故そうなったのかを，もう一度考えてみよう。

●本書では，練習問題の解答例を巻末（191 頁）に示してあります。まず自分でよく考えてみてから，これを参考にしてください。

看護学生の声

◆人間の身体はすごい…

　私は今まで、「筋肉の出す力は、実際に持つ荷物の重さと同じはずだ」と思っていました。やり方が不適切だと、腰を痛めるほど大きな負担がかかることも、逆にうまくやると、筋力の負担を減らせたりできることを知り、びっくりしました。

　物理の計算は大の苦手だけれど、身体を動かしたときの筋力の大きさを簡単な計算をしてみることによって、目に見えない実際の力の大きさがわかったことはよかった。筋力はすごく大きな力にもなっていることを知り、人間の身体ってすごいなあ、うまくできているのだなあと改めて感心しました。

　また、先生が日曜大工で手作りして持ってきた実物大の力学模型（図1-10, 11）は、出来ばえには笑えたけれど遊び心いっぱいで、ポイントはよく理解できてわかりやすかった。ところどころにバネばかりを使って実際の力を目に見える形で測っていて、それが予想外に大きな値を示していてびっくりしました。「自分の身体の中でもこうなっているんだ！」と感動しました。

◆辛い仕事を楽にしたい…

　先日、看護実習でベッドメイキングをしたのですが、そのときどうしても腰が曲がってしまい、先生に注意されてしまいました。少ししかやっていないのに、後で腰が痛くなり大変でした。頭ではわかっているのに、そのやり方に慣れていないために実践に活用できていないことに気づきました。それとは逆に、赤ちゃんを支えるときの筋力の節約など、頭で考えなくても当たり前のようにして体が自然にやっていることも多くあると思いました。

　看護業務には大変な力仕事がたくさんあり、これには体力をつけて頑張るしかないと覚悟していました。この第1章で、同じ仕事がやり方によって、辛くも、楽にもなるということを知って驚きました。これは知っていなければ絶対に損であり、看護師自身も患者さんも、負担が軽くなると思いました。

◆頑張りだけでは身が持たない…

　今まで自分は力があるほうだと思っていたため、重たいものを運ぶときなどすべて「力まかせ」で行ってきた。膝よりもまず腰を曲げた半折り姿勢から、力の「勢い」で一気に持ち上げることが一番だ！と思っていた。腰痛になっても、自分の持ったものがよほど重かったのだろう！と、その原因を荷物のせいにしていた。だから持ち方を工夫するなど、考えもしなかった。しかし、看護実習が始まってみると、いつまでもこのままでは、わが身が持たないことに気づき始めた。同じものを動かすのでも、姿勢や持ち方の工夫によって負担がずいぶん違うことを実感したので、これからは合理的な方法で作業をしようと思う。

◆腰の危機脱出…

　「重いものを持つときの基本姿勢」が興味深かった。若い頃は腰の痛みは気にならなかったが、出産後、日に日に重くなるわが子を抱っこし続けて3年余。すでに15kgになるわが子を、反動をつけて持ち上げることもある。その重さでわが子の成長を実感し、むしろ幸せに感じたこともあったが、もはや「もう無理」「腰が痛い」となることが少なくない。「重いものを持つときの5つの基本」のa～eを実際に家で試してみたが、なるほどこれはわかりやすい。早々夫に得意気に講義して聞かせ、実践をお願いした。もうこれからは私の腰は安泰だ！

「おんぶしている子どもが眠った途端に重くなる」ことも経験して知っていた。重くなったら「あ！眠ったな」とわかる。不思議に思っていたが，これも力のモーメントによるものだと知ったので，今日も夫が帰ってきたら得意気に講義して聞かせるつもりだ。

◆正しい姿勢は…

重いものを持つときの姿勢ももちろん大事なことですが，私が一番印象に残って真っ先に実践したいと思ったことは，「正しい姿勢は美しく見せる」ところです。私は姿勢が悪く，猫背気味なのでいつも母親に注意されています。病院で見かける看護師は皆，姿勢が美しく颯爽として見えることに気がつきました。患者さんは看護師のことをいつもよく見ているのだから，正しい姿勢で若々しく綺麗に見てもらって，その好感度が患者さんの回復にも役立ってもらえればうれしいです。そのために普段から動作や立ち居振舞いに気をつけ，自然によい姿勢でいられるように心がけたいです。

第2章 看護ボディメカニクスの物理

患者の中には看護師よりもずっと大きく重くて動かしにくい人や，重症でちょっと動かすにも細心の注意が必要な人がいる。どのようにしたら患者にあまり負担をかけずに安全に看護動作ができるだろうか。また看護師にとってもなるべく労力が少なく，スムーズに目的の看護動作ができたほうが望ましいことは言うまでもない。このように看護動作がうまくいったときには患者も安楽で負担が少ない。こうした "最小のエネルギーで最大の効果" が得られる看護動作を常に心がけなければならない。それには，人体の構造を考慮したうえで物理学的力学の法則に則った効果的・効率的な看護動作を考える必要がある。このような視点の学問体系を**看護ボディメカニクス**と呼んでいる。

個々の看護動作について，どのような手順で，何を考慮し，どのような動作をするかは，看護技術の授業の中で詳しく学ぶであろう。本章では多くの看護動作に共通した看護ボディメカニクスの物理的重点事項を考えてみよう。

A ベッド上の患者の上体を起こす方法

看護ボディメカニクスを考慮して行う看護動作はさまざまある。第1章A節6項(6頁)では，患者の挙上の方法についてふれた。ここでは別の一例として，ベッド上の患者を「仰臥位から長座位に起こす方法」を考察する。自分の身体の動きを感じ取りながら，その際の力学を分析し，同時に患者の立場になって体の状態をさまざまに推察しながら，実施してもらいたい。なお，ここに記された方法とは少し違ったさまざまな別な方法も実施されていると思われるが，どの場合にも動作のポイントごとに物理に基づいた根拠が必ずあるので，その観点を常に意識しながら動作を進めよう。

1 動作の観察

最初に，無意識のうちに自分で実際に行っている看護動作をふり返ってみて，その1つ1つの動作を正確に記述してみる。その1例を図2-1(a)，(b) に示す(以下の説明文の「左・右」は，図2-1に基づく)。

①看護師は，ベッドに対し斜め向きに立ち，患者に向き合う。看護師の両足は，前後と左右に広く開いて，さらに両足を平行に揃えるのでなくV字型に前方を開いて立つ。

②患者の右腕を身体から少し離す。左腕は身体の前(上半身の上)に置く。

③看護師は左手を，患者の首の下からとおして，患者の左肩を手掌で支え，

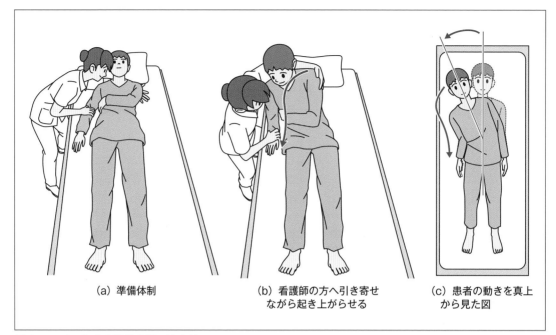

| (a) 準備体制 | (b) 看護師の方へ引き寄せ
ながら起き上がらせる | (c) 患者の動きを真上
から見た図 |

図 2-1　ベッド上の患者を起こす方法

　右手で，患者の右肘をかるく押さえ支える。
④準備が整ったら看護師は，患者の右肘を支点にして，患者を左手で自分
　に引き寄せる意識で，患者の上半身を抱き起こしていく。看護師の重心
　は，左足から右足のほうへ移動させる。
⑤患者の上半身が起き上がったら，患者の左右の手掌をベッド上につけ，
　安定させる。
　これで患者は，仰臥位から長座位に体位変換された。

② 動作の物理的考察

　上の動作①～⑤において，そのような動作をした物理的意味を考える。
①で看護師は足を広く開いたことは，看護師自身の支持面を広げ安定性を
　増し，重心位置が移動しても重力線が**支持面（基底面）**の中に必ずおさ
　まっているための工夫である。
②で右腕を患者の身体から少し離したのは，動作途中で患者は自身の右側
　にやや傾く傾向になるので，右腕を身体側に置いたままでは，身体と右
　腕とが重なってしまう。そうならないためと，患者自身の支持面を広く
　確保しておくためである。左腕を身体の前に置いたのは，コンパクトに
　まとめておく効果がある。
③で看護師の左手を患者の首の下からとおして，患者の左肩を手掌で支え
　たが，これにより，患者を挙上させるときに最も安定的に患者を支える
　体勢になる。また，力を伝える部位（力点）を支点から遠くすることによ
　り力のモーメントの腕の長さは長くなるが，第 1 章で学んだように，力

のほうは節約できるようになる。看護師は右手で患者の肘を固定しておくことは，患者の回転の支点がずれないように安定させておくためである。

④で，起き上がる途中の患者の動きを詳しく観察してみる。患者の上半身はベッドの縁と平行な垂直面に沿ってそのまま起き上がるのではなく，図2-1(c)のように患者は腰を軸にして垂直面から外れた"円弧を描きながら"起き上ってくることに気づいただろうか。

患者の上半身が空中に浮いた最も不安定なときに，患者の上半身が看護師に近づきながら起き上ってくるのである。すなわち，力学的腕の長さが徐々に短くなってくることで，力のモーメントが小さくなる方向への作業になっている。よって，看護師の出す力は節約され，作業が楽になっていく。さらにC節5(38頁)でもふれるが，ことのとき患者の重心がだんだんと自分の方に近づくことになるので，作業の安全性にも寄与する。

⑤では，患者の上半身が起き上がったので，患者自身で安定を保てるように，手掌を広げて，両手をやや後ろ側につける。これは，広い支持面をつくることにより，患者を安定させ安楽にするためである。

このように，1つ1つの動作を分析し，その意味や関連を考え，自分の動きを工夫していくことが安全で楽な看護動作につながる。なお，物理法則にそったこうした動作は，"感染症予防対策"とは矛盾した面も懸念されるが，もちろん病院側の定めた基本方針を尊重したうえで，上手に工夫を凝らして双方を両立させながら実施してもらいたい。

Ｂ 小さな力でも大きな効果が

① 仰臥位から側臥位への体位変換の方法

ベッド上の患者を寝返らせるときの動作について，物理的に考察してみよう。患者の身体全体を一度にぐるりと寝返らせるには，非常に大きな力が必要である。そこで，身体全体を一度に寝返らせるのではなく，身体の各部分を順番に回転させていき，最終的に身体全体を回転させてみよう。このように身体の一部分の動きを隣の部分に次々に伝播させていけば，身体全体を小さな力で安全に寝返らせることができる(図2-2)。

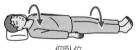

仰臥位

側臥位

①看護師の立つ位置は，患者の顔の表情を常時観察する必要性から，動作終了後には**患者と向き合う側**に立って作業をする(看護の基本)。逆向きでは，患者の顔がだんだんと隠れて見えにくくなり，患者の身体は看護師から遠ざかって患者が転がり過ぎたときにフォローしにくくなる。

②前準備として，体位変換後の体位を想定し，患者の上肢が身体の下敷きにならないための工夫をしておく。図2-2のように腕を予め肩の横にお

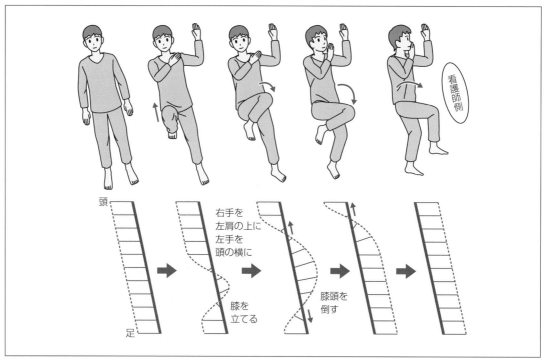

右手を
左肩の上に
左手を
頭の横に

膝を
立てる

膝頭を
倒す

看護師側

頭

足

図2-2　楽に身体を回転させる方法

く。あるいは，"患者を小さくまとめる"という観点で，向く側の腕を胸の上に置き，もう一方の腕をその上に重ねて組ませておく。

③看護師と逆側(回転外側)の膝を屈曲させ下肢を直立させる(☞ここがポイント)。

④実施前には必ず患者に"声かけ"(31頁)をして協力をしてもらい，患者の残存能力を最大限利用する(看護の基本)。

⑤いよいよ実施。立てた膝頭に水平の引力を加え，膝を看護師側に引き寄せる(回転させる)。それにつれて患者の腰が浮いてくるので，その腰を支えて回転の手助けをする。こうして腰が回転を始めると，次は背中が浮いてくる。今度は肩を支えて回転の手助けをする。最終的に頭が静かに回ってくる。足側も同様に回ってくる。この操作を，ゆっくりと滑らかに，連続性を保って行う。

とくに看護師の留意点は，回転途中の患者の各部位(とくに，ベッドから離れ空中に浮いた部位)を支えたり，回転の手助けをすることである。こうした一連の動作は，患者にとって受け入れやすく安心感を持て，また看護師にとっても負担が少ない。この方法では実際に「指1本で患者を回転させることができる」ほど，スムーズにできる。もし，膝を立てないで，脚を真っ直ぐに伸ばしたまま回転させようとすると，大きな力が必要になる。よって，この回転動作を上手に行うコツは，次の3つである。

①踵(かかと)をお尻につけてあげる意識で，膝(ひざ)をしっかりと直立させる。

②力を加えるところは，膝の途中ではなくて膝頭である。

③力を加える方向は，脚に対して垂直方向(膝頭の回転の方向)である。

この3つのコツには，第1章の"力のモーメント"の原理が生かされている。膝を立て膝頭に力を加えることは，"力学的腕の長さ"が長くなり，小さな力でも回転に必要な力のモーメントが生み出されることになる。また，力を加える方向を回転方向にすることは(最初は水平に手前側に力を加え，回転につれて徐々に下向きにする)，加える力の全部が回転の作用に役立つことになる。

同様な観点で前準備において，"患者を小さくまとめる"ことは，余分な力のモーメントを減らし，看護師側の力の節約に役立つ。

参考　声かけ

患者に対して，起きる・立つ・移動など，看護動作をするときには，必ず患者に「これから何をどういう手順でするのか，心得ていてほしいこと」などを事前に伝え，納得してもらおう。こうして，お互いに気持ちを1つに揃えてタイミングを合わせて同時に行動すると，患者にも自力でできる範囲内で無理なく協力してもらえ，看護師の負担軽減となる。患者は「自分でできた！」という自信にもつながり，リハビリテーションにもなる。もし事前の声かけなしに無言のまま突然看護行為を行ったとすると，患者は驚き緊張し不安な気持ちになる。看護師だけが必要以上に頑張らなければならない。

このとき，意識が低下しているあるいはないと思われる患者に対しても，必ず声かけをしてから実行してほしい。聞こえていてもうまく返答できない患者も多く，それでも無言で協力してくれることもよくある。こうした声かけと一連の動作が，患者の意識の回復のきっかけにもなりうる。

また，患者に声かけをすることにより，看護師自身にとっても自分の理想の動作を意識的に確認できる。電車やバスの運転手が，安全運転の徹底のためにする"指差し・声出し動作"と同じ効用がある。

② ベッドメイキングでの皺

皆さんは，シーツをピーンと引っ張り，シーツの端をマットレスの下にしっかりと敷き込み，シーツ全体を完璧に仕上げるように努力していることだろう。こうしたどこにも弛みのないシーツは，見た目にきれいで気持ちがよいだけでなく，耐久性がある。全体が完璧なときには，たとえ外力がはたらいても，その外力を全体で受け止めることになるので，崩れは起こりにくい。もし，1か所でも皺が残っていると，外力がかかる度にその局所的弱点を起点として皺が周囲に拡大していく。最終的に全体がクシャクシャに崩れてしまう。このような乱れの引き金となる弱点部分を，どこにも残しておかないことが，耐久性のある美しいベッドメイキングのコツである。

このように全体を一度に動かすことはできないごく小さな力でも，長時間繰り返されることで，ごくわずかな変位が徐々に蓄積し，ついには大きく動いて重大な結果を生ずる現象が，ミクロの世界においてもみられる

きれいなベッドメイキングは崩れにくく耐久性がある

（例：金属疲労[1]）。自然界では，ごく当たり前に起きている物理現象である。

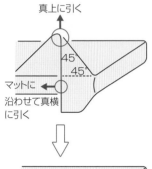

シーツの張力を保持し
ながらマットに固定

参考 シーツを崩れさせない工夫

　ベッドメイキングでのシーツ掛けは，ボディメカニクスを活用した看護技術で最初に取り組む課題であり，全身の体力を使う印象深い体験である。患者にとってベッドはそこで1日を過ごす場であるので，皺がなく型崩れしにくく，また見た目にも気持ちのよいベッドを作ることが大切である。耐久性のあるベッドメイキングのコツとして，「事前にシーツに張力をかけ，引っ張った状態のまま固定する」方法がある。シーツは繊維が縦横に織り込んであるので，①縦方向と②横方向とに張力をかける。さらに斜め（バイアス）方向にもたるみが残っていないように，③左斜め方向・④右斜め方向にも張力をかける。計4方向に張力をかけて引っ張ったまま固定する（1人ではむずかしいので，2人で力を合わせる）。こうして，全方向にシーツのたるみを残さず，「シーツに若干の引力（復元力）を残したままマットに固定」する。こうすると，すでに抵抗力がはたらいている状態なので新たなズレが起きにくく，耐久性のあるベッドメイキングができる。最初から適度なストレスを導入したまま完成品を作りあげる手法は，工業・土木・建築・橋梁などの大きな構造物でも，振動を防ぎ強度を保持する工夫としてよく用いられている工法である。

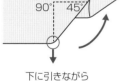

真上に引く

マットに
沿わせて真横
に引く

下に引きながら
マットの下に敷き込む

参考 下シーツ角の三角処理

　ベッドメイキングにおいては，下（敷）シーツの角を三角に折り込むことが多い。この方法は，シーツが緩みにくく耐久性に優れたシーツ処理であるといわれている。

　ところが仕上がったベッドは，ベッド下側や二重になって内側に隠れた部分のシーツは隠れてしまって見えないので，どういう状態にできたか確認しにくい。そこで，その構造をあらかじめ把握しておくために，本章末にある，**遊び心の演習「模擬ベッドメイキング　下シーツ角の三角の作り方」**の一例（48頁）に取り組んでみよう。縮小したベッドメイキングの型紙を熟視して，シーツ全体の力学構造に思いを馳せ，そのうえで隅々まで端正な折り紙細工を完成させよう。このラッピング作業で，「ベッドメイキングの奥深さと美学」を感じとることができる。こうして三角処理の構造をよく理解したうえで，とくに折り目や隅が型紙と同じように正確に美しく処理されるように注意しながら，次回のベッドメイキングの実習に取り組んでみよう。きっとより明確な取り組みができることだろう。

Ⓒ 看護ボディメカニクスの物理的重点事項

　これまで取り上げた看護動作をていねいに観察し考察してみると，物理

---

1) **金属疲労**：強くていつまでも丈夫と思われる金属でも，何度も繰り返し力が加わると，たとえ小さな力であってもどこかに微小な原子配列の乱れを生じ，その欠陥が進行・蓄積してついには全体に亀裂が生ずることがある。航空機でも圧力変化や振動の繰り返しで機体の微細な不具合が進行・蓄積し，放置しておくとついには機体全体の破損の危機に直面することがある。

学的力学の法則に則って合目的的に動作していることがわかる。看護技術の授業で「こういう姿勢で，このようにしなさい」と教師に言われることも，あるいは「このほうがやりやすい」と無意識のうちに自分で感じることも，詳しく検討してみれば，そこには必ず何らかの物理的真理がある。そこで，さまざまな看護動作に共通する物理的重点事項を，次に 10 項目ほどあげる。何かの動作を行う前にこれらを念頭におくとよい。

1 まず前準備，ベッドの高さを調節

　ベッドの高さは，患者がベッド端で端座位になったとき，股関節・膝関節が 90 度になって両足底が床に平らに着く高さが適当であるといわれている。この高さは，患者の生活上の安全性や利便性を考えての高さである。ところが看護師が患者の体位変換や移動などの作業をするときは，この高さでは低すぎて，第 1 章 D 節(16 頁)で学んだことに関連して，看護師の腰に予想外に大きな負担がかかってしまう。そこで，看護師が最も作業がしやすい高さになるように，ベッドの高さを調節する必要がある。腰を曲げずにちょうどベッド上に手が届いて楽に作業ができる高さ，具体的にはベッド面を看護師の腰のあたりにするのがよい，といわれている。

　もし，マット面が屈曲したギャッジアップベッド[2)]だったら，マット面を水平にして，マット面を平らにして作業する。また，ストレッチャー(患者移送用ベッド)へ患者を移乗させる際には，ストレッチャー面とベッド面が同じか，あるいは，わずかにストレッチャー側に下方移動になるような高低差に調節してから移乗させる。

　さらに作業を安全に行うため，室内の環境整備を行っておこう。狭い場所での力作業は，思わぬ粗相をして危険を伴うことがある。看護師と患者の双方が安全に動きやすい十分な空間を確保する。オーバーテーブルや椅子などを隅に寄せ，床頭台の上の諸物品も整理しておく。ベッド柵も作業能率と安全性を考慮したうえで差し替えたり，あるいは取り外す。作業中に余分な気遣いを一切せずに，必要な看護作業にのみ集中できる良好な環境をまず作っておこう。

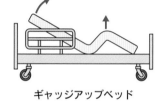

ギャッジアップベッド

2 両足を広げ，安定性を増す

　人体の**重心 G** は，頭頂から身長の約 44% の位置，すなわち臍の少し下あたりにある。人が倒れずに立っているときには，この人の重心 G と地球の重心とを結んだ**重力線**が，接地した両足の外周を囲む**支持面(基底面)**の中に入っていなければならない(図 2-3)。

　もし重力線が支持面の外に出てしまうと，その人は支えを失って倒れてしまう。安定的に立ちつづけるためには，「支持面をできるだけ広く」確保

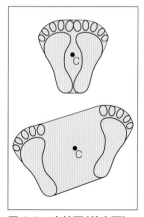

図 2-3　支持面(基底面)

---

2) **ギャッジアップベッド**：アメリカの医師 Willis D. Gatch が考案した。上半身と膝部を挙上できるベッド。この操作を電動で行う電動ベッドが普及している。

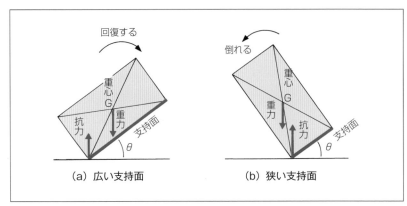

図 2-4　支持面の広さによる安定性の違い(傾き角θと重心位置は同じ)

し，しかも「重力線が支持面の中心 C を通る」ように心がけよう。

　図 2-4 は，支持面の広さが違う 2 つの物体が同じ角度 θ だけ傾いたとき，本来の支持面(図では太赤線で表示)が，床の方に戻るように動くか，それとも床から離れて倒れるかを比較したものである。物体内部は均一の材質とし，重心は中心にあるとする。支持面の広い(a)は，支持面が床に戻るように回転する。一方，支持面の狭い(b)は，支持面が床から離れるように回転して倒れてしまう。よって，(a)のように支持面が広いと安定性が高く，(b)のように支持面が狭いと，不安定となり危険性が増す。

　皆さんは重い荷物を片手で持つときに，自分の上体を無意識のうちに荷物とは反対側に傾けてはいないだろうか。重いものを片方に持つと，それまでとは重心位置が変わり，重力線が支持面の縁(足のふち・かかと・つま先など)にくる。体重を支持面の縁で支え，倒れかけるのを辛うじて耐えていることは，疲れるばかりか危険でもある。このように，新たに重いものを持ったときには，新しい重力線が再び支持面の中心 C を通るように，姿勢を変えたり足の位置を変えたりしなければならない。

　そこで患者を持ち上げたり，重いものを持つなど，大きな力を使って作業をする場合は，A 節の①-①(27頁)で示した「足の最初の構え」のように，**「両足を前後と左右に広く開いて，さらに足先を V 字型に前方を開いて立つ」**ことが鉄則である。こうすると支持面が広がり，前後・左右の動揺に対処できる。通学時の満員の電車やバスのなかで，立ち方をいろいろ変えて最も安定な姿勢を確かめてみよう。

　歩行が困難な患者に**杖**や**歩行器**を使用させる目的は，1 つには体重の支持を杖にも分担させ，足の負荷を軽減させること，もう 1 つは，ここで取り上げている支持面を広くして，転ばないように安定させることにある。こうしてみると，看護師の履く**ナースシューズ**は，踵が細くつま先が尖ったものよりも，底面の広いものが機能的に適している。しかも，足底の形状自体も，5 本の指が扇状に末広がりになる形が安定性がよく健康的であるといえる。

ものを持つと重力線
の位置が変わる

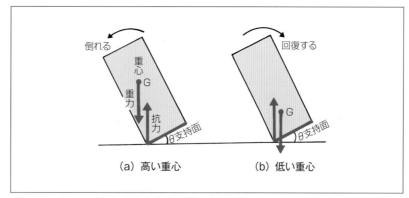

図 2-5　重心の高さによる安定性の違い(傾き角θと支持面の面積は同じ)

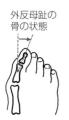

外反母趾の
骨の状態

靴の選択は見栄えのみを重視しすぎると，不安定さに苦労するだけでなくいつかは**外反母趾**になって痛みに悩まされることになる。

③ 膝を曲げて低い姿勢をとる

支持面を広げるだけでなく，さらに**重心を下げた姿勢**，いわゆる"**低い姿勢**"をとると，より安定性が増す。

図 2-5 は，支持面の広さが同じ 2 つの物体で，重心の高さに違いがあるときを比較したものである。これらの物体が同じ角度θだけ傾いたとき，倒れてしまうだろうか，あるいは起き上がるだろうか。支持面の広さと最初の傾きが同じであっても，(a)重心位置Gが高いと，重力線が支持面の外側に出やすくなり，倒れやすい。(b)重心位置Gが低いと，重力線が支持面の内側に入りやすくなり，倒れにくい。

小児は成人に比べて転倒しやすい。小児は身体全体のうちで頭部の占める割合が大きく，下肢の発達が未熟である。そのため小児は成人よりも相対的に重心位置が高くまた支持面が狭いので，安定性に欠け転倒しやすい。

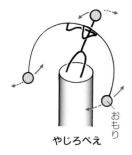

やじろべえ

参考　やじろべえ・起き上がり小法師（こほうし）

やじろべえ(弥次郎兵衛)や起き上がり小法師といった玩具は，傾きを回復させる工夫がなされている。それらには，底部分におもりが入れてあり，重心を低くしてある。そのため，かなり傾いても重力線は支持面の内に入っていて，正常姿勢に回復しやすくなっている。

起き上り小法師

ところで皆さんは，看護技術の実習で，看護教員から「**もっと腰を落として！　低い姿勢に！**」と注意された経験はありませんか。

"**腰を落とす**"ということは，"**腰を曲げる**"こととは違う。腰を曲げると，頭が下を向き顔が床に近づくので，自分は低い姿勢になった気がする。しかし，全身で最も重いパーツである腰の位置は変わらず，重心はほとんど下がらず不安定なままである(図 2-6)。自分の顔は下を向いているので，足元だけ見えて正面を広く凝視しにくい。さらにこの姿勢は，上半身

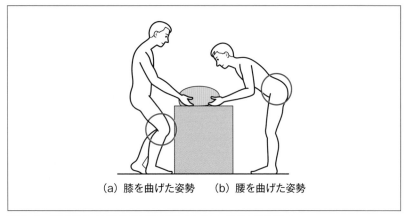

(a) 膝を曲げた姿勢　　(b) 腰を曲げた姿勢

図2-6　腰あるいは膝を曲げた姿勢(作業する高さは同じ)

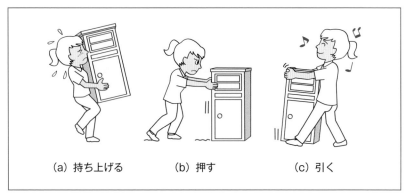

(a) 持ち上げる　　　(b) 押す　　　　(c) 引く

図2-7　重いものを動かす方法〔看護動作では(c)が基本〕

が前に出っ張った分だけ殿部が後ろに突き出す格好になるので，お尻を壁にぶつけたりすることがある。

　腰を曲げるのではなく“**膝を曲げた姿勢**”は，自然に“**腰を落とした姿勢**”，いわゆる“**低い姿勢**”となり，顔も下向きでなく前向きになり，背筋も真っ直ぐに伸びていて美しい姿勢となる。

　「膝を曲げた姿勢」＝「腰を落とした姿勢」＝「低い姿勢」→安定

　「腰を曲げた姿勢」＝「腰がそのままの姿勢」＝「高い姿勢」→不安定

　腰を曲げて作業をしていると，第1章D節(17頁)で計算したように第5腰椎には大きな圧迫力がかかるが，膝を曲げて低い姿勢をとると，上体は鉛直のままなので腰への負担は軽減する(図2-6)。

④ 持ち上げるより水平にずらす

　重いものの移動や患者の位置を変えたいとき，どのように力を加えて作業をしたらよいだろうか。図2-7(a)のように「空中に持ち上げて床から離して，水平に移動させる」のが有利か，図2-7(b)(c)のように「床に置いたまま，水平にずらして移動させる」のが有利か，どちらだろうか。ここで，

床に置いたままずらして支障が出る場合は，もちろん(a)の「持ち上げて移動」させる以外に方法はない。ずらしても不都合が生じない場合に限って，(a)「持ち上げて移動」か，(b)(c)「水平にずらして移動」のどちらが有利か，の物理的比較であることを先に断っておく。

　(a)のように「ものを持ち上げて動かす場合」には，生体内力(筋力)はものの重さ w を超えた上向きの力を出して，ものを持ち上げてから，歩いて水平移動させることになる。

　次に(b)(c)のように「床に置いたままずらして水平移動させる場合」には，摩擦力 $F_{マサッ}$ に打ち勝つ力を出せばよい。**摩擦力** $F_{マサッ}$ は，**摩擦係数** μ と物体の重さ w との積である。

摩擦係数 μ はギリシャ文字でミューと読む

$$F_{マサッ} = \mu \times w \qquad (摩擦力) = (摩擦係数) \times (物体の重さ) \qquad (2\text{-}1)$$

この摩擦係数 μ は，通常 1 よりも小さい値をとる($\mu < 1$)。つまり，水平にずらして動かすときに必要な力 $F_{マサッ}$ は，物体の重さ w よりも小さい。よって，ものを動かすときには，差しさわりがないのであれば，(a)持ち上げて動かすよりも，(b)(c)水平にずらして動かすほうが楽である。ずらす方向性の(b)と(c)ではどちらが適当かは，次の5項で検討する。

参考　摩擦係数

　摩擦力には，静止した物体が動き始めるときにはたらく**静止最大摩擦力**と，動いている物体にはたらいている**動摩擦力**とがある。一般に，静止最大摩擦力のほうが動摩擦力よりも大きい。よって，ものをずらして動かすとき，動き始めるときには大きな力が必要だが，一旦動き出すと小さな力でも動かしつづけることができる。

　動摩擦力が小さい例として，氷の上を滑るアイススケートがある。この場合の動摩擦係数は，約 0.03 という。ところが手や足が痺れたとき，その手や足(尖足)をブラブラさせると，いつまでも減衰しないことに気がつく。関節の動摩擦係数はたいへん小さくて 0.001〜0.01 だという。関節の内部は関節軟骨が潤滑液にひたっており，その全体が靭帯と皮膚に覆われて，けっこう複雑な重層構造であるのに，その動きは氷の上を滑るよりも滑らかであるのは驚異的すばらしさといえる。なお，布地同士の動摩擦係数は約 0.5，ナイロン同士は約 0.2 である。

　患者を水平にずらして移動するときにはまず，シーツをピーンと引っ張り，まっ平らにして摩擦係数を下げておく。皺のあるシーツの上では摩擦がより大きくなり，凸凹を乗り越えるための余分なエネルギーを必要とし，患者を移動させにくい。

　患者を水平にずらすときの注意点は，患者の皮膚内部に**ずれ応力(せん断応力)**ができるだけかからないように，またこの影響が後まで残らないようにしなければならない。そのため，着衣や大タオルで，あるいは看護師の手掌で患者の皮膚を守りながら作業をし，終了後は「背抜き」(第3章60頁)に類する皮膚と着衣との再調整をしておく。

　便利な医療用具として，摩擦の少ない材質でできた筒状のシート(すべ

りマット)がある。この上に患者を乗せて引っ張ると，容易に並行移動ができる。患者をストレッチャーに移乗させる**スライディングシート**や，ベッドから車椅子への移乗を援助する**スライディングボード**も有用である。

　逆に，摩擦力をわざと大きくする工夫もある。**ベッドメイキング**では，シーツの端を適正に処理して(重なり部分を多くし，マットの重さがしっかりとかかるようにする)摩擦力を利用して崩れにくい耐久性のあるベッドを作る。最近の**包帯**は，伸縮性のあるソフト包帯が主流になっているが，従来からの帯状ガーゼ包帯の場合には，循環障害を起こさない範囲で，できるだけ大きな摩擦力を保持させ弛まないように巻く。

　また，前項の安定性を増す観点も考慮すると，看護師の**ナースシューズ**は摩擦係数が大きな材質を使ったなるべく滑りにくい靴底がよい。院内の床の材質についても同様のことがいえる。杖の先端(**石突**)は，通常ゴム製で滑りにくい材質になっている。

　このように看護業務の中で，いろいろな場面で摩擦力の大小をそれぞれ活用する視点が大事である。

5 自分に近づける方向に引っ張る

　次に水平に動かす場合の方向性について検討する。

ⓐ 筋肉の特性の観点から

　多くの物質はバネのように，伸ばされた場合には縮む方向に，縮んだ場合には伸びる方向に，復元力を出して元の自然の長さに戻ろうとする性質がある(図2-8(a))。この性質を**弾性**という。ところが筋肉の場合は，バネとは違って，**図2-8(b)**のように縮む方向にしか力を出せない。筋肉は，引く力は出せても，押す力は出せない。

　筋線維は筋原線維の束で，筋原線維は層状に重なった細いアクチン・フィラメントと太いミオシン・フィラメントの2種類の線維状のタンパク質が，対向面積を増やすように引き合う。このとき，①両者が互いに内側に滑り込んで全体の長さが収縮する**等張性収縮(アイソトニック収縮)**と，

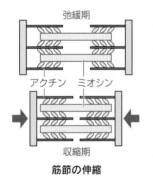

弛緩期

アクチン　ミオシン

収縮期

筋節の伸縮

(a) バネ

縮む方向に力を出す
F

力を出さない

押す方向に力を出す
F

自然の長さ l_0

(b) 筋肉

等尺のまま縮む等尺のまま縮む方向に力を出す
(等尺性収縮)
F

収縮しながら縮む方向に力を出す(等張性収縮)
F

✗ 押す方向には力を出さない

図2-8　バネと筋肉の出す力の方向

②重いものを持ち続けるときのように，収縮はしないで引く力を出し続ける**等尺性収縮（アイソメトリック収縮）**とがある。

　等張性収縮のとき，筋線維が力を発揮する機序として，次のような「滑り説」がある。アクチン・フラメントと接触しているミオシン・フィラメントの頭部が，屈曲する（首振り運動をする）。すると，アクチン・フィラメントが引き寄せられ，両者が互いに滑り込んだ形になり，筋節が縮む。これは，ミクロの世界において「手漕ぎボートでオールを漕ぐ」イメージにもなぞらえることができ，大変興味深い力学モデルである。詳しいことは生理学の講義で学ぶ。

　ここで大事なことは，筋肉自身が発揮する力の方向性としては①等張性収縮，②等尺性収縮のどちらも収縮する方向のみで，押し出す方向への力はない。そこで，筋力を使って作業をするときには，筋肉が縮む方向，すなわち，自分に**引き寄せる方向に作業する**のが理にかなっている。

参考 屈筋は伸筋よりも強力

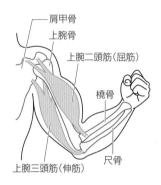

　肘関節を曲げたときの上腕の内側になる筋肉（上腕二頭筋）と外側になる筋肉（上腕三頭筋）を指でつまんでみよう。さらに，膝を曲げたとき内側になるふくらはぎの筋肉（腓腹筋などの下腿三頭筋）と外側になるすねの筋肉（前脛骨筋）を指でつまんでみよう。内側の屈筋のほうが外側の伸筋よりもはるかに太いであろう。つまり，基本的に屈筋のほうが伸筋よりも太くて，よってより大きな力を出しうる。自分の手や足をみても，指は内側に曲がり，物を強くつかむ構造になっている。生物は基本的に相手を排除するよりも，内側へ引きずり込むように進化してきたようである。捕食のためであろうか。

　骨格には必ず2種類の筋肉（屈筋と伸筋）が，拮抗した形でついている。**屈筋**は，2つの骨格をまたいだ内側にあって，関節を曲げ身体を縮める。**伸筋**は，2つの骨格をまたいだ外側にあって，関節を伸ばし縮んだ身体を広げ元の体形に戻す役目をする。こうした一対の筋肉を，**作動筋**[3]（主動筋）と**拮抗筋**と呼んでいる。両方の筋肉が連携して交互にはたらかないと，一連の動作が円滑にはできない。

　スポーツ選手が試合前に極度に緊張して，スムーズに身体が動かせず実力を発揮できないことがある。これは屈筋と伸筋の両方が最初から興奮状態になって硬直し，両側から引っ張り合いをしているからである。最初は両筋肉を弛緩伸展しておいて，いざというときに作動筋だけを強力に収縮させなければ，運動の最大の効果は得られない。

　高圧電線にふれて感電したとき，意識のうえでは電線を放そうとしても，指が電線を握ったままで放せなくなるそうである。電流の通り道になった筋肉は，対になった屈筋・伸筋がともに不随意的に活動状態になり収縮するが，屈筋の方が強力なので握りっぱなしになる。

　皆さんも作業前は，精神的には適度な緊張感を保ちながらも，身体的にはリラックスして臨み，効果的に看護作業を進めよう。

3）ヒトの身体は，大小206個の骨が組み合わさってできている。大きな骨の骨端は関節を構成している。この骨を動かし力を出すためには，**作動筋，拮抗筋**の他に**協力筋，固定筋**などの筋肉が必要である。こうした骨格筋は全部で400種以上もある。

参考 **ストレッチ体操**

　前述のように，関節の両側には必ず拮抗した2つの筋肉がついている。片方の筋肉が収縮するときには，もう一方の筋肉は柔軟に伸びなければ，スムーズな動きはできない。

　たとえば，猫背で，両肩甲骨を寄せてもうまく治らない人は，胸筋が短縮化していて胸側が縮まっており，しかも硬くなっている可能性がある。胸筋を伸びやすく柔軟にしなければ，胸を広げることはできない。筋肉の鍛錬には，作動筋を強める鍛錬も大事であるが，同時に拮抗筋（含む，腱と靱帯）がブレーキにならないように，柔軟に長く伸びうるように鍛えておくことも大事である。

　筋肉は使わないでいると，柔軟性が失われ固くなり，短縮化し十分な力を出せなくなる。ストレッチは，筋肉を柔軟にして，伸び縮みできる範囲（可動域）を広げる訓練である。患者に対するストレッチ指導は，筋肉をほぐして血行をよくして代謝を活性化させることにより，コリや痛みを解消させ疲れをとり，体調を正常化させ精神的にもリラックスさせる，といった効果が期待できる。看護師自身のストレッチ鍛錬は，看護業務や日常動作やスポーツにおいて，力量の増進と障害の予防につながる。ストレッチの留意点は，①伸ばす筋肉を意識し，その筋肉と対話をするつもりで。反動をつけず徐々に伸ばし，気持ちのいい範囲内で無理をしない。②呼吸をしながら行う。③定期的に継続して行う。

❺ 力の節約の観点から

　ヒトは筋肉の特性から「押し返すよりも引き寄せるほうが有利である」ことを学んだ。さらにこの引き寄せる作業を力学的に考えると次のようになる。引き寄せることにより相手が徐々に自分に近づいてくる。すると，「てこの作用点」が自分に近づいてくる。荷重側の「力学的腕の長さ」が短くなる。よって，作業に必要な「力のモーメント」が小さくなるので，労力は軽減されてくる。

　狭い病室内の位置関係などの制約から，初めのうちは不利な方向からしか引き寄せられなかった場合でも，相手が自分に近づいてくるにつれて，力を加える方向を都合のよい方向に自由に選べるようになる。

　よって，自分に近づける方向に力を出すことは，力の節約と安全の観点から理に適っている。

❻ 看護の観点から

　次に，「引き寄せる方向の作業」は看護動作の中ではどう評価できるであろうか。力のモーメントの観点から，力の大きさが節約できるだけではない。相手の荷重が自分の支持面に近づいてくるので，より安定性が増す。また動かした相手が不安定な状態になったり，最悪の事態で**慣性**[4]のために暴走してしまっても，自分に近づく方向への動きならば，自分の身を挺してその動きをくい止めることができる。これが自分から遠ざかる方向への動きだったら，動きを止めることが困難になり，恐ろしい結果になる。

---

4) 外力がはたらかなければ，運動している物体はそのまま等速直線運動を続け，静止している物体は静止を続ける。この性質を**慣性**という。また，この法則を**慣性の法則**あるいは**ニュートンの第1法則**という。だるま落としは，この慣性の法則を利用した玩具である。

よって，自分に近づける方向に作業をすることは，相手が自分の支持面の上に近づいてくるので，**より安全な方向への作業**といえる。

ただし現実には，ベッド柵を設置するなどして安全性を十分に確保したうえで，患者を若干押して行うほうが，楽に安全に作業ができる場合もある。

ⓓ 引く場合の注意点

力いっぱい引いていて手が滑って離れ，自分が後ろにのけ反ってしまうことがある。ヒトの足（水平部分）は脚（鉛直部分）に対して前向きについている。踵は鉛直な脚に対しやや後方に出っ張ってはいるが，足先ほどには後方に出っ張っていない。よって支持面は脚に対して前側にある。ヒトは**前傾姿勢**に対しては比較的安定だが，**後傾姿勢**に対しては不安定である。そのため引く作業をする場合には，後傾姿勢に対する備えとして，あらかじめ片足を後ろに引き，支持面を前後に広く確保しておこう。

⑥ 自分の横方向への作業は非能率

前後方向の作業の次に，左右の方向，すなわち横方向の作業の効率について考えてみよう。図2-9は真上から見た図だが，物体を移動させるために横方向の力を加えると，手にはその物体からの反作用の力$F_物$がかかる。このとき，生体内部で筋肉（三角筋や大胸筋）が出している力を$F_肩$，肩関節（支点）から筋肉の付着（力点）および物体（作用点）までの距離をそれぞれa，bとする。肩関節の回りの力のモーメントのつりあいより

$$b \times F_物 = a \times F_肩 \cos\theta$$ 　（右回りの力のモーメント）＝（左回りの力のモーメント）

(2-2)

$$\therefore \quad F_物 = (a/b) \times F_肩 \cos\theta$$

(2-3)

ここで，$a < b$，$\cos\theta < 1$ なので

$$F_物 \ll F_肩$$

(2-4)

≪は，左辺の値が右辺の値よりもとても小さいときに使う不等号

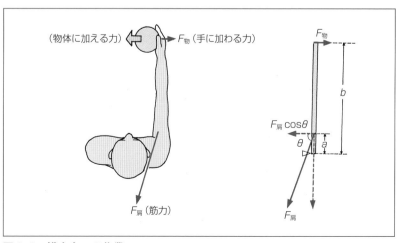

（物体に加える力）　$F_物$（手に加わる力）

$F_物$

b

$F_肩 \cos\theta$

θ

a

$F_肩$（筋力）

$F_肩$

図2-9　横方向への作業

となる。大きな筋力 $F_肩$ を使うわりには，相手に対して有効に作用する力 $F_物$ はとても小さい。

このように横方向への作業は，負担が大きいわりには有効な作業とならず非能率である。そこで，作業は横方向に動かすのではなく，前項5.のように自分が相手の正面に移動し，自分の真正面に引き寄せるように作業するのが最も望ましい。

横方向への作業は非能率ではあるが，やむをえず横方向に作業せざるをえない場合もある。このときは，右手を使うときには左方向に，左手を使うときには右方向に動かす。その理由は，「参考　屈筋は伸筋よりも強力」（39頁）を参照してほしい。

7　力を節約するための工夫

すでに学んだ内容ではあるが，大切なことであるので具体的な看護場面を想定しながらもう一度確認しておこう。

ⓐ 第1種のてこの原理にする

力を節約するための最も効果的方法は，「てこの種類の選び方」である。てこの原理には，図1-6（10頁）に示したように3種類あった。この中でもとくに「第3種のてこの原理」は大きな力が必要なわりには作用する力が小さい。できればこれは避けたい。3つのてこの原理のうちで最も有利なのは「第1種のてこの原理」なので，**支点の位置を端でなく中間に選びうるか**検討して，作業を進める。

たとえば，図1-4（7頁）で試みたベッド上の患者を抱きかかえるとき，①ベッドに肘をつかずに浮かせて，肩関節を支点（回転の中心）としたときには，「第3種のてこの原理」になっている。しかし，②ベッドに肘をついて，肘を支点とした瞬間に，「第1種のてこの原理」になる。こうすることにより，加える力がずっと少なくなり作業が楽になる。

次の例は，患者を仰臥位のままベッドの端まで水平移動をさせる場合，最初は力ずくでただ引き寄せていた方法を，「第1種のてこの原理」を使った方法に改めるものである。足を前後に開き，膝を曲げ体勢を低くし，片方の**大腿**をベッドフレームに押しつけ（☞ここがポイント），そこを支点として，力は自分の体重移動を使って患者を引くと，ほとんど身体に負担をかけないで容易に水平移動ができる。

ⓑ 近づいて相手と一体となる

相手の荷重を自分の腰の真上に持ってくるようにすると，荷重の力学的腕の長さは0になり，力のモーメント N は0になり，回転の作用は生まれない。すると，回転をくい止めるための筋力は不要となり，相手の重さを支える力だけでよくなる。よって，清拭・洗髪・体位変換などのときには，できるだけ自分に近づけて（または自分が近寄って），相手と自分とが一体となるようにして作業をするのがよい。

車椅子への移乗

ベッドに端座した立位保持が困難な患者を車椅子に移乗させるのは，最

も不安定で危険を伴う作業である。そこで患者の両足の間に看護師の片足を入れると，両者の支持面が重なってくる。さらに，看護師は患者の腰部で自分の両手を組み，患者は両腕を看護師の肩にまわす。こうした方法は，できるだけ近づいて相手と一体となるという工夫であり，看護師の腰への負担が軽減する。

◉ 相手をできるだけ小さくまとめる

　たとえとして，**図2-2**(30頁)の仰臥位から側臥位に体位変換する患者が，腕を横に伸ばしていたとする。腕の荷重が回転の中心(体軸)からその分だけ離れてしまうので，必要となる力のモーメントが増加する。看護師はそれだけ大きな力を出さなければならなくなる。あらかじめ両手を身体の中心に置き，両足も揃えるなど，患者を**コンパクトにまとめておく**と，小さな力で作業できる。

　このように，支えたり動かしたりする相手の空間的に広がった質量分布を，できるだけ小さくまとめ，それを回転の中心部に集めておくのがよい。

　このことは，患者の安全面からも必要なことである。とくに麻痺のある患者は，自らは協力的な動作ができないので，麻痺部分が移動部位から取り残されたり，回転の遠心力で振り回され跳びはねたりして危険である。麻痺側部位を回転中心部分に置き，さらにその部位を健常側部位で押さえ保持してもらう。そして看護師も，患者の不安定になりがちな四肢全体を抱え込むように保持しながら，必要な作業を行う。

⑧ 最も重い部分を広い面積で支える

　皆さんは看護技術の実習でこんな経験はないだろうか。患者役の学生を持ち上げようとしたら，その学生の腕や脚が垂れ下がってしまったり，頭がそっくり返って苦しがられたり，お尻がズルッと落ち込んでしまったり，そのために手足の関節が引っ張られて痛がられたり…。

　では，支えたり力を加えたりする身体部位はどこを選んだらよいだろうか。身体は，いくつかの重いパーツが弱い関節でつながれた軟構造になっている。全体を支えたり動かしたりする場合は，**最も重いパーツを優先的に支えたり動かす**のが基本である。その際に同時に気をつけてほしいことは，それ以外のパーツの保持である。パーツ同士の接合点(関節)は飴ゴムのように脆弱になっているので，その関節が引っ張られたり，捻られたり，逆方向に曲げられたりしないように注意しよう。動かすときには，隣同士のパーツが一体となって同時に動くように，あらかじめ全体を1つにまとめておこう。

　さて，優先的に支えるべき部位の選択や，それに付随する部位の保持もできたとしよう。次に実際に力を加える前に，考慮すべき事柄がもう1つある。それは，同じ大きさの力でも，その力が狭い1か所に集中すると，痛みを与えたり損傷を与えたりすることである。そこで，**力は広い面積に分散させて加えるべき**である。これは「圧力の観点」で，看護においてはと

ても大事な事柄なので，次の第3章で詳しく学ぶことにしよう。

⑨ 強い筋肉を優先的に使い，自分の体重も利用する

　重い荷物を片手で持つと，とても辛い。このとき，荷物を2つに分けることができれば，皆さんは当然のことながら両手に分けて持つであろう。これは片手の筋肉に全負荷をかけるのではなく，両手の筋肉に半分ずつ負荷を分散させたほうがずっと楽だからである。第1章D節(16頁)では，重いものを腰曲げ姿勢で持ち上げると，脊柱起立筋(さほど強力ではない筋肉群)には体重以上の大きな負担がかかることを学んだ。これを膝曲げ姿勢に変更すると，その負担が減り作業がずっと楽になることも学んだ。このように一部の弱い筋肉だけに負担を集中させるのではなく，腰や大腿などの**強力な筋肉群**[5]を使うようにし，さらに他の多くの筋肉にも**負担を分散**させることが，楽にしかも安全に作業を行うコツである。

ああして…
こうすれば…
大丈夫…
(事前イメージ)

　作業を始める前に，自分の身体の向きや姿勢を少しずつ変えてみて，負担の最も少なそうな体勢を探してみよう。とても大変な作業や危険を伴う作業をするときには，体勢や手順などをよく**イメージ**して，「これが最善！」「これなら絶対に大丈夫！」と確信できてから，本番の作業にとりかかる。"ぶっつけ本番"や"とりあえず"は厳禁である。

　筋肉に関して，「筋肉が単位断面積あたりに出す力の大きさは，ヒトのどの部位の筋肉をとっても，またどの哺乳動物の筋肉をとっても同じ」であるといわれている。すなわち，筋力の大きさは，筋肉の断面積の大きさに比例するので，**太い筋肉ほど大きな力を出す**ことができる。よって，筋肉を鍛錬して「筋力をつける」ということは，一義的に「筋肉を太くする」ということである。細い筋肉だけで大きな力を出そうとすると，その筋肉に負担がかかり過ぎて，筋肉痛や肉離れなどを起こしかねない。

　図1-4(7頁)のように肘をベッドについて，肘を支点として患者を持ち上げるとき，作業者としては図の支点より左側部分で下向きの力を出さなければならないが，このとき必要となる力を筋力だけに頼るのではなく，**作業者の体重も有効な下向きの力として利用する**(膝を曲げ，身体を沈める)と有効であることを学んだ。

　また，胸骨圧迫(**心臓マッサージ**)の際にもこれと同様なことがいえる。ベッド脇に立ってどんなに頑張って心臓マッサージを試みても，**目標値40 kg重**(胸骨を5〜6 cm沈ませる)の圧迫力を加えることはまず無理である。そこで**図2-10**のように，作業者がベッドの上にあがり，膝をつけて押す。しかし，図(b)のように患者から離れていると，使える筋肉が少なく，しかも実際に心臓にかかる力は，「**力の分力**」[6]の関係で加えた力の一

---

5) 大殿筋や大腿筋などの腰から大腿にかけての筋肉群は，重力に抗しながら低い姿勢から立ち上がる，そして上体を支え正しい姿勢を保ち続ける，といった重要な役目を果たす筋肉群である。これらを**抗重力筋**ともいう。この筋肉量は身体全体の筋肉量の約2/3にも達するといわれる。この筋肉をまずは有効に使わない手はない。

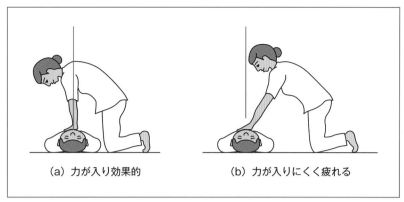

（a）力が入り効果的　　　（b）力が入りにくく疲れる

図 2-10　心臓マッサージの姿勢

部分になる。そこで，図(a)のように患者の左胸近くに膝をつけて，腕を曲げずに真っ直ぐに立てて，両手を重ねて心臓を真上から鉛直に圧迫する。筋力だけでなく，作業者の上半身の体重も使って押す。このようにしてようやく目標値に達することができる。

> **参考 骨格筋の張力**
>
> 　骨格筋の張力は約3〜4 kg 重/cm² といわれる。また，大腿筋は断面積が大きいので約 1,200 kg 重の力（何と 1 トン以上の力）を出すことができるそうである。これを検証してみる。骨格筋の張力を 4 kg 重/cm²，円筒状の大腿筋（2 本ある）の半径を r とすると，
>
> $$1,200 = 4 \times 2 \times \pi r^2 \quad \therefore \quad r = \sqrt{\dfrac{1,200}{4 \times 2 \times 3.14}} \doteqdot 6.9 \text{ cm} \qquad (2\text{-}5)$$
>
> となる。大腿筋の直径は約 14 cm（円周 $2\pi r \doteqdot 45$ cm）ということになり，おおよそ納得できる値である。また，成人の骨格筋全部が出すことのできる力を合計すると約 22,000 kg 重（実に 22 トンの力）になるそうである。
>
> 　歩いたり仕事をするとき通常使う筋力は，最大筋力の 20〜30％程度である。これは「火事場の馬鹿力」といわれるように，いざというときには生命防御に必要な最大限の筋力が出せるように，余力を残しているからであろう。100％の筋力を出してしまうと，筋線維や関節が大きな損傷を受け，その後の修復が大変なことになる。

⑩ 急激な速さの変化や方向の変化を避ける

　人間工学（エルゴノミクス）の本を読むと，**動作の経済性**という用語がよく出てくる。この用語には，これまで見てきた力の大きさ節約の観点も含まれるが，さらに動作の距離を短く，しかも「自然の経路」を選び，急激な方向転換をなくすといった，いわゆる「動線」の適正化を追究する観点も重要視される。ここで**自然の経路**とは，作業者の身体メカニズムから考えて，

---

6) **力の分力**：斜めに加えた力を，鉛直方向の力と水平方向の力に分解する。分解したそれぞれの力を**分力**という。分力の大きさは，加えた力の大きさよりも小さい。

一連の筋肉が一連のスムーズな動きを継続する動作をさしている。逆に，次々と別々の筋肉が，力の大きさも回転軸も変えるような動作は，ぎこちなく不自然な動きとなる。当然ながら，作業者の疲労が増し，患者も身体的負担と精神的不快を強いられることになる。こうした動作の経済性を，物理法則から解明してみよう。

ⓐ 急発進・急ブレーキを避ける

　静止もしくは一様な直線運動をしている物体は，**慣性の法則**[4]に従い，外力が加わらないかぎりそのままの状態を維持し続ける。もし，静止しているものを新たに動かしたり，動いているものを静止させたり，あるいは速さを加えたり減らしたりするときには，新たに力を加える必要がある。これが**運動の法則**[7]といわれるものである。速さの変化にはそのたびに新たな力が必要となるわけだから，できるだけ速さの変化を避け，速さを一定に保つようにすれば，無駄な力を使わなくてすむ。

ⓑ 急ハンドルを避ける

　さらに，速さは同じでも，**進む方向を変化**させるときにも新たな力が必要となる。何も力を加えなければそのままの等速直線運動を続けるが，運動方向と直角の方向に力を加えると，運動の方向が変化する。すなわち，曲がる。この力を，**円運動の向心力**という。向心力の大きさ F は

$$F=\frac{mv^2}{r} \tag{2-6}$$

で表される。速さ v が大きいほど，また回転半径 r が小さいほど，大きな向心力 F が必要となる。言いかえれば，スピードがついたまま方向転換させたり，あるいは急角度で方向転換させると，それだけ大きな向心力 F が必要となる。よって，作業者の負担を少なくするためには，スピードを落とし（v を小），大きな回転半径（r を大）でカーブを曲がったほうが，必要となる向心力が小さくてすむので作業が楽になる。

　通路の関係でやむをえず急角度の方向転換が必要なときには，スピードを十分に落としてからゆっくりと方向転換する。そうすれば，作業者の力の節約のみならず，患者の平衡感覚器にかかる慣性力 F は(2-5)式により小さくなるので，内リンパ液や耳石の変位は小さくなり回転の感覚が減り，不快感が減少する。

　急発進・急停止・急角度の方向転換は乱暴な行為であり，患者はとても不快に感じる。作業者の「動作の経済性」からみても無駄であり避けるべきである。この注意事項は，雪道等での自動車の安全運転の鉄則「**急発進・急ブレーキ・急ハンドルを避ける**」と同様である。

　ここで，車椅子での乗り心地について知っておこう。車椅子は，乗せてもらった経験のない健常者には気づきにくいが，押してくれる人によって

紙をはじく

コインはカップに落ちる

慣性の法則

ノロノロ

ソレー

?

---

7) **運動の法則**：「ニュートンの第2法則」と同じ。速度の変化の大きさ（加速度）a は，加えた力の大きさ F に比例し，その物体の質量 m に反比例する。$F=ma$

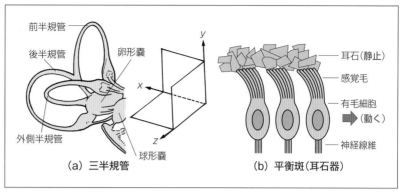

図 2-11　平衡感覚器

乗り心地(快・不快)が全く違ってくるそうである。車椅子に座っている患者は地面に近く視線が低いため，スピードや方向転換を作業者の感覚よりもずっと強く感じ，恐怖さえ感じることがあるそうである。このことに留意して車椅子を慎重に操作しよう。

ⓒ 平衡感覚器の反応

　患者を動かすとき，看護師は患者の表情を注視し，めまい・不快感・痛みなどがないか，常に観察していなければならない。患者は，急激な速さの変化や方向転換を体験すると，感覚的に不快なだけでなく，極端な場合には乗り物酔いに相当する不調を訴えることがある。これは内耳の中に，動きの変化を感知する**平衡感覚器**(図 2-11)があり，強すぎる動きには赤信号を発するからである。この平衡感覚器も物理法則に則って機能している。

　平衡感覚器には，三半規管と平衡斑(耳石器)とがある。

　三半規管は，回転運動を感知する器官で，①**前半規管**，②**後半規管**，③**外側半規管**の3つが互いに直交しあっている。①は頭を縦に上下(うんうん)，②は頭を横に傾斜(首を傾げてあれ?)，③は頭を左右に回転(いやいや)，の3種の回転運動を感知している。3次元空間の方向性がそのまま，感覚器官の構造に対応していることは，人体造形の妙ともいえ大変興味深い。三半規管内には**内リンパ液**が入っており，身体の動きに対して内リンパ液が慣性のために取り残されズレを生じ，それを三半規管の基部にある卵形嚢と球形嚢の内部で有毛細胞が感知し，その信号を神経線維に伝えている。

　一方，**平衡斑(耳石器)**は，直進運動の加速を感知する器官で，①**卵形嚢**と②**球形嚢**の2つある。①**卵形嚢**は，水平面(左右と前後の2次元)の加速運動を，②**球形嚢**は，垂直面(上下)の加速運動を感知する。身体が動くと，感覚毛の上に乗った**平衡砂(耳石)**[8]は慣性の法則により同じ位置に留まろうとし，身体の動きとの間にズレを生じ，そのズレの程度を感覚毛の基部

---

8) 平衡砂(耳石)：数 μm の炭酸カルシウムの結晶で，密度は約 2.95 g/cm^3。なお，内リンパ液の密度は約 1.05 g/cm^3。

にある有毛細胞が感知し，その信号を神経線維に伝えている。耳の奥深くで，微妙にはたらいている物理現象といえる。なお，気象庁地震観測所にある地震計も，私達の耳の中の平衡感覚器と同じ原理で作られており，地震による 3 次元の揺れ（東西・南北・上下の動き）を測定している。

練習問題 ✐

問 1　いま，あなたは，背筋をまっすぐに鉛直に伸ばし，椅子に深く下腿も鉛直にして腰掛けている。このままの姿勢（背筋も下腿も鉛直のまま）で，あなたは立ち上がることができるだろうか。立ち上がるときには無意識のうちに次のどちらかの動作をしているはずである。

①両足を椅子の下でに少し奥まで入れるか，片足を椅子の下でさらに奥まで入れる。

②前かがみになって，上体を前に少し傾ける。

どうしてこのようにしないと，立ち上がることができないのだろうか。

問 2　いま，あなたは，頭・肩・背中・腰・踵を鉛直の壁につけて真っ直ぐに立っている。次に，足の位置はそのままで，だんだんと腰を曲げ前屈していく。その途中であなたは，前のめりに倒れそうになるはずだが，それはなぜであろうか。

問 3　いま学んでいる看護技術の実習をふりかえり，この本文の記述以外の看護技術の動作において，看護ボディメカニクスが応用されている例を見つけ出し，その内容をできるだけ詳しく分析してみよう。

問 4　身体をクルクル回してから停止したとき，まだいつまでも回り続けているような気持ちがすることがある。これはどのような理由によるものか。物理法則をあげて解説しなさい。

遊び心の演習　模擬ベッドメイキング「下シーツ角（かど）の三角の作り方」の一例

用意するもの：ティッシュペーパーボックス，模造紙（包装紙）33×44 cm 位

①図 2-12 の例を参考にして，ベッドに模したティッシュペーパーボックスが，シーツに模した模造紙で巻きつけられるように，作図をする。

②図の赤線を山折に，黒線を谷折りに，あらかじめ折り目をつけておく。

③この折り紙模型を使って，模擬ベッドメイキングを試みる。

④ラッピング作業が完成したら，まずベッドメイキングの全体像を把握し，次に各所でシーツ同士はどういう重なり方をしているかを見て，さらに角処理の構造，シーツ端がマットの下に挟み込まれ重みで固定されている状態，などを確認しよう。ここで，わざとシーツに模した紙に力をかけてズラしてみて，その力のかかり具合，ズレやすい部分とズレにくい部分，それはどうしてか，バイアス（織目の斜め）方向に力がかかりシーツ自体が変形しやすくなる部分，なども模型上でいろいろと考察して，シーツの安定性・耐久性を推察してみよう。

図 2-12 の例と皆さんが看護実習で学ぶ処理方法とでは，折り重ねの位置や順番などで，若干違う部分がある可能性もある。このときには，指示された通りの方法も紙模型に反映させて，両者を比較して，どんな違いになっているか考察してみよう。

皆さんが実習で学び実際に臨床で実施するベッドメイキングにはリネンを使

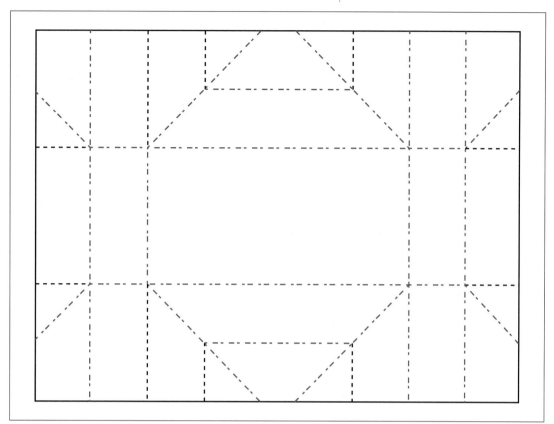

図 2-12　模擬ベッドメイキング「下シーツ角の三角の作り方」の一例
―・―は山折，-----は谷折り

用しているので，この紙模型とは異なった所がもちろん随所にある。リネンには紙模型のような折り目が残らないので，紙模型で確認した折線の存在を強く意識しながら折り込む必要がある。紙は平らを維持してくれるが，リネンは時間とともに自然に少し収縮してしまうので，ピ～ンと引っ張って張力を残したまま固定する意識が大切である。

　以前は「上シーツ」の作成で，「角_{かど}を四角にする処理」がよくなされていた。最近は覆布_{おいふ}(包布)を使用することが多くなったので，この四角処理を活用することは少なくなった。この四角処理もベッドメイキングの教材として有益な示唆に富んでいる。興味のある方は，看護教員や先輩看護師にその処理方法を尋ね，この模型も作って模擬ベッドメイキングを試行してみよう。そして，三角と四角の両者のベッドメイキングにはどのような違いや特徴があるか，シーツの安定性(崩れにくさ)の違いをどう評価できるか，などいろいろと考察してみよう。

◆ボディメカニクスは大切…

　僕は，高齢者の多く入院する病棟で働きながら学んでいる勤労学生です。そこでは大半の患者は寝たきりの高齢者で，シーツや病衣の交換に加え，自分で腰を上げられない患者のオムツ交換もあります。入浴介助では，機械浴もありますが，ほとんどは看護師が抱きかかえて入浴させます。高齢者のほとんどは認知症のため，熱湯を出したり湯船に沈んでしまったりと危険なため，目を離すことができません。こうして20人ほどの患者を次々と入浴させます。オムツ交換も入浴介助も限られた時間の中で少数のスタッフで行うので，どうしても能率優先になってしまい，無理をしています。そのため，作業が終わるといつも腰が重くなります。何人かは，腰痛を訴えています。看護師は，患者によりよい看護を提供するのと同時に，自分自身を守るためにボディメカニクスをしっかり学び，役立てていきたいです。

◆コツにもわけがある

　私は入学前には，高齢者の施設で介護職員として働いていました。そこでは患者のベッド・車椅子の移乗，シーツ交換，入浴などの身体的な労働が大半で，慢性的な人手不足のため1人あたりの仕事量もどんどん増えています。そのため，職員の腰痛は職業病といってよく，私の職場でも私を含めてそうでした。コルセットをつけて仕事をしている同僚もいました。とくに新人が数か月で腰痛になることが多く，仕方なく辞めてしまう人もいました。職場では先輩からやり方を教えてもらいながら，見よう見まねで仕事をしていましたが，慣れればそのうちにコツがつかめて腰への負担も減るだろうと思っていました。身体の使い方の理論やコツの根拠という視点はありませんでした。

　今回「どうせコツを学ぶ講義だろう」という甘い考えで聞き始めましたが，物理学の視点からボディメカニクスの根拠を学んで，介護経験者としてこれまでのモヤモヤした気持ちがスッキリしました。私はこの仕事をこれから何十年と続けていきたいので，この視点を大切にしていきたいと思います。

◆「立ち上がる」には，物理の法則がひそんでいる…

　私の病院実習での受け持ち患者は脳梗塞・右片麻痺の患者で，自分で椅子から立ち上がれることを目標にしていました。しかし，私がいろいろと試みても一向に効果が上がりません。ある日，先輩看護師から言われたことが練習問題・問1の①，②と同じことでした。私が①か②の動作をすることを教えなかったので，患者はいつまでも立ち上がれなかったのです。これに気づいたとき，私は本当に恥ずかしく，患者に申し訳なくて涙が出ました。

　洋式トイレでもそうですが，とくに和式トイレで，しゃがんだまま立てなくなることがよくあるそうですが，この場合もしっかりと両足の真ん中に体重がかかるような姿勢にならないといけないと思いました。

◆私情抜きに勇気をもって…

　患者を起こすとき，相手に近づき過ぎると迷惑ではないかと躊躇して，腕を伸ばして体を離したまま起こそうとしていました。全く起き上がらず，必死になって無理やり起き上がらせたら，私は腕を痛め，後で腰がとても痛くなりました。次回からは膝を曲げ，腰を落として，ボディメカニクスの原理を思い出し，勇気を出して前に出て実践したところ，ほとんど力を使っていないのに患者を楽に動かすことができ感動しました。そして患者さんから「前は不安定だったけど，今度は気持ちよく動くことができ，安心できまし

た」と言ってもらえました。

··

　看護師が間違った姿勢で力まかせの作業をしていると，力を使えば使うほど看護師の表情は険しくなるものです。患者の身になると，看護してもらうことが申し訳なく，自分が情けなく辛い思いをするものです。正しい動作には無駄な動きがなく，時間の短縮になり，患者と看護師双方の体力の消耗が最小限に抑えられます。

◆私の大好きなおじいちゃん…

　私の祖父は自分で歩くことができないので車椅子を使っています。ベッドから車椅子に移るときにも介護が必要です。私も見よう見まねで移乗を手伝ったことがあります。見かけによらず祖父は重くて，私は祖父を抱えたまま思い切り腰をひねってしまいました。腰が痛くてしばらくその場にしゃがみ込んでしまいました。自分流の方法で力まかせに持ち上げたり押したりしたので，私もきつかったけど祖父もきっと苦しかっただろうと思います。

　これからはこうしたテクニックをしっかりと学んで，上手にできるようにして，祖父をいっぱい喜ばせてあげたいです。

··

　おじいさんは，あなたのような優しい心の孫娘のお世話を受けて，本当に喜んでみえることでしょう。歳をとると誰でも，自分の身体を若い時のようには動かせず自由がきかなくなり，もどかしく，ひそかに辛い思いをしているものです。こうしたとき，周りの人たちのやさしい笑顔に接し暖かな心を感じるとき，どれほど励まされ元気づけられることでしょう。

身近な圧力

　「患者側からみて，いい看護師さん」とは，どのような看護師のことだろうか。"いつもやさしくて明るい看護師さん"といった人間的な要素も含まれているが，技術的な要素からは，まず"**注射の痛み**をなくしてくれる看護師さん"。そして"**褥瘡**(床ずれ)ができないようにしてくれる看護師さん"といわれている。こうした痛くない注射をし，また褥瘡を作らないようにするためには，圧力のことを理解しておかなければならない。

A 圧力とは何か

1 力と圧力の違い

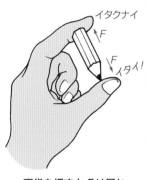

イタクナイ
F
F
イタイ!

両指を押す力 F は同じ大きさ

　「力」と「圧力」は同じことだろうか。この 2 つはよく混同されて使われるが，厳格に区別して使わないと意味をなさない。皆さんは，無意識のうちにシャープペンシルを逆さに持って，頭のノブのほうを押すつもりで芯の出ている尖ったほうを押してしまった経験はないだろうか。いつもと同じ大きさの力で押しているのに，逆さにしたときには，指に刺さるかと思わせるくらいに痛い思いをしたことだろう。**力の大きさは同じはずなのに**，なぜだろうか。実は，力を及ぼしあう**面積が違っている**。そのために，指に感じる痛みは天と地ほども違ってくる。このとき指先が感じている物理量が，圧力というものである。

　いま，ある面積 S に垂直の力 F が働いているとする。この面が受ける「**単位面積あたりの力**」のことを圧力 P と定義する。

$$P \equiv \frac{F}{S} \tag{3-1}$$

　式(3-1)より，同じ大きさの力 F でも，それを受け止める面積 S を広くすれば「圧力 P は小さく」，それを受け止める面積 S を小さくすれば「圧力 P は大きく」なる。

　看護では，力の総量の大小の観点も大事だが，面積を考慮した圧力の大小を議論するほうが，もっと大切な場面がたくさんある。看護の中でこうした圧力がテーマとなる象徴的な例がたくさんある。まず圧力の一般論として靴底の話，そして注射について，その後に褥瘡について議論する。

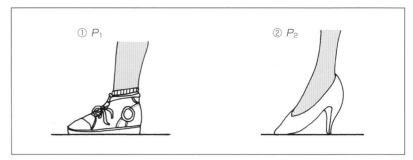

図3-1　地面に及ぼす圧力（①スニーカーと②ハイヒールの場合）

2 片足立ちした人が地面に及ぼす圧力

　体重50 kg重の人が，ふつうに街路を歩いているとする。このとき片足は地について，もう片足は宙に浮いて，歩を進めているとする。歩いているときには，体重はどちらかの片足だけで支えられた形になっている。この人の靴底の接地面積を近似的に次の2例とする。

①(8×25)cm²のスニーカーを履いた場合

②$(3 \times 3 + 1 \times 1)$cm²のハイヒールを履いた場合

　それぞれの場合に地面に及ぼす圧力をPスニーカー，Pハイヒールとして，その大きさを比べてみよう（**図3-1**）。圧力Pスニーカー，Pハイヒールは，(3-1)式を使って計算できる。

$$① P_{スニーカー} = \frac{50}{8 \times 25} = 0.25 \text{ kg重/cm}^2 \tag{3-2}$$

$$② P_{ハイヒール} = \frac{50}{3 \times 3 + 1 \times 1} = 5 \text{ kg重/cm}^2 \tag{3-3}$$

これより，圧力PスニーカーとPハイヒールの比は

$$\frac{P_{ハイヒール}}{P_{スニーカー}} = \frac{5}{0.25} = 20 \text{ 倍} \tag{3-4}$$

　よって，ハイヒールの人はスニーカーの人の20倍の圧力を地面に及ぼす。言いかえれば，接地面には単位面積あたり20倍の重い体重がかかっている。さらに別の表現をすると，ハイヒールの人は，スニーカーの面積の上に20人の人が乗ったのと同じ圧力を地面に及ぼしている。20人分の重さは$50 \times 20 = 1,000$ kg重，すなわち1トンの重さである。体重50 kg重の人でもハイヒールを履くと，靴底には想像を絶する大きな圧力を生じさせている。満員電車の中でハイヒールの踵（かかと）で足を踏まれたとき，涙が出るほど痛い思いをした経験はないだろうか。

　ある動物園で，体重が$W ≒ 3,000$ kg重（約3トンの重さ）のゾウの足型を方眼紙にとり面積を測ったところ，1本の足裏の面積が$S ≒ 1,000$ cm²（直径約36 cmの円形）だったそうである。このゾウが，仮に曲芸風に両前足をあげて両後ろ足だけで立ったとき，地面に及ぼす圧力Pゾゥは，

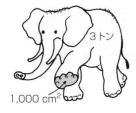

$$P_{ゾウ} = \frac{W}{S} = \frac{3,000}{1,000 \times 2} = 1.5 \, \text{kg 重/cm}^2 \tag{3-5}$$

このゾウの圧力 $P_{ゾウ}$ をハイヒールの圧力 $P_{ハイヒール}$ と比べてみよう。

$$\frac{P_{ハイヒール}}{P_{ゾウ}} = \frac{5}{1.5} \fallingdotseq 3.3 \, 倍 \tag{3-6}$$

　驚くべきことに, ハイヒールが地面に及ぼす圧力は曲芸中のゾウの圧力よりも大きい。しかも, 他人の足の上にヒールが乗って踏みつけた瞬間は, つま先は浮いてヒール部分のみに全体重がかかっている。ここの例ではその面積が 1/10 になる。その瞬間のヒールの圧力は, さらに 10 倍になる。まさに天文学的な圧力の大きさである。最近では, ヒールが 1 cm×1 cm よりもさらに細い超過激なピンヒールを履いた人もいるので注意を要する。一方, ゾウは, その巨大な体重を意外に小さな圧力で支えており, 足裏にかかる負担を和らげている。これは, ゾウの足裏の面積がとくに大きいからである。

③ 注射針の先端が皮膚に及ぼす圧力

Gは注射針の太さを表す記号。156頁の表7-2を参照

　同じ大きさの力を加えながら, その力を及ぼす面積を変えると圧力が変化することを, 看護師の関心事に当てはめてみよう。注射針を刺す(穿刺)とき, 同じ力を加えながら注射針の先端が皮膚にふれる面積を変えると, 皮膚が受ける圧力は変化する。**図3-2** の①②のような2つの方法で注射針を皮膚に刺すとき, 圧力がどの程度違うのか調べる。だたし, 方法①は実際にはありえない極端な方法だが, 比較のためにあえて提示した。
①注射針の刃面(斜断面)を下に向け, 皮膚に押しつけて刺す場合
②注射針の刃面を上に向け刺す場合(通常の方法)

　今, 使用する注射針はやや太めの 20 G(156 頁, **表7-2** 参照)として, 針に加える力は①②ともに F とする。さらに針と皮膚との接触面積は, ①では針の刃面全体が皮膚に接触して $S_{シタ}$, ②では針の先端がわずかに(直径 0.1 mm)皮膚に接触していて $S_{ウェ}$ とする。このとき針の先端が皮膚に及ぼす圧力を, それぞれ $P_{シタ}$, $P_{ウェ}$ とする。

　実測によると①, ②の接触面積は, それぞれ

$$S_{シタ} \sim 2.5 \, \text{mm}^2, \quad S_{ウェ} \sim 0.008 \, \text{mm}^2 \tag{3-7}$$

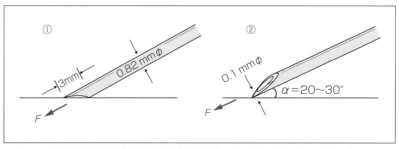

図3-2　注射針の先端が皮膚に及ぼす圧力(針の先端の向きによる違い)

よって，針の先端が皮膚に及ぼす圧力は

$$P_{シタ}=\frac{F}{S_{シタ}}=\frac{F}{2.5}, \qquad P_{ウェ}=\frac{F}{S_{ウェ}}=\frac{F}{0.008} \tag{3-8}$$

これより，$P_{シタ}$と$P_{ウェ}$の比は

$$\frac{P_{ウェ}}{P_{シタ}}=\frac{2.5}{0.008}≒300\ 倍^{1)} \tag{3-9}$$

となる。同じ大きさの力を加えても，②の上向き刃面で先端だけ接触させて刺す瞬間の圧力は，①の圧力の300倍になっている。単位面積あたり300倍もの大きな力がかかるので，皮膚を破りやすく，刺しやすくなる。

　もし①の方法で刺すと，②の300倍の力で押さなければ刺さらないわけで，看護師は労力が，患者は痛みが増すであろう。こうした不都合が少ない②の方法が望ましいことはいうまでもない。

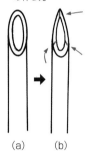

注射針の針先
の作り方

(a)　　(b)

注射針の先端に力
鉤状

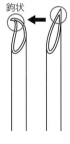

参考 **注射針の先端の作り方**

　注射針の先端を低倍率(50倍くらい)の実体顕微鏡などを使って，観察してみると面白い。先端の形状は，円管を単に斜め切りしたものではない。斜め切りのままの切り口では，(a)のように楕円形となる。もっと尖らせるためにさらに傾斜をつけ斜め切りしてみても，さらに「長楕円形」になるだけで，先端にはいつまでも丸味が残り，鋭利には絶対にならない。そこで，(b)のように楕円の切り口の上に，さらに左右から傾斜をつけて斜めに切る。すると先端は，丸味が完全に取れて鋭利に尖る。

　このように，円管に**カットを計3回**加えることにより鋭利な先端にして，その先端に力を集中させ(大きな圧力にして)，皮膚に刺さりやすくしている。なお，先端は完全に尖っているだけに強度的にはとても脆弱で変形しやすい。注射針の先端が何かにちょっと触れると，見た目にはわからないが，すぐに折れ曲がり鉤状（かぎ）になる。その注射針をそのまま使うと，刺さりにくく，とても痛みを感じることになる。一度，拡大鏡を使っていろいろな注射針の先端をよく観察してみよう。

④ 注射を刺すときの針の刃面の向き

　看護実習の注射の項では，皮下・筋肉内・静脈内などの注射部位によって，それぞれ刺入角度や刺入深さについて詳しく学ぶはずである。ところが針の刃面をどの方向に向けて刺すかは，テキストにはわざわざ指示されていない。"刃面は真上に向けて刺す"のが常識で，それが暗黙の了解事項になっているようである。留置用の静脈針として**翼状針**（ようじょうしん）が使われるが，この**ウイング(翼)**をつまんで穿刺するとき，刃面は自然に真上を向いている。

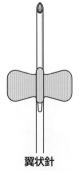

翼状針

翼を水平に置くと針の
切り口(刃面)は真上を向く

---

1) 数学記号の意味

　　左辺 ≡ 右辺：左辺を右辺のように定義する。
　　左辺 = 右辺：左辺の値と右辺の値が等しい。
　　左辺 ≒ 右辺：左辺の値と右辺の値がだいたい等しい。
　　左辺 ≈ 右辺：左辺の値と右辺の値がだいたい等しい。
　　左辺 〜 右辺：左辺の値と右辺の値が大ざっぱに等しい。

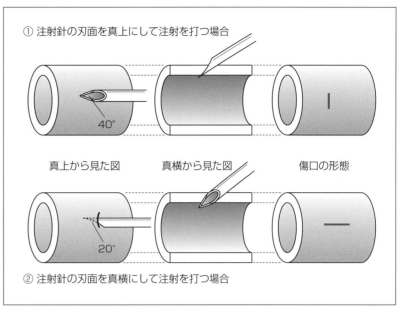

① 注射針の刃面を真上にして注射を打つ場合

真上から見た図　　　真横から見た図　　　傷口の形態

40°

② 注射針の刃面を真横にして注射を打つ場合

20°

図 3-3　注射針の先端が皮膚に及ぼす圧力

　臨床での本来の方法とは相容れないかもしれないが，ここでは物理学上の思考実験として，刃面を次の 2 種類の方向を向けて刺した場合の諸問題について考察してみよう。

①刃面を真上に向けて針を刺す場合

②刃面を真横に向けて針を刺す場合

　図 3-3 の左側に示すように，この 2 つの場合を真上から見ると，針の侵入開き角は，①の場合は約 40°，②の場合は約 20° になっている。①よりも②のほうが針の先端が鋭く尖っており，皮膚との接触面積が小さい。圧力の観点から，同じ力でも接触面積の小さい②のほうが圧力が大きくなるので，刺しやすいことになる。

　また，静脈内注射や採血のとき，最初の一刺しで血管を刺してもらいたいものだが，ときには血管が逃げてしまい，何度も挑戦を受けることがある。このように，針を刺す面が円筒状の曲面でしかも弾力があって針先が滑りやすいような場合には，①よりも②のほうがはるかに針が血管を捉え刺しやすい。試しに机上で血管を模したアメゴム管を使って試行実験をしてみると，この差は明らかである。

　ここでは，さらに①と②での痛さの違いについて考察してみよう。針を刺すということは，生体組織を破壊し（切り開き）ながら針を進めていくことである。このとき，**骨格筋**[2]は方向によって破壊強度に差がある（ただ

---

2) **骨格筋**：通常，骨に接着して，その骨を動かす原動力となる。筋原線維の束でできているため明暗の規則正しい横紋模様がある。**横紋筋**とも呼ばれる。自分で意識的にはたらかせる**随意筋**である。

し，血管は**平滑筋**[3]なので方向による差はない）。食事のとき，皿の上で肉や魚を細かく切り分けたいとき，①のように骨格筋の線維の走る方向と直角に切断するには，よく切れるナイフが必要である。ところが②のように骨格筋の組織方向と並行に切断すれば，箸だけでも簡単に切り分けられる。線維をブツブツと断ち切って進むよりも，居酒屋の縄のれんを押して開く要領で，１本１本の線維の間に箸を割り込ませていったほうが，ずっと楽である。

　注射を刺すときの痛みの原因には，組織を傷つけることもあると思われるので，線維を直接切断するよりも線維の隙間に針を割り込ませたほうが，痛みは少なそうである。そして注射による傷の治癒を考えたとき，①の切断された骨格筋の治癒よりも，②のほうがずっと有利だと考えられる。ただし，皮膚表面に残る外見上の傷跡は**図 3-3**の右側に示すように，①よりも②のほうが少し長いが，体内の傷の総量を考えると，それは針が通過した全接触面積に相当するので，①も②も同じはずで，損傷の程度は同等であろう。

　ところで「皮下注射」をするときには，②の方法では深く刺さりすぎて，筋肉注射になってしまう心配がある。皮下注射として皮膚を突き破ったのち，針が皮膚と筋肉との間に留まってくれたほうが好都合だと考えられるからである。また，「静脈注射」や「採血」のときに，②ではスムースに血管に刺さり過ぎて血管に入った瞬間の感触がわかりにくく，あるいは勢い余って血管を串刺しにしてしまう心配がある，という人もいる。

　さらに組織内での針先からの薬液の射出状況や，損傷部位の薬液吸収の状況など，①と②ではどんな違いがあり，何か不都合があるものか，など新たな疑問もわいてくる。注射をするときの刃面の方向は，これらの問題も含め，おそらく医学的に何か深い根拠があっての指示に違いないと思われるので，①と②の議論はここだけの物理学の思考の話として，臨床の場では，指示どおりに確実に実践してもらいたい。

　参考 **注射の痛みを緩和する方法**
　注射予定部位をアルコール消毒する（そこの体温が下がり，ニューロンの情報伝達速度が遅くなり，痛みの伝達が遅れて痛みの感覚を緩和する効果がある）。片方の手で注射部位の皮膚を圧迫・伸展させる（穿刺の瞬間に皮膚・筋肉の変形が少なく，一気に刺さりやすい）。穿刺の**安定性**（進行方向に真っ直ぐに刺しその角度を保持，ぐらつかせない），穿刺の適切な所要時間（ゆっくりすぎずに，痛さを感じる前に刺し終わる）。笑顔とやさしい言葉掛け，など。しっかりと学んで習熟しましょう。

お注射しますねー

---

3) **平滑筋**：内臓や血管に存在する。内臓筋とも呼ばれる。横紋模様はない。自律神経がその動きをコントロールしている**不随意筋**である。なお，心筋は骨格筋と同じく横紋筋であるが不随意筋である。

⑤ 褥瘡を防ぐために

自力では体位を変えられない患者が皺(しわ)のあるシーツの上に寝かされたとする。最初は気にならないが，次第に，違和感，次に痒(かゆ)み，痺(しび)れ，痛み，ついにはナイフの刃の上に寝かされ身の切られるような激痛が走ることがあるという。シーツに皺があると患者の体重を支える面積が局所化し，体重がそこだけに集中し，そこの圧力が極大化するからである。さらに，そのシーツの皺が原因で血行障害となり**褥瘡**が発症するケースも多々ある。

褥瘡は，身体の突起部がベッドや座面の接触点から受ける圧迫によって，組織の末梢血管が閉塞し，阻血障害になり壊死(えし)を起こした状態をいう。長期間ベッドに寝たままになっている患者や，長時間車椅子に座ったままの患者に起こりやすい。

入院中に褥瘡を発症させ，その褥瘡を本来の疾患以上に深刻化させ，その治療に苦労をし，入院を長引かせてしまったという例もある。褥瘡は適切な対処を行っていれば，発症を防ぐことができる。入院患者に褥瘡を作ってしまうことは，**"看護師の恥"**とまでいわれている。

褥瘡予防の基本は，

①同じ部位に強い圧力が長時間かからないようにする，また，皮膚への摩擦やズレなどの力学的ストレスをできるだけ避ける

②皮膚を清潔にし，過度に湿潤な状態を避ける

③栄養状態を適正にし，適切な運動により血行を促進する

といわれている。ここではとくに①に注目してみる。

褥瘡発症のメカニズムから，その危険度について次のような関係式を考えてみる。

$$（褥瘡発症の危険度）＝（応力）×（負荷継続時間）×（繰り返し頻度）$$

$$(3\text{-}10)$$

褥瘡発症の危険性を回避するために，それぞれの項目に対応して対策を立てる必要がある。

まず(3-10)式右辺の**応力**[4]について考える。応力には，圧迫応力，引張り応力，ずれ応力などが考えられる。**圧迫応力**では，広い面積で体重を支える姿勢をとることがまず重要となる。そのために，ベッドの選択，体位の工夫，補助具の使用などにより，身体の突起部の圧迫応力を周辺に分散させる。**引張り応力**では，身体部位が伸展したままの無理な状態にしておかないで，正常な弛緩状態を保つ。**ずれ応力**(せん断応力，接線応力)では，皮膚に横ずれが残らないように，できるだけ引きずり動作を避ける。ギャッジアップベッドでは次第にずり落ちることがあるので，ずり落ちない工夫をする(下肢挙上)。

次に，**負荷継続時間**では，その影響を継続させないために頻繁に体位変

---

4) **応力**：(英)stress。物体内部(ここでは生体内部)で及ぼしあっている単位面積あたりの力。

換をして，同じ部位に対する負担継続時間を短くする。

　さらに，**繰り返し頻度**では，少しの負担でも，同一部位に対する負担が繰り返されると，深部でミクロの損傷が蓄積され褥瘡が発症しやすくなる。できるだけ同一部位の負担の繰り返し回数を減らす工夫をする。

　(3-10)式右辺は，3つの項目の掛け算になっているが，そのうちの2つの項の量が小さくても残り1つの項が大きいと，全体として危険度が増す。また，3つの項がほどほど小さくても，それらの乗算値がかなり大きくなることもある。褥瘡にはさまざまな面からの注意を怠らないようにしよう。

　看護現場でのガイドラインの例として，「**最少頻度でも2時間ごとの体位変換**」が求められている。患者の状態によっては，さらに体位変換の頻度を増やす必要もある。また，「仙骨部の体圧を40 mmHg以下にする」「踵(かかと)の圧迫力は40 mmHg以下に保つ」とよくいわれている。この目標値の根拠は，「**圧迫応力が毛細血管の血圧以下**[5]」であればとりあえず血流は確保され，褥瘡の発症を未然に防ぐことができることからきている。たとえ一時的に血流が途絶えたとしても，実際には微妙な体動によって応力が変化し，間歇(かんけつ)的に血流が回復したり，複雑に張り巡らされた毛細血管のバイパス効果(側副循環)で，必要最小限の血流が確保される巧妙な仕組みも存在する。それでもやはり，同一部位に強い応力が長時間かかり続けないように注意を払い，皮膚の状態をよく観察して，負荷の程度が許容範囲内かどうか総合的に判断して適切に対処してもらいたい。

参考 ずれ応力(せん断応力)から皮膚を守る

　「ずれ」によって受ける皮膚のダメージは，圧迫力による影響よりも深刻だといわれている。ギャッジアップベッドに患者を寝かせ**半座位(ファウラー位)**のときには，まずベッド面での患者の位置決め(ポジショニング)が大切である。患者の腰の位置(大転子部)が，ベッド面の屈曲位置にくるようにする。体幹のずり下がりを予防するために膝部を先に持ち上げ，次に上半身を静かに持ち上げる。クッションを使って正常位置を保持する対策も有効である。ずり下(上)がった場合には，一度体幹を前に倒し身体を浮かせ，腰の位置を修正し，背中を撫(な)でて血行を正常に戻し(**背抜き**)，着衣を整える。同時に，**足抜き**も行う。ベッドを屈曲状態から水平に戻し，半座位から仰臥位に戻すときにも同様の配慮をする。

参考 車椅子座位姿勢での「90度ルール」

　車椅子で座位姿勢になるときに，「**90度ルール**」がある。これは，股関節が90度，膝関節が90度，足関節が90度それぞれ屈曲するように座らせるというルールである。こうすると患者の背中，大腿，足底がそれぞれ最大面積で背もたれや座面やフットレストに接するので，圧迫の圧力が分散し褥瘡ができに

---

5) **毛細血管血圧**：毛細血管入口の血圧は，約30 mmHg。出口の血圧は，10〜15 mmHgでほとんど脈流を示さない。

くくなる。座面や腰背部にクッションを用いてさらに接触面積を増やすと，より効果的である。

　ゾウは横になってゆっくりと長時間眠ることができないそうである。巨体の重みで下敷きになった部分がつぶされ褥瘡ができ，また内臓が圧迫され機能しなくなるためといわれる。そのため，ゾウは立ったまま仮眠をとるだけだそうである。ゾウは巨体である宿命のために，生涯にわたり褥瘡に悩まされ続け，睡眠不足となり気の毒である。

⑥ 体重を支える長骨の圧力

骨髄腔　海綿質
　　　　緻密質

　　　　骨膜

　第2章C節9項(44頁)で，「筋肉が単位面積あたりに出す力の大きさは，どの部位の筋肉をとっても，またどの哺乳動物の筋肉であっても同じ」と学んだが，骨(鉛直に立った長骨)が重さを支える強さについても，どの部位の骨であっても，またどの哺乳動物の骨であっても，単位面積あたりの強さはほぼ一定であるといわれている。特別に丈夫な材質や強い構造でできた骨を持った哺乳動物は存在しない。ヒトを含めたすべての哺乳動物は，考えうる最も理想的な骨を使っている。骨は，材料の使用量が最小で，重量が軽く，しかも最大の強度を発揮するリン酸カルシウムを主体とした材質で，海綿質が緻密質で包まれている。よって，「**重さを支える強い骨とは，ただ単に断面積の大きな太い骨**」を意味している。つまり，N倍の重さを支えるには，骨の断面積もN倍になる必要がある(ただし，骨粗鬆症など病的な理由や老化で，断面積が同じでも弱くなった骨はありうる)。

　私たちが肥満体になったとき，それ相応に骨が太く，関節が大きく，筋肉も太くなれば構造上の問題はない。しかし，肥満になり体重が増えても，実態は脂肪の蓄積で，骨や筋肉の増加が追いつかないケースもある。すると，骨の単位面積にかかる重さや関節にかかる負担が増加してしまい，危険な状態になる。急激な肥満化傾向には注意を要す。

　では，バランスのとれた肥満化傾向，すなわち力学的に安全な肥満化傾向とはどのようなものだろうか。たとえば，先にも登場したゾウの脚の骨は異常に太い。このように下半身が思い切り太くズングリした体型が，重い体重を安定的に支える理想の体型ということになる。このことは，次の「スケーリングの話」で詳しく学ぶ。

　骨はどの程度の圧力まで耐えうるであろうか。軸方向に対しては平均的に1,700 kg重/cm²といわれている。1 cm²あたり1.7トンの重さに耐えられる。コンクリートの耐圧強度は150 kg重/cm²，花崗岩は1,600 kg重/cm²といわれているので，骨はこれらよりも強い。大腿骨の最も細いところの断面積が6 cm²くらいなので，この部分でも1.7×6＝10.2トンの重さまで耐えられる。「自分の体重の約200倍まで耐えられるのだから，さらに太っても余裕だ」と思ってしまうと大間違いである。ヒトが数メートルの高さから硬い地面に着地

すれば(衝撃時間が短いほど)，この値を容易に超えてしまう。これも**力積**〔第1章の脚注 13)(13 頁)を参照〕の観点である。

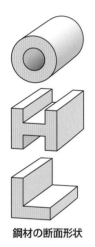

（縮む復元力を出す）
縮む

（伸びる復元力を出す）
伸びる

伸びる
縮む

中心線
伸び縮みしない
（力を出さない）
円管の曲げ

鋼材の断面形状

中空構造の例

参考 中空構造の骨(管状骨)

　鉛直の長骨が支える重さはただ断面積の大きさに比例するが，曲げ，捻り（ひね）などの複雑な力がかかった場合，材料の断面積が同じならば，中まで詰まった棒よりも中空構造の管にしたほうが丈夫になる。

　中空構造が曲げに対して強い理由は，次のとおりである。中心部は，曲げや捻りに対して変形しないので，材料が存在しても何ら復元力を出さない(復元力に寄与しない)。そこで中心部分の材料を外周にまわし(中空構造にし)，外周の曲げや捻りの復元力を強化したほうが材料の有効利用となる。中空の管は，中空でない棒の約 3/4 の材料で，同じ強さの管が作られるという。中空構造は，使う材料を節約・軽量化しながら，強度を上げる工夫である。

　「最小材料・最大強度」は設計の基本であり，建築・土木工事においても，こうした中空構造(断面が ◎，H，L など)の材料が多く用いられている。自然界でも，竹に代表されるように植物の幹や茎は中空構造であり，空を飛ぶ鳥たちの羽根も中空構造である。

　ヒトの成人の長骨(長管骨)は，断面の約 1/2 は中空になっていて**骨髄腔**と呼ばれる。そこは単なる空洞ではなく，そこには造血細胞が密集し**造血作用**を行っている重要な場所である。

⑦ スケーリングの話

　拡大したり縮小したりして長さが変化すると，その影響で面積や体積も当然変化するが，長さ(一次元)の変化に対して，面積(二次元)や体積(三次元)の変化は，常識を越えた興味深い変化を呈することがある。この物差し(スケール)の尺度変化に関連した一連の議論は，「**スケーリング則**」あるいは「**2 乗 3 乗の法則**」と呼ばれている。

　生物においては，見かけ上の大小の比較にとどまらず，次元が関係したスケール効果が重要な役割を果たしている。

　ある生物が，元の形と全く相似形に大きくなったとする。図 3-4 に示すように，長さが N 倍になると，断面積は N^2 倍になり，体積は N^3 倍になる。すなわち，骨の断面積は N^2 倍になり，体重は N^3 倍になる。注目すべきことは，体重が N^3 倍になっているのに，それを支える骨の断面積が N^2 倍にしかなっていない。骨の単位面積にかかる重さが，元の $N^3/N^2 = N$ 倍に増加してしまう。このように相似形に大きくなると，骨にかかる負担が増大してしまう。骨の耐えうる強さは一定なので，元と同じ負担に留めておくためには，骨の断面積を相似形以上に太くする必要がある。

　一般に，体の大きな動物は小さな動物に比べて，脚が相似形以上に太く，体型的にズングリしている。ところがガリバー旅行記の本には，しばしば私たちと相似形の巨人や小人の挿絵が描かれているが，そういう体型のヒトは理論的に存在しえない。巨人はもっと太っていなければならず，小人はもっとやせているはずである(図 3-5)。植物の幹や茎の太さをいろいろ

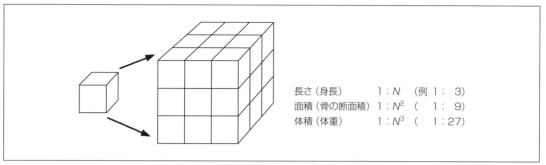

図3-4　長さ・面積・体積の関係

長さ（身長）　　　　1：N　　（例 1：3）
面積（骨の断面積）1：N^2　（　1：9）
体積（体重）　　　　1：N^3　（　1：27）

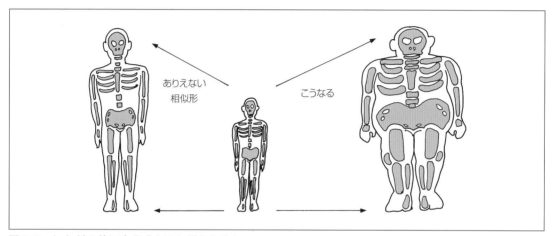

図3-5　ヒトが2倍に大きくなるとどうなるか

ありえない
相似形

こうなる

と見比べてみると，こうしたスケーリングの関係が読み取れるはずである。

8 生体における面積と体積の関係

　太った人は「暑がり」でよく汗をかいており，体温もたしかに高めである。一方，やせた人は「寒がり」で，身体を丸くして防御しようとする。同じ体積のままで表面積が最も小さい形は球形[6]であるので，丸い体型の人ほど（丸い姿勢になるほど），一定体積の体表面が減少して体熱の放散が抑えられることから納得のいく現象である。

　動物をみても同様な傾向がみられる。体熱の放散量はその表面の面積に

6）雨滴や朝露，こぼれた水銀などは，**表面張力**の作用によって，同じ体積でも表面積が最も小さな形状，すなわち球状となっている。立方体を同体積の球に作り変えると，その表面積は約 0.8 倍に減少する。逆にこの立方体を，同体積の長細い直方体に作り変えると表面積が増加する。さらに，平たく・細く・細かくするほど，表面積が増える。使い捨てカイロの発熱は，鉄が錆びる（酸化）ときに発生する化学反応熱を利用している。鉄を微粉末にすることにより広大な表面積を作り，わずかずつの反応熱を集積して，カイロの役目を果たす。また，炭鉱での石炭の粉塵は爆発を起こす危険性がある。小麦粉工場でも粉塵爆発を起こした例がある。

比例し，体熱の発生量はその体積に比例する。動物の表面積はだいたい身長の2乗で増え，体重はだいたい身長の3乗で増えていく。たとえば，極地にはシロクマのようなズングリした大型動物しか生存しておらず，昆虫のような小型動物の生存はむずかしい。これは寒いところでの生存には，発熱量(体積)に対して放散量(表面積)の少ない大型動物のほうが有利だからである。

　同じ種の動物でも寒い地域に生育するものほど，体が大きくなる「ベルクマンの法則」とか，首や耳などの突出部や四肢や尾などが短くなる「アレンの法則」[7]など，興味深い説がある。

　食事は，体熱を発生させるためのエネルギー源である。ここで，食事量と体積の関係をみてみよう。食事量は体熱を発生させる体積に比例する。ゾウとヒトの食事量を比べると，絶対量ではもちろんゾウのほうが大食漢である。しかし体積比(単位体積あたりの食事量)で比べると，ヒトのほうがゾウよりもはるかに多く食べているそうである。同じ原理で，小鳥や昆虫など小型動物は，体積比でヒトよりもはるかに多くの食料を必要とするので，1日中えさを漁っているようにみえる。これも面積と体積の違いによるスケーリング効果である。

　体熱の放散のほかにも，呼吸による酸素の吸収と二酸化炭素の放散，毛細血管による末梢への酸素や栄養分の供給と二酸化炭素や老廃物の回収，腎臓の血液ろ過と尿の生産などは，各器官による**面積に関与した生理現象**である。それに対して，それら器官で処理される，熱量，仕事量，出入りする諸々の物質量などは，**体積に関与する量**である。

　ヒトはこれら面積(長さの2乗)と体積(長さの3乗)に依存する量の微妙な一致点でうまく生きている。急激な肥満や過度の運動などで，この微妙な収支バランスに破綻を来たさないように注意する必要がある。

> **参考 体の中の皺，ヒダなどの有用性**
>
> 　生体諸器官内でも，限られた空間内で必要な生理活動を保障するために，**表面積を増やす工夫**がたくさんみられる。小腸での栄養分の吸収を増やすために，小腸内壁には多くの皺がある。多数の**輪状ヒダ**があり，ヒダの表面には無数の腸絨毛が密集し，さらに腸絨毛の表面には多数のハケ状の微細絨毛が密生している。栄養分の吸収を高めるための接触表面積を増やす工夫である。ガス交換をする**肺**は，限られた容積内で広大な交換膜を確保するため，1本の気管が23回も枝分かれして，最終的には微小な**肺胞**が3〜5億個となり，総面積は100 m²以上，テニスコート半分ほどの広さとなる(第4章81頁参照)。また，体内の隅々まで新鮮な血液を行きわたらせるために，大動脈は最終的に**毛細血管**まで分岐し，組織と触れ合う毛細血管の総断面積は動脈の血管壁の総面積の約700倍，体表面積の約4,200倍に増加している(第6章121頁参照)。**腎臓**内で尿を生成するネフロンの微細構造も同様のことがいえる。また，大脳

---

7) インド象の耳介は小型なのに対して，アフリカ象の耳介は大型で幅広である。炎天下での体熱の放散や体温調節に役立っているといわれる。

の表面には多数のシワがあるが，これによって大脳の表面積が拡大し，大脳皮質の容積が増大している。

　鼻はにおいを感知する感覚器だが，呼吸で使う空気の通り道でもある。鼻腔内は単なる空洞ではなく，鼻中隔で仕切られ3枚の鼻甲介がせり出して，上鼻道・中鼻道・下鼻道という通路をつくり，空気との接触面積を増やしている。この鼻腔内壁は粘膜で覆われており，鼻から吸い込んだ空気のホコリやゴミや細菌やウイルスを吸着・ろ過し，さらに吸入空気の温度と湿度を身体の受け入れやすい状態に調節している。こうした有用な役割を果たす部位を幅広く確保するために，鼻腔内部は入り組んだ複雑な構造になっている。

B　もし気圧が変わったら人間はどうなるか

1 大気圧の表し方

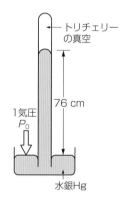

　天気予報の気圧配置の説明の中で，**ヘクトパスカル(hPa)** という気圧の単位がよく出てくる。大気圧の1気圧が **1,013ヘクトパスカル** であるが，この1,013という数値はどのようにして導き出されたものだろうか。

　大気圧は，従来，水銀気圧計を使って水銀柱の高さを測定してきた。大気圧が1気圧のとき，大気の圧力で水銀が押し上げられる水銀柱の高さは，76 cm になる。

$$1 \text{気圧} \; P_0 = 76 \text{ cmHg} = 760 \text{ mmHg} \tag{3-11}$$

圧力は，単位面積あたりの重さであるので

$$1 \text{気圧} \; P_0 = \frac{(\text{水銀柱の重さ})}{(\text{水銀柱の底面積})}$$

1g 重は$1 \times 10^{-3} \times 9.8$ニュートンです

$$= \frac{(\text{水銀柱の体積}) \times (\text{水銀の密度})}{(\text{水銀柱の底面積})} = \frac{76 \times S \times 13.6}{S}$$

$$= 1,033.6 \text{ g 重/cm}^2 = 1.0336 \times 10^4 \text{ kg 重/m}^2$$

$$= 1.0336 \times 9.8 \times 10^4 \text{ニュートン/m}^2$$

$$= 1,013 \times 10^2 \text{ニュートン/m}^2$$

$$= 1,013 \text{ヘクトパスカル(hPa)}^{[8]} \tag{3-12}$$

参考 圧力の単位

　すべての単位を国際的に統一的に表示しようという動きから，圧力の単位も**国際単位系(SI)** で定める圧力単位である**パスカル(Pa)** で表示されるようになった。看護の現場で従来よく使われてきた圧力の単位には，血圧測定では水銀柱の高さ **mmHg**，生体内圧力では水柱の高さ **cmH₂O** などがある。これらの単位系は，目で見える水銀や水の柱の高さそのものを示しているので，数値の大きさを身近に実感しやすい利点がある。

---

[8] 1パスカル＝1ニュートン/m²。パスカル，ニュートンは人名。**ヘクト(h)** は単位の接頭語で，1ヘクト＝10^2。この他の接頭語には，1キロ(k)＝10^3，1メガ(M)＝10^6，1ギガ(G)＝10^9，1ミリ(m)＝10^{-3}，1マイクロ(μ)＝10^{-6}，1ナノ(n)＝10^{-9} など。

　新旧の医療器具では，使われる圧力単位が混在している。そこでまず最初に**単位を確認**してもらいたい。単位を読み違えると，10倍，100倍，1,000倍のように桁数まで間違えた設定をすることになり，患者の生命にも影響する。章末(77頁)に圧力の換算表(表3-1)を掲げる。

② 大気圧の大きさ

　私たちが日常的に体験しているこの**大気圧**は，どんな大きさなのだろう。大気圧に面積を掛け算すると，その面が大気から受ける「力」となる。

　まず，自分の指先を見る。この面を1cm四方とすると，この面積は$S_{ユビ}$=1cm^2。そこを押す大気の力は，

$$F_{ユビ}=1 気圧 \times S_{ユビ} \sim 1(kg 重/cm^2) \times 1(cm^2)=1 kg 重 \qquad (3\text{-}13)$$

指先は1L入りの牛乳パックの重さと同じ力で押されている。

　次に，掌を広げる。この面を横7cm縦15cmと仮定すると，面積$S_{テ}$は

$$S_{テ} \sim 7 \times 15 \sim 100 cm^2 \qquad (3\text{-}14)$$

大気が掌を押す力$F_{テ}$は，

$$F_{テ}=1 気圧 \times S_{テ} \sim 1(kg 重/cm^2) \times 100(cm^2)=100 kg 重 \qquad (3\text{-}15)$$

である。掌には体重の約2倍もの大きな力が常時加わっているのである。

　さらに，ヒトの体表面全体を大気が押している力$F_{カラダ}$を求めてみよう。体表面積$S_{カラダ}$を近似式

$$S_{カラダ} \sim 0.63 \times h^2 \qquad (3\text{-}16)$$

を使い，身長h=155cmと仮定すると

$$S_{カラダ} \sim 15{,}000 cm^2 \qquad (3\text{-}17)$$

$$\therefore \quad F_{カラダ}=1 気圧 \times S_{カラダ} \sim 15 \times 10^3 kg 重 \qquad (3\text{-}18)$$

となる。ヒトの体表面全体にかかる大気による力は，大型トラックの自重にも相当する約15トンもの大きな力である。

ヒトの体表面全体にかかる大気の力≒15トンの力

　ヒトはこうした大きな大気の力でも押し潰されたりはしない。しかも，水の中に潜ると，水圧によってさらに大きな力が加わるが，ヒトはこれにも耐えることができる。これはなぜだろうか。答えは，流体(気体と液体の総称)の中では，あらゆる方向から全く一様にバランスよく押されるからである。もし，ある一方向からだけ力が加わるとすれば，大型トラックに轢かれたのと同じことになり，たちまち押し潰されてしまう。

③ 水柱圧

(3-11)式の1気圧＝76 cmHg に示されるように，1気圧は水銀の柱を76 cm 押し上げることができるが，水でこの実験をすると水柱は何 cm になるだろうか。水の密度は1 g/cm^3，水銀の密度は13.6 g/cm^{3}であるので，水は水銀よりも13.6倍高く押し上げられる。すなわち，

$$1\text{気圧 } P_0=76\text{ cmHg}=76\times13.6\text{ cmH}_2\text{O}\fallingdotseq10\text{ mH}_2\text{O} \qquad (3\text{-}19)$$

約10 m 押し上げられる。1気圧は，水を2階建て家屋の屋根を超えた高さまで押し上げる。看護学では，圧力を水柱の高さで表す単位系(**水柱圧単位系**，単位は cmH$_2$O)もよく使われる。

この事実を押し広めると，水中では深さ10 m 潜るごとに1気圧ずつ圧力が増えることになる。ダイビングで水中に10 m 潜ったときの真の圧力は，海水面を押す大気圧と水圧とを加算して，合計2気圧となる。

基本的概念として流体中の圧力は，上からの圧力が積み重なった大きさとなる(図3-6)。

$$P=P_0+h \qquad (3\text{-}20)$$

ここで，P_0は水面を押す空気圧(cmH$_2$O)，h は水の深さ(cm)である。この式は，第4章「吸引」の項(83頁)において，吸引圧調整ボトルの原理・水封の深さの原理の中でたびたび登場する重要な式である。

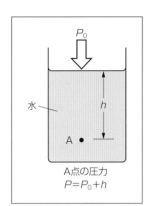

図3-6 水中の圧力

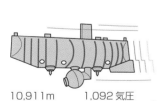

参考 海女さんと潜水の記録

1人潜りの海女さんは，息を止めた素潜りで約5 m の深さまで，約1分潜って漁をするそうである。ベテランの海女さんは約20 m の深さまで潜り，浮上のときは時間を早めるため水上からロープで引き上げてもらうそうである。

潜水の記録としては，フリーダイビングのノー・リミッツ(ウエイトの重さで潜り，バルーンで浮上する)では，2007年オーストリア人ハーバート・ニッチが深さ214 m まで，深海調査艇では，1960年に2人乗りバチスカーフ・トリエステ号がマリアナ海溝で深さ10,911 m まで潜水した記録がある。このとき水中での真の圧力は，それぞれ約22気圧，1,092気圧という高さである。

④ 高圧力のもとでの人間

潜水でも証明されるように，ヒトの身体はあらゆる方向から一様に内側に押される圧力には相当耐えることができる。これは，圧力が加わると**気体はすぐに変形し体積が収縮する**[9]が，**固体・液体は体積の収縮はごくわずかであり**，ヒトの身体は固体と液体でできているからである。しかも最も大切な脳は，球形[10]の硬い頭蓋骨で覆われ変形しないようにしっかりと守られ，その内部はつねに正常な脳圧に保たれている。

---

9) ボイルの法則：PV＝一定　一定温度では，気体の体積 V と圧力 P は互いに反比例する。

10) 球形：外から押される力に対して最も強固な形状は球形である。玉子が外力によって割れにくいとか，石組造りの半円形アーチが崩れないのも同じ原理である。その意味でも頭蓋骨が立方体でなく球形であることは理に適っている。

　一方，圧力変化に応じて敏感に体積変化する空気が入っている**肺**は，高圧力の環境内で押しつぶされたりしないだろうか。肺内部は気管によって体外と通じているので，内外ともにほぼ同じ圧力になっておりバランスがとれている。さらに肋骨による竹籠構造により，外圧変化によって押し潰されたり膨れすぎたりしないようにしっかりと守られている。

　ただし別の問題として，高圧力の空気を呼吸していると，具合の悪いことが起こる。空気中の窒素が必要以上に血液中に溶け込んで，**窒素酔い**という症状(窒素の麻酔作用による酔っ払い現象)を起こすことがある。また，この高圧状態から急速に水面に浮上すると**減圧症**となり，肺胞が過膨張になって肺破裂を起こしたり，また血液や組織に過剰に溶け込んでいた気体が，急激な圧力解放により血管中で気泡となるため，**空気塞栓症**[11]を起こす。

　こうしたいわゆる**潜水病**(ケイソン病)を避けるために，海底などの高圧力下で作業をする場合は，ヘリウム[12]を入れた混合気体を使ったり，あるいは時間をかけてゆっくりと浮上し，呼吸によって溶け込んだ空気を自然に体外に排出させる。スキューバ・ダイビングで深海から浮上するときは，こうした注意が不可欠である。

⑤ 低圧力のもとでの人間

　身体は1気圧の大気で押されており，身体も中から同じ圧力で押し返して，お互いにつりあって平衡を保っている。もし，外圧が減少し身体を押しつけていた力が弱まると，ヒトはどうなってしまうだろうか。外圧が取り除かれると，内と外が堅固に仕切られている頭部や胸部は別として，ゆるやかに仕切られている部分は，内圧がうち勝って形状が著しく変化してしまう。たとえば，深海魚が急に海上に引き上げられたとき，眼球や腸(はらわた)が飛び出したりする。

　圧力の低下が原因で普通よく表れる病的症状として，天気が下り坂のとき頭痛がする，関節や古傷が痛む，などがある。これは気象病あるいは天気病といわれる。天気が下り坂のときには低気圧が近づいてくることが多いので，大気圧が下がり，平衡感覚器や自律神経のバランスを乱して不調をきたすことがある。患部に収縮性のサポータなどを装着して適度な圧力を加えておくと，こうした気圧の変動による影響を軽減することができる。

　外圧が極端に減少した場合には，こうした形状の変化や滲出(しんしゅつ)の問題とは

---

11) **空気塞栓症**：細かい気泡は，毛細血管内壁に付着し，こうした気泡の量が増えると血栓に似た作用で血流を阻害する。手足の痛み，麻痺，吐き気，知覚障害などを起こす。潜水後すぐに飛行機に乗ると，上空飛行中の機内の減圧(脚注15)により，潜水中に血液に溶けていた残留気体が，気泡化する危険性が指摘されている。

12) **ヘリウム**(He)は血液に対する溶解度が少なく，窒素の1/10以下である。なおヘリウム中の音速は空気中の3倍近くなので，ヘリウム混合気体中での声は奇妙なくぐもった高音になる。

別にさらに深刻な問題が生ずる。外圧が極端に減少すると液体の**沸点**[13]が下がり，**低温沸騰**[14]というやっかいな現象に見舞われる。つまり，極低圧力のもとでは，当然起こる呼吸困難に加え，血液や体液が体温(37℃)で沸騰して気体になってしまう。すると，血管内は気泡で閉塞状態となり，もはや生命の維持は不可能となる。このようなことが起こらないように宇宙飛行士が船外活動で着る宇宙服は，真空中であっても服の内部はほどほどの圧力(約1/3気圧)を保つようになっている。そのため，宇宙空間を遊泳中の飛行士の宇宙服は，膨れた状態になる。

　病院の中の**陰圧室**(空気感染隔離室)は，結核や肺炎などの感染力の強い疾病の治療室で，室内の空気が外部に流出しないように気圧を低くしてある。放射性物質を取り扱う部屋も，同じ理由で陰圧室になっている。逆に，クリーンルームは外部から細菌や塵などが入り込まないように**陽圧室**にしてある。

6 耳の圧力変化に対する工夫

巡航高度
12,000m
(0.19気圧)

エベレスト山
8,849m
(0.31気圧)

富士山
3,776m
(0.63気圧)

　列車がトンネルに入ったときや，自動車で高い山道をドライブしたとき，また飛行機の離着陸のとき，皆さんは**耳鳴り**や聴覚の閉塞感を経験したことはないだろうか。これは外耳腔の圧力が内耳腔の圧力より増加した環境では，鼓膜が内部に押され，逆の環境では，鼓膜が外に引っ張られる状態になるからである。こうしたとき欠伸（あくび）をしたり鼻をつまんで唾（つば）を飲み込むと，耳鳴りを防げることがある。

　普通の会話の音圧変動は約10^{-8}気圧といった微弱なものであるが，私たちはこの微弱な音圧変動をしっかりと感知できる能力がある。一方，飛行機が12,000 mあまりの上空で水平飛行をしているときは，機内の圧力を0.8気圧弱に保っているそうである[15]。これは地上での大気圧と比べて0.2気圧あまりも低い。飛行機内の圧力変動は，会話の音圧変動に比べ，$0.2/10^{-8}=2\times10^{7}$倍にもなる。こんなに激しい変動でも鼓膜は破れないし，話

---

13) **沸点**：沸騰をはじめる(液体の内部から気化がはじまる)温度。圧力が高まると沸点も上昇し，より高温にならないと沸騰しない(圧力鍋の原理)。逆に圧力が減少すると沸点も下がり，低い温度でも沸騰してしまう。いくら火力を強めても沸点以上の温度にはならない。高い山の上で飯盒炊飯をすると生煮えになるのはこのためである(海抜3,776 mの富士山頂は，0.63気圧，沸点87.7℃)。

14) 低温沸騰をさらに極端にしたものとして，**凍結乾燥法**(フリーズドライ)がある。これは，非常に低温にして水分を氷とし，ここで減圧して，氷を直接水蒸気として乾燥させる方法。固体(氷)が液体の状態を経ずに直接気体(水蒸気)に変化する**昇華**を利用した乾燥法。乾燥野菜やインスタントコーヒーなどはこうして作られる。

15) 航空機の巡航高度12,000 m上空の気圧は，0.19気圧ほどしかない。乗客の呼吸を優先して機内の空気圧を地上と同じ1気圧のままにしておくと，機体がもたない(構造物は，圧縮には強いが膨張には弱い特徴がある)。そこで上空での機内圧力は，両者の安全性を折衷して，高度約3,000 mに相当する0.8気圧弱に調整している。このように上空での機内では地上よりも気圧が低いので，乗客は耳鳴りの他に腸管のガスの膨張(ボイルの法則)によってお腹の張りや腹痛を起こすことがある。

し声もきちんと聞き取れる。鼓膜がこうした何千万倍の圧力変化にも耐えられる理由は，鼓室と鼻腔とが**耳管**によってつながっており，鼓室内の圧力が外気圧と常に等しくなる構造になっているからである。

耳管は，大きなゆっくりとした圧力変化をキャンセルし，振幅が小さい可聴域振動の圧力変化を伝える役目を果たしている。このことを物理的に表現すると，耳管は大きな圧力変動の直流成分をキャンセルし，微弱な圧力変化の交流成分だけを残すフィルターの役目を果たしている。この耳管のおかげで，列車のトンネル通過時や飛行機の離着陸時など，圧力変動の激しい環境においても，普通に会話が続けられる。

なお，ダイビングの際にも耳管を使って圧力調整をする事柄がある。それは，水中に深く潜るに従い「**耳ぬき**」という技を使って鼓膜の内外の圧力を意図的に等しくし，水圧の変動から鼓膜の損傷を防ぐ方法である。深海から海面に浮上するときにも，同じく耳ぬきが必要である。

ダイビングの際の呼吸法にはさらなる注意が必要となる。息を止めたまま深海から急浮上すると，肺の過膨張によって肺破裂を起こす危険性がある。減圧によって膨張した空気を肺から積極的に吐き出すために，意図的に深い呼吸をしなければならない。

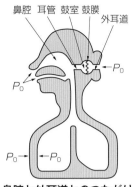

鼻腔 耳管 鼓室 鼓膜 外耳道

P_0

P_0

$P_0 \rightarrow \quad \leftarrow P_0$

鼻腔と外耳道とのつながりのイメージ

入浴とベッドの圧力効果

1 浴槽内の水圧効果

入浴は健常者にとっては，無条件に快適でリラックスできるものである。しかし，高齢者や病人に対する入浴介助には，細心の注意が必要である。ここでは，入浴の際に水圧によって，人体にどのような影響が出るか考えてみよう。

水の中での圧力 $P_{スイアツ}$ は，その深さ h に比例して増加する。

$$P_{スイアツ} = h \, (\mathrm{cmH_2O}) \tag{3-21}$$

深い浴槽に深く沈めば沈むほど，その位置での水圧は増加する。たとえば浴槽で深さ 50 cm の水圧は，50 cmH_2O である。これを血圧測定でお馴染みの水銀柱の圧力に換算すると，500/13.6＝37 mmHg の水圧で圧迫されることになる。浴槽下部では，通常の血圧値 80〜120 mmHg に対し，水圧によりある程度の影響を受けることが予想される。

「和式の浴槽は深いので，水圧が高くなり，心臓が圧迫されて…」という話を聞くことがある。たしかに和式の浴槽は，洋式に比べ深めなので，浴槽の底では水圧が高くなる。しかし，洋式でも和式でも，心臓位置は水面からほぼ同じ深さにあるので，心臓位置の水圧はどちらもほぼ同じはずである。血圧に対する影響の違いの原因は，「心臓の圧迫」以外のところにある。

和式の浴槽では，下半身が洋式に比べて深い位置にある。和式では，下

半身の静脈血管が水圧のために圧迫されて，必然的に大量の静脈血が心臓の方へ押し上げられる(**静脈還流**)。それに連動し，心臓からの排出量も増大させる必要性から，収縮力を高め血圧を上昇させる。湯に深く沈むほど，心臓の活動が高められることになる。

　また，湯に沈む深さによって，呼吸機能にも影響が出てくる。まず腹部が水圧によって圧迫される。腹腔の圧力が高まり，腹部は胸部のような竹籠構造ではないので容易に変形[16]して，横隔膜を押し上げる。肩まで沈むと，胸部も水圧で圧迫され，吸気時に胸郭の拡張がしにくくなる。どちらも肺の容積が減少し，その分，呼吸が早まって息苦しくなる。心臓疾患や肺疾患の患者は，和式浴槽で肩まで深く沈み込んだ**全身浴**は避けたほうがよい。腰までの**半身浴**のほうが負担は少ない。その点で洋式浴槽では，下半身からの静脈血還流の増加や呼吸機能への影響は少な目といえる。

② 入浴は血圧のジェットコースター

　次に入浴時の血圧への影響を考えてみよう。

　①寒い冬，冷えた脱衣室で裸になると，身体からの放熱を防ぐために末梢血管が収縮する。末梢にあった血液は心臓に戻され，血圧が上昇する。

　②次に，浴槽につかった途端に水圧による静脈還流によって，血圧が上昇する。

　③しばらく湯につかって徐々に身体が暖まり体温が上昇してくると，末梢の血管が拡張し下半身に多量の血液が循環する。そのために頭部への血流が減少しやや貧血気味となる。少しボ〜ッとし，思考力が減退しストレスを忘れ，これが快感につながる。このとき心臓への還流が減少気味になり血圧は下がる[17]。

　この状態で，今度は，急激に浴槽から立ち上がるとどうなるであろうか。

　④暖められ膨張した血管が水圧からも解放され，さらに膨張して，血液は下半身に取り残され，血圧は③よりさらに下がるであろう。ここで血圧調整機能がうまくはたらかないと，頭部へ行く血液が不足し，**貧血状態**を起こしてフラフラとするかもしれない。

　⑤さらに冷たい脱衣室に裸で移動すると，先の①と同様の試練(血圧の上昇)が待ち受けている。

　こうした温度変化によって引き起こされる①〜⑤のような急激な身体的影響を，**ヒートショック**という。入浴は，こうしたヒートショックと水圧の変動と頭部の激しい上下動によって，血圧が乱高下する危険性をはらんでいる。

---

16) 湯の中では水圧の影響で，深さにもよるがウエストが3〜6 cm も縮んでいる。

17) アルコールは血管を拡張させるので，血圧を下げるはたらきがある。飲酒直後に入浴すると血管がさらに拡張して，血圧が下がり過ぎて事故につながる恐れがある。同様の理由で，食事直後の入浴も避けたほうがよい。

③ 入浴介助の注意点

　入浴介助の注意点を，次に示す。

①脱衣室や浴室の適正な室温

②適正な湯の温度

③湯の中にはゆっくりと入り，浅めに沈むようにする。

④適正な入浴時間。熱い湯に入りすぐに上がってしまう「カラスの行水」は，身体の芯まで暖まらず，入浴効果が少ない。また，ふやけるほどの長湯は，発汗が進み過ぎ，血液濃度を高め，かえって疲労度を高める。

⑤浴槽からあがるときも，体をゆっくりと湯から出して，手摺りにつかまりながらゆっくり立ち上がらせる。

　患者をストレッチャーに乗せたままのエレベーターバスとかリフトバス等の**特殊浴槽**で入浴介助をするときは，機械まかせで，細かな注意が疎かになりがちになる。患者の表情をよく観察しながら，沈める深さは患者の心臓位置が水面近くになる程度にとどめ，できるだけゆっくりと湯に入れ，ゆっくりと出すように心掛ける。

　なお，入浴により体重がやや減少するが，これは発汗によるものなので，入浴による**脱水症状**や血液の粘度の高まりにも注意をする。入浴前後に水分補給をするとよい。

> **参考** **湯の温度**
>
> 　晩方の入浴は，体温よりやや高めの湯に半身浴でゆったりとつかるのがよい。熱くもぬるくも感じない**不感温度**による入浴は，入浴によるエネルギー消費が最も少ない。こうすると心身のストレスが取り除かれ，副交感神経が優位になり安らかなリラックスした気持ちとなり，眠りにつきやすくなる。
>
> 　一方，**熱い湯**につかると交感神経が刺激され，興奮した状態になり頭が冴える。そこで朝の目覚めの悪い人は，やや熱めのシャワーを浴びると心身がすっきりと目覚めて，1日を爽快にスタートできる。

④ スプリングベッド

　通常のベッドに使われているマットの内部には，スプリング(バネ)が詰まっている。バネが荷重に対して縮んで，その復元力(弾性力)でベッド上の荷重を支えている。小さな荷重を支えるときには，バネの変位(縮み)が小さく，大きな荷重を支えるときには変位が大きくなる。バネに加わる力があまり大きくない範囲内(弾性限界内)においては，力の大きさ F とバネの変位の大きさ x は正比例する。

$$F = kx \tag{3-22}$$

　ここで k はバネ定数といい，バネの強さ(硬さ)を表す定数である。この式は**フックの法則**と呼ばれている。

　ベッド全体に一様な強さのバネ(k が一定)が使われたベッド上に寝たとすると，殿部のような重い部位は，バネの変位が大きく深く沈む。一方，軽い部位は，変位が小さく浅く沈む。

　柔らかすぎる（kが小さい）バネを使っていると，重い部位の変位xが大きくなりすぎるので不自然に沈んだ体位となり，悪影響がでる。逆に，硬すぎる（kが大きい）と，変位xは小さく身体全体の変形は抑えられるが，身体の尖出部だけがベッドに接触し，その狭い面積の部位だけで体を支えることになる。その部分の圧力が増し，褥瘡ができやすくなる。

　スプリングベッドの根本問題は，力のやりとりがその場の鉛直方向のみに限られ，力を水平方向の周辺に分散させることができない点にある。

　そこでこの問題を解決するために通常行われる看護行為がある。力をやりとりする接触面積を周辺の広い面積に広げ，重さを分散させる方策である。具体的には，重い部分や骨突出部のまわりに体圧分散クッションなどの**補助具**を活用して，広い面積で支え圧力を分散させる。

⑤　ウォーターベッド

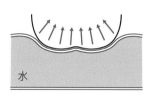

水

　褥瘡の予防には，ウォーターベッドの利用が効果的だといわれる。これは，水の上で物体を支えると，その重さは水圧のかたちで隅から隅まで水全体に伝わって，同一水平位置ならばどこも完全に同じ圧力となる。

　「人間は考える葦である」の言葉で有名な哲学書『パンセ』を書いたブレーズ・パスカルは，流体静力学を研究し**パスカルの原理**を見つけた。彼の業績を称えて，圧力の単位**パスカル（Pa）**にその名を残している。

　パスカルの原理は，「密閉した容器の中で，静止している流体の1点の圧力をある大きさだけ増すと，流体内のすべての点の圧力はその大きさだけ増す」となっている。

　この原理は，自動車の油圧ブレーキ（小さな踏む力を増幅して大きな制動力を生む）システムや，油圧ジャッキなど，身近なところの随所で使われている。流体内の圧力が一様になる理由は，水やガスなどの流体の分子はどの方向でも自由に動いて，位置を変えることができることによる。圧力が高ければ低いほうに自由に移動し，最終的にはどこでも同じ圧力になる。

　このパスカルの原理によって，ウォーターベッド内では，同じ水平位置であればどこでも同じ圧力になる。人が臥床して，どこか圧力の不均等な部分ができると，その圧力はベッド内の水全体に均一に分散する。人体の重い部位・軽い部位とか凸部凹部に関係なく，すべてどこも同じ圧力となる。このように，ウォーターベッドは圧力の集中した部分が全くできないので，褥瘡の予防には効果的である。

　しかし，ウォーターベッド上に臥床したときの浮遊感や冷たさ，通気性，ベッド本体の重量などを問題にする声もあり，最近ではこうした構造上の問題を改善したウォーターベッドも作られている。ジェルクッションは，ウォーターベッドに近い原理で機能している。

　スプリングベッドとウォーターベッドとでは，物理的原理が全く違っており，その効用も別の視点で考える必要があることを銘記しておこう。

　最近では，**ポリウレタンフォーム**などの形状復帰性に優れた材質が開発

されて，これを使った**低反発マットレス**(反発力が弱いので柔らかめ)や**高反発マットレス**(反発力が強いので硬め)がそれぞれの用途に応じて提供されている。また，体の特定部分だけが長時間圧迫され続けることがないように，一定時間ごとに支持位置を自動的に変える「圧力切り換え型ベッド」などのさまざまな工夫を凝らしたベッドも開発されている。

羊水

参考 胎児の羊水効果

　出産前の**胎児**は，母親の子宮の中で**羊水**に包まれて育っている。この羊水の圧力は，パスカルの原理に基づいてどこでも一様である。妊婦のお腹の一部分に力が加わっても，その圧力増加分は羊水全体に一様に広がり，胎児の一部分だけが強く押されることはない。こうして胎児は安全に守られて，健やかに育っていく。

　これと同様に，脳室の中で脳と脊髄も，**脳脊髄液**に囲まれて浮いており，外界からの衝撃力を分散し，脳と脊髄の局部にじかに危険がおよぶことを防いでいる。大事な脳は，まず硬い頭蓋骨で保護し，次に三層の髄膜(硬膜，クモ膜，軟膜)で覆い，さらに脳脊髄液の中に浮かべることよって，脳圧は常に一様な正常値に常に保たれている。

練習問題

指圧の心は……

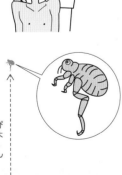

ぴょ〜ん

問1　通常のマイカーのタイヤ空気圧は，マニュアルで230 kPa位にするようにと書かれている。これを章末の**表3-1**圧力の換算表を使い，単位を換算して「kg重/m²」と「気圧」の単位に変換しよう。この値を(3-2)(3-3)(3-5)式の圧力$P_{スニーカー}$，$P_{ハイヒール}$，$P_{ゾウ}$の値と比較してみよう。

問2　「指圧の心は母ごころ」といわれているが，どのような指圧がよく効き，心地よいだろうか。指圧で加わる力を物理的に説明してみよう。また，清拭，洗髪，マッサージなどをするとき，施術者の爪が伸びているとどのような問題が生ずるか。その理由も考えてみよう。

問3　褥瘡の予防のためには，どのような処置に気をつけたらよいだろうか。その処置を圧力の観点からもう一度ていねいに考察してみよう。

問4　安楽姿勢の一例を具体的に記述し，各種の補助具の用法も含め，これを圧力の観点から考察してみよう。

問5　ノミ(蚤)(だいたい体長2 mm，体重0.05 g)は，20 cm(体長の100倍)以上もジャンプできるのに，ヒトはせいぜい50 cm(体長の1/3倍)位しかジャンプできない。ノミの筋肉はヒトの筋肉よりも格段に優れているのだろうか。この事実をスケーリングの問題(62頁)として考察してみよう。

問6　生物は多数の小さな細胞が複雑に組み合わさってできている。生物は体が大きくなるとき，1つずつの細胞が大きく成長しているのではなく，細胞がある程度大きくなると「細胞分裂」をし，細胞の数を増やすことによって全体として体を大きくしている。生命活動を正常に維持するための手段として細胞分裂を行う理由は，細胞の表面積と体積の関係，すなわち2乗と3乗の関係(スケーリング則)によるが，このことをみなさんの言葉でできるだけ平易な文章で説明してみよう。

遊び心の演習　靴が床に及ぼす圧力

　あなたの愛用の2種類の靴，①底面の広い靴と②底面の狭い靴，の底面を方眼紙に形取りして，それぞれの底面積 S_1 と S_2 を計算してみよう(片足分)。あなたの体重 W を，それぞれの靴の底面積で割り算をし，圧力(単位面積あたりの力) $P_1 = W/S_1$，$P_2 = W/S_2$ を計算し，両者の圧力 P_1 と P_2 を比較しよう。

　次に，計算で得られたそれぞれの圧力に相当する圧力を，身近な中から探しだし，その2つの靴の圧力 P_1 と P_2 と比較してみよう。

　たとえば，総重量1トンの小型四輪乗用車のタイヤが路面に及ぼす圧力を比較対象にしてみる。このタイヤ圧を 2.5 kg 重/cm^2 とすると，この乗用車のタイヤが路面に及ぼす圧力と，皆さんの靴の圧力 P_1，P_2 とを比較すると，どのような結果になるだろうか？

看護学生の声

◆注射のできない看護師…

　私は子どもの頃から注射が嫌いで，注射針の先端を見ただけで背中がゾクゾクとしてくる尖端恐怖症です。注射針の先端を詳しく見たことは怖くてまだ一度もありません。こんな私は看護師には向いていないのではと不安に思っています。でも，この先端の尖りこそが注射の際にいかに患者さんの苦しみを減らすかという大事なポイントであるということなので，これからは勇気をふりしぼって頑張ってみます。

教師の声

　患者の痛みをも感じることのできるあなたのような看護師を患者たちは望んでいます。優しい心をもったあなたこそ看護師に向いていると思います。看護師になる大きな夢を捨てないでください。希望はあります。最初の内は「注射をする手が震えて…私，だめです…」と嘆いていたか弱げな学生が，しばらく経ってから，今度は「ブスッと刺すときのあの快感がたまりません」と自信に満ちた表情で言っていました。"人間って，ずいぶん逞しく変わるものだな"と，驚いてしまいました。あなたも，だんだんと慣れてきっと上手にできるようになると思いますよ。同時に，あなたの笑顔で痛さを感じないようにしてあげましょう。

◆爪のお手入れ

　先日，実習で体位変換の練習のときに患者役としてベッドに横になって，友達の手が腰の下に入ってきたときでした。長く伸びた爪があたって，ヒリヒリととても痛かったです。友達が少し手加減をしてくれたことが幸いして，私の皮膚には傷がつかなくてよかったです。

教師の声

　とくに洗髪とか清拭のときには，事前に爪をきちんと切っておいて，患者を傷つけないようにしてください。爪は切ってあっても，切り口が鋭利だとやはり危ないので，角を丸くしておいてください。また，「とても冷たい手の看護師さんがいる」という話もよく聞きます。冷たい手で患者に触れると，患者のバイタルサインが変動して，正確な測定や状況把握が困難になります。マッサージをするときでも，冷たい手で触れて施術したら，かえって逆効果になります。「患者に触れる前に，爪を切る，寒いときには手を温める」などは看護師の基本ですね。

◆あのおじさん，ごめんなさい！

　先日，ヒールのついた靴を履いて電車に乗ったときに，電車が止まった瞬間によろけて，中年のおじさんの足を踏んでしまいました。そのとき私が「すいません，すいません」と何回も謝ったのにかかわらず，そのおじさんは顔をしかめ「痛い！痛い！」とずっと言っていたので，私は「何回も謝ったじゃん。私の体重はそんなに重いのか？　失礼なこのおやじー！」と心の中で思っていました。あの痛がりようは今にして思えば，「面積あたりではゾウよりも重い」というので，嘘ではなさそうです。あのとき，この講義を受けた後なら，あのおじさんにあんなひどいことを思わなかっただろう。あのおじさん，本当にごめんなさい。

　先日，「これからはヒールのついた靴をできるだけ買わないようにしよう」と心に誓いながら，靴屋に行きました。いろいろ迷った末，ルンルン気分で家に帰って箱をあけてみると，またヒールのブーツを買ってしまっていました。今度は電車の中で他人の足を絶対に踏まないように，気をつけたいと思います。

◆脚をきれいに見せたい…

　私はもっぱら見栄えを重視している靴を選び，履いています。とくに背が高く脚がきれいに見えるピンヒールのパンプスはお気に入りです。少々の不安定感や疲労感よりは，満足感のほうが優位になって我慢して履いています。でも今回こうした履物のマイナス面を学んだので，支持面の広いウエッジサンダルを愛用するようになりました。おかげで電車の中でもふらつくことは少なくなり，他人の足を踏む危険性が減りました。万一踏みつけてもピンヒールより危害は小さいと思いますけど，もちろんそんなことがないように気をつけています。

教師の声 ……………………………………………………………………………

　皆さんは人体の骨格標本を見たことがあると思います。足の骨の大きさに注目してください。後ろから順番に，踵骨，距骨，舟状骨，中足骨，指骨と続いています。この中でも踵骨は巨大で，一方，つま先部分の骨は極小です。これは人類が約 500 万年前に二足歩行を始めてから，安定的に歩行するために進化して得た成果です。歩行には，かかとにあの踵骨の大きさが象徴するほどの大きな力が常にかかり，その結果あのように立派に進化してきたことを物語っています。

　ところが，ハイヒールを履くと，体重はかかとにはあまりかからず，主に中足骨を末端の趾骨で支えています。巨大な骨が遊んでいて，極小の骨に大部分の負担をかけています。さらに，歩くときに身体へ及ぼされる衝撃を吸収してくれる重要な 3 種類の「足裏アーチ」の効果も除外しています。

　一般女性がハイヒールを履き始めたのは，歴史上ごく最近のことで，おそらく 100 年も経っていないでしょう。500 万年の二足歩行の歴史に比べると，ずいぶんと短いこの期間に足の骨格はハイヒール用にどの程度の進化を遂げたのでしょうか。あまり無理をしなくても，自然に備わった骨格の並びをそのまま守る靴で歩行するのが一番機能的で，健康的でありつづけると思います。

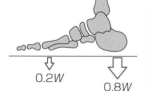

表3-1　圧力の換算表

Pa	kgf[1]/m^2	mmHg[2]	cmH$_2$O	気圧[3]
1	0.102	0.0075	0.0102	9.87×10^{-6}
9.8	1	0.0735	0.0999	9.68×10^{-5}
133	13.6	1	1.36	1.32×10^{-3}
97.8	10	0.735	1	9.67×10^{-4}
1.013×10^5	1.034×10^4	760	1034	1

〔注〕　1）kgf(kg force)は，kg重およびkgw(kg weight)と同じ。
　　　　2）mmHgは，Torr(人名Torricelliの略)と同じ。トリチェリーは1643年に水銀を使って，初めて大気圧の測定を行った。
　　　　3）気圧は，atm(atmosphereの略)と同じ。

資料 **圧力の単位**

　圧力の単位にはさまざまのものがあり，看護界ではmmHg(＝Torr)やcmH$_2$OやkPa(キロパスカル)が，工業界ではkgf/m^2，日常ではatm(気圧)やhPa(ヘクトパスカル)などが使われている。現在は，国際単位系(SI)で定められた正式な圧力の単位Pa(パスカル)に統一されようとしている過渡期であるため，これらが混在しており間違えやすい。**表3-1**に各圧力単位の変換表を掲げる(**表6-1**，128頁も参照)。

呼吸器と吸引の物理

第3章では，圧力の一般論を学び，圧力が身近な現象の中でどのように関わっているかをみてきた。人体においても，さまざまな場面で圧力が大きな役割を果たしている。本章では，その圧力がとくに人体の呼吸器の中でどのように関わっており，私たちは呼吸ができるのかを学んでいこう。また，看護技術の吸引においては，圧力の効果をどのように利用しており，これをうまく考慮していかなくてはならないか学んでいこう。

Ⓐ 肺はどのようにして呼吸をするのか

1 呼吸運動のメカニズム

胸郭は，背中側の12個の胸椎に，それぞれに対応した12対（左右で計24本）の肋骨が側面をとり囲み，それらの肋骨が前面で1個の胸骨によりネクタイ状につなぎ留められている。肋骨の間には肋間筋が付着して全体がつながっており，下方は横隔膜でふさがれている（図4-1）。こうして胸郭は，篭構造をした密閉容器となっている。肋骨は，吸息時には外肋間筋の働きで持ち上げられ，呼息時には内肋間筋の働きで引き下げられる。

胸郭の内部には，2重の胸膜（壁側胸膜と臓側胸膜）に覆われた肺が入っている（図4-1）。この2重の胸膜ではさまれた隙間を，胸腔[1]（解剖学的には胸膜腔）という。この胸腔内には少量の胸膜液があり，胸膜が滑らかに動くのを助けている。

気管から始まった気道は，23回枝分かれし最終的には肺胞にいたる。この肺胞への空気の出し入れは，どうなっているのだろうか。胸郭の体積変化に同調して，胸腔内の圧力が変化し，それによってさらに肺胞内の圧力が変化し，肺胞内に空気が出入りする。肺胞内の空気が外界に出入りするからには，肺胞内の圧力は外界の大気圧よりも大きくなったり小さくなったりしているはずである。にもかかわらず，「胸腔内の圧力（胸腔内圧）は，吸気時・呼気時ともに常に大気圧よりも低い圧力になっている」点が，本章の最注目点である。この謎については，次のd項（82頁）で詳しく学ぶ。

胸郭内部の体積変化に呼応した2つの動作，a.吸息と，b.呼息によって呼

1）解剖学的には「胸膜腔」が正式名称であるが，胸腔内圧など，臨床では胸腔と呼ぶことが多いので，本書では，胸腔を用いる。

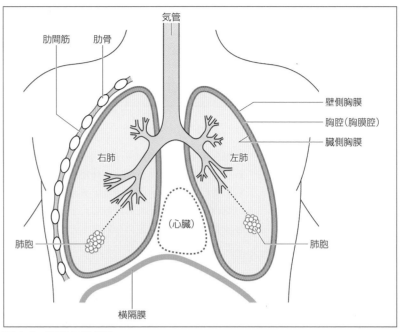

図 4-1　胸腔の模式図

吸運動は行われる。

ⓐ 吸息

吸息は次の 2 つの作用による。

①**外肋間筋**の収縮により，下垂していた肋骨を上に持ち上げる。これによって胸郭の体積が，横側の左右と前側とに拡大する。

②胸郭の下側でドーム状に盛り上がって胸郭の体積を縮めていた**横隔膜**の筋肉が収縮して平たくなり，胸郭の体積が下側にも拡大する。

こうして胸郭の体積が左右・前・下側に増大すると，胸腔の体積も増加し，さらに肺内部にある肺胞の体積も増加する。すると，**ボイルの法則**[2]に基づいて肺胞内の圧力が低下し，その圧力が大気圧以下になると，外界の空気が鼻と気管を通して肺胞内に吸い込まれてくる（図 4-2(a)）。

通常の吸息時の胸腔内圧は，大気圧に対して約**−8 cmH$_2$O**[3]の陰圧（−6 mmHg の陰圧）になる。深呼吸のときは，もっと強い−40 cmH$_2$O（−29 mmHg の陰圧）の陰圧にもなる。

なお，①②の 2 つの作用による吸息量の比は，1：2 くらいである。すなわち呼吸による換気は，その約 33% は肋間筋のはたらきにより，残り約 67% は横隔膜のはたらきによる。よって，とくに横隔膜を動かす筋肉，す

---

2) **ボイルの法則**：一定温度において，理想気体の圧力 P と体積 V とは互いに逆比例する。PV＝一定。

3) **cmH$_2$O** は水柱の高さで表した圧力単位。mmHg は，水銀柱の高さで表した圧力単位。ここで，cmH$_2$O の値を 10 倍すると mmH$_2$O，この値を水銀の密度 13.6 で割り算すると mmHg の単位に換算できる。

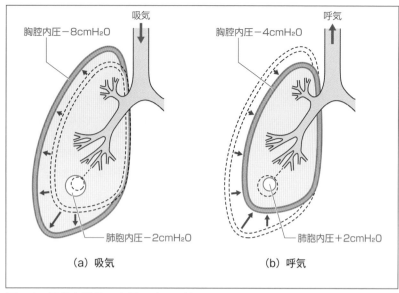

図 4-2　肺胞と胸腔の内圧のイメージ

なわち腹筋を鍛えて，腹式呼吸能力を高めておくことは，呼吸・発声・姿勢等のためにとても大事なことである。

❺ 呼息

　呼息は平常時においては，次の2作用によって受動的に行われる。

①肋骨の自重による沈下と胸郭の復元力によって，胸郭の体積が縮小する。

②横隔膜の筋肉が弛緩することにより，横隔膜がドーム状に引き上げられ，胸郭全体の体積が縮小する。

　こうして胸郭と胸腔と肺の体積が減少すると，最終的に肺胞内圧がボイルの法則に基づいて高まる。肺胞内圧が大気圧以上になると，肺胞内の空気が外界に吐き出されることになる（図4-2(b)）。

　通常の呼息時の胸腔内圧は，大気圧に対して約−4 cmH$_2$O の陰圧（−3 mmHg の陰圧）となる。

　ロウソクの火を吹き消すような強制呼息では，次の2つの作用による。

①内肋間筋を収縮させ，持ち上がっていた肋骨を引き下げる。

②腹筋の収縮によって腹圧を高め，横隔膜を押し上げる。

参考 **肺胞の総表面積 S**

　成人の肺胞の直径は約 0.3 mm，肺胞の数は両肺で 3〜5 億個。これを 4 億個とすると，肺胞の総表面積 $S＝$（個数）$×$（1 個の表面積）$＝4×10^8×4π×0.15^2≒1.13×10^8mm^2≒113$ m^2。成人の体表面積は約 1.5 m^2（畳 1 帖弱）なので，体表面積の $113/1.5≒75$ 倍もの広さの肺胞膜が肺の中に納まってガス交換をしている計算になる。

参考 **ゲージ圧単位系（陰圧・平圧・陽圧）と絶対圧単位系**

　ゲージ圧単位系は，大気圧を基準にし，大気圧との差を問題にした圧力単位

系である。大気圧より低い圧力を**陰圧**(負圧)，大気圧を**平圧**(0 気圧)，大気圧より高い圧力を**陽圧**(正圧)という。実生活では，このゲージ圧単位系で圧力を表示することが多い。看護現場では，吸引圧の設定(例：cmH$_2$O)，血圧(例：mmHg)など，人体に関する圧力のほとんどが，ゲージ圧単位系で表示される。自動車タイヤの空気圧設定もゲージ圧表示される(例：230 kPa)。

　ゲージ圧単位系に対して，真空を基準にした圧力単位系を，**絶対圧単位系**という。よって，(絶対圧)＝(ゲージ圧)＋(1 気圧)。天気図の気圧は，絶対圧単位系である〔例：1,013 hPa(ヘクトパスカル)〕。本章で表示する圧力バランスの等式は，絶対圧単位系を使って議論する。また，気体の圧力と体積の関係を計算する「ボイルの法則[2]」を使うときも，圧力は絶対圧単位系を使う(図 4-8 真空採血管など)。

◉ 胸腔内圧と肺胞内圧の区別

　ここで注目すべきことは，息を吸い込む吸息時のみならず，息を吐き出す呼息時においても，胸腔内圧は**陰圧**になっている点である(図 4-2 参照)。これは圧力バランスから考えて，一見不思議に思える。

　「1 気圧の大気中に息を吐き出すわけだから，胸腔内圧は大気圧以上の**陽圧**でなければならないはずなのに，どうして胸腔内圧が陰圧でも息を吐き出すことができるのか。陰圧では逆流して吸い込むのではないか」と疑問を持つのは当然である。

　しかしここでは，「胸腔内圧」と「肺胞内圧[4]」とを区別して考えよう(図 4-2)。呼息時に，胸腔内圧が陰圧でも，現に 1 気圧の大気中に息を吐き出しているわけだから，このとき外界に通じている肺胞の内圧は，当然ながら陽圧になっているはずである。この肺胞の陽圧は，肺胞膜の弾性収縮力や肺胞内部に付着した液体の表面張力[5]による自己収縮力によって生ずる。

◉ 胸腔内圧はなぜいつも陰圧なのか

　では，なぜ呼息時(息を吐き出すとき)でも胸腔内圧は陰圧でなければならないのか。それは，胸腔内を陰圧にして肺胞を外側から引っ張って，肺胞の自己収縮力によっても肺胞が潰れないようにしているからである。そのおかげで，肺胞内の空気と肺胞をとりまく毛細血管の間で，常時ガス交換ができている。もし，呼息時には肺胞が完全に潰れると仮定すると，肺胞内の古くなった空気はすべて排出され，次の吸息で新鮮な空気が入ってくるので，肺胞の完全なガス交換ができる。しかし，肺胞が完全に潰れている間は，血液とのガス交換はできない。おそらく，肺胞のガス交換の時

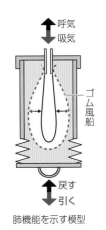

呼気
吸気

ゴム風船

戻す
引く

肺機能を示す模型

---

4) **肺胞内圧**：肺胞は極微小なので，通常はこの内圧を測定できない。精密測定によるデータからは，吸息時の肺胞内圧は－2 mmHg，呼息時の肺胞内圧は約＋2 mmHg とある。これによると，肺胞内圧自体は確かに大気圧に対して，「吸息時は陰圧，呼息時は陽圧」となっており，圧力差のつじつまが合っている。
5) **表面張力**：水の表面張力は，収縮力がとても強く，微小な肺胞はすぐに潰れてしまう。肺胞の潰れを防ぐために，肺胞内壁には表面張力の収縮力を弱めるはたらきをする**表面活性物質**(サーファクタントと呼ばれるリン脂質-タンパク質複合体)が分泌されている。この分泌が正常でないと，肺胞が潰れて呼吸窮迫症候群となる。

間が減少するデメリットよりも，とりあえず膨(ふく)らませておいて少々酸素不足の空気からでもガス交換を継続していたほうが，結果的には効率がよいのであろう。

　　しかも肺胞が一度潰れてしまうと，これを元通りに膨らますのは容易ではない。ゴム風船を膨らませるとき，小さいほど膨らましにくく，大きいほど膨らましやすい[6]。また，内部が濡(ぬ)れたゴム風船を一度ペチャンコに潰すと，貼り付いたゴム膜どうしを引き剥(は)がして再膨張させるのは，とても困難である(水の強い分子間力による)。肺胞は，とても小さく，しかも内部が濡れているので，肺胞を絶対に潰さないように外側から引っ張って，常に膨らませた状態を保ちながら，大小を繰り返している。

　　これで，胸腔内圧は常に陰圧でなければならない理由がわかった。万一，胸郭に穴があき胸腔が外界に通じると，陰圧であるはずの胸腔に外気が流れ込み，胸腔内圧は大気圧と同じになってしまう。肺胞は，外側から引っ張ってもらえず，自己収縮力によって潰れてしまう。胸腔内に滲出(しんしゅつ)液などが溜まり肺胞を押し潰す場合もある。こうなると肺胞は，潰れっぱなしになり，呼吸不全となり危険な状態となる。

Ⓑ 吸引(胸腔ドレナージ)

　　胸腔の陰圧が保てないケースは，①怪我や開胸手術によって空気が胸腔に入ってしまう**気胸**の場合と，②肺疾患や手術によって胸腔内に血液や滲出(しゅつ)液や膿(うみ)などが溜まってしまう**胸水**の場合とがある。

　　①の場合は，胸腔内の空気圧が上昇し(陰圧でなくなり)，肺を圧迫し肺胞が再膨張できなくなる。②の場合は，液体の増加によって胸腔の空間体積が減少するので胸腔内圧が上昇し(ボイルの法則)，肺胞が再膨張できなくなる。

　　胸腔内圧がもし陽圧にまで上昇してしまうと，肺胞は潰れて(肺胞虚脱)呼吸不能となる。これを防ぐために，胸腔内に溜まった空気や液体を体外に排出させ，潰れた肺の再膨張を促す。こうした医療行為を，**胸腔ドレナージ**[7]という。

　　肺は，一刻を争って対処すべき生命の危機に直結する重要器官であり，「胸腔ドレナージ」はこれに該当する大切な医療行為である。それだけに，

---

6) **ラプラスの法則**：弾性球の内圧は直径に反比例する。直径が小さいと内圧が高くなり，内部の空気は逃げやすくなり，球はさらに小さく縮もうとする。よって，小さなゴム風船は膨らませるのが困難で，大きくなるに従い膨らませることが容易になる。これに関連した症例として，**大動脈瘤**は大きくなるほどさらに大きく膨らみやすくなり，破裂の危険性が増す。

7) **ドレナージ**：日本語訳は，辞書によると，放流・排水・排液など。医療行為では，余分な貯留物を体外に導き出す操作を指す。

物理的根拠をしっかりと踏まえて躊躇なく適切に対処したい。本節ではこの胸腔ドレナージについて，「圧力バランス」の観点から詳しく学んでいく。

1 ３連ボトルシステム

　胸腔からの吸引には必ず３つの役割が必要だが，かつての吸引システムは，その役割ごとにガラスボトルを用意して，それらをチューブで順番に連結し組み立てていた。これは，**３連ボトルシステム**と呼ばれ，あたかも化学研究室の実験装置を連想させる大がかりなたたずまいであった。現在は，この３つの機能を備えながらコンパクトに一体化させたプラスチック製の**チェスト・ドレーン・バッグ**が使われている。この一体型チェスト・ドレーン・バッグは，外見からは内部構造が見えにくく，よってその原理もわかりにくい。

　現在の吸引器の原理をよく理解するためには，機能が独立して見えている従来の３連ボトルシステムについて学習することが最も有効なので，まずはこれを解説する。

　胸腔からの吸引ために必ず必要な部分は次の３つである。

①**吸引圧調整ボトル**：胸腔の陰圧を作りだすために空気を吸い出す吸引器部分

②**水封ボトル**：胸腔の内圧の程度を判断できるモニタリングチェック部分

③**排液ボトル**：吸引した液体を回収貯留しておく排液貯蔵部分

　３連ボトルシステムは**図4-3**のように，この３つの役割を果たす①〜③のボトルを順次チューブでつないでいく。ここで，①〜③の各ボトル内の圧力を確認してみよう。

①**吸引圧調整ボトル**

　中央に中空のガラス細管が立っている。「**吸引圧を8〜15 cmH₂Oの陰圧にセットするように**」と指示されることが多い。ガラス細管の下部が滅菌水の中にその深さに沈むように，ボトル内に滅菌水を注入する。

水中の圧力は，上からの圧力の積み重ね

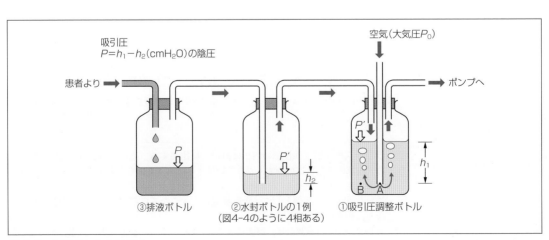

図4-3　３連ボトルシステム

吹き出し: 水中の同一水平位置の圧力は，どこも同じ

　吸引圧調整ボトル内の圧力関係を式で表す。大気圧を P_0, ボトル内圧を P', 滅菌液の中に沈んでいるガラス細管の深さを h_1 とする。ガラス細管下端 A 点は大気に触れているので，A 点の圧力は大気圧 P_0 である。A 点と同じ水平位置の滅菌液内の B 点の圧力は，ボトル内の空気圧 P' と深さ h_1 の滅菌液の水柱圧との和 ($P' + h_1$) である。そして，液体中では，「同じ水平位置ならば同じ圧力」なので，A 点と B 点の圧力は等しい。よって，

$$P_0 = P' + h_1 \quad \therefore \quad P' = P_0 - h_1 \tag{4-1}$$

吸引圧調整ボトル内の圧力 P' は，大気圧よりも h_1 cmH$_2$O だけ低くなる (h_1 の陰圧)。

　吸引ポンプ能力が強すぎて，吸引圧調整ボトル内圧 P' が設定値よりも強い陰圧になると，ガラス細管上端から空気が流入してきて(ブクブクする)陰圧を弱める。逆に P' が設定値より弱い陰圧になると，ガラス細管からの空気流入が止んで(ブクブクが止まる)，吸引ポンプが空気を吸引して陰圧を強める。このようして吸引圧 P' を設定値に保っている。

②水封ボトル

　排液ボトル側につながる水封細管の先を，通常約 3 cm 滅菌水の中に浸けて**水封**とする(水封の深さ $h_2 ≒ 3$ cm)。

　水封細管内の水位は，①の吸引圧調整ボトルで設定した吸引圧 P' と，次の③項目で説明する排液ボトル内の圧力 P(胸腔内圧も同じ圧力)との差 ($P' - P$) を示している。そのため，この水位によって患者の胸腔内圧 P を正確に把握できる。

　この水封細管内の水位は，次に示す 4 つの相〔(a)相〜(d)相〕のいずれかになる(**図4-4**)。水封細管内の水位と水封滅菌液の水位との差を h で表すと，(a)相：h_a(水封の深さ $h_2 ≒ 3$ cm と同じ)，(b)相：h_b, (c)相：$h_c = 0$ (同じ水位)，(d)相：h_d とする。それぞれの圧力バランスを調べる。

・**(a)相**：水封細管の水位が細管下端にあるときは，水封細管中の滅菌液面 D 点は，空気をとおして排液ボトルにつながっているので，D 点の圧力

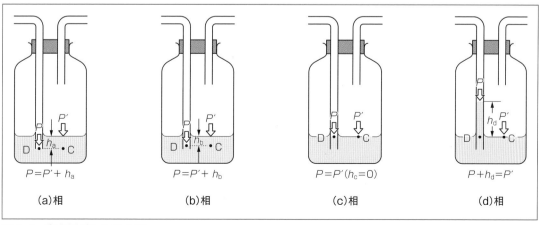

(a)相	(b)相	(c)相	(d)相
$P = P' + h_a$	$P = P' + h_b$	$P = P'(h_c = 0)$	$P + h_d = P'$

図4-4　②水封ボトルの 4 相

はPである。また水封ボトルと吸引圧調整ボトルは管でつながっているので，両ボトルの内圧はともにP'である。C点は滅菌液面よりh_aの深さにあるので，C点の圧力は$(P'+h_a)$である。C点とD点は同じ水位なので，C点とD点の圧力は等しく，よって$P=P'+h_a$である。

　もし，水封細管下端から空気(気泡)が引き出される状態は，患者の胸腔内圧Pが吸引圧設定値P'よりも高まっていて$(P>P'+h_a)$，実質的に吸引が行われていることを示す。

・(b)相：水封細管内の水位が水封ボトルの水位よりも少し下で停止している場合は，C点とD点の圧力は同じ$(P=P'+h_b)$になっている。

・(c)相：水封細管内の水位が水封ボトルの水位とちょうど同じ$(h_c=0)$場合は，C点とD点の圧力は同じなので，胸腔内圧Pは吸引設定圧P'と全く同じ$(P=P')$になっている。

・(d)相：水封細管の液面が，滅菌液の液面よりもh_dだけ上がっている場合は，排液ボトル内圧(胸腔内圧)Pは，吸引設定圧P'よりもh_d cmH$_2$Oだけ低い状態$(P+h_d=P')$である。

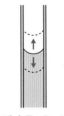

フルクテーション
呼吸に合わせ
ゆっくりと上下動

参考 **図4-4の水封細管水位の見方と評価**

　呼吸に伴う胸腔内圧Pの変化を反映して，水封細管の水位が上下動する。これを**呼吸性移動(フルクテーション)**という。この上下動は呼吸が正常に行われている証拠となるので，必ずこの呼吸性移動を確認する。もし，上下動が止まっていたら，吸引管が圧迫により潰されていないか，吸引管内に異物が詰まっていないか，あるいは吸引が強すぎて肺胞が過膨張になって呼吸困難になっていないか，などを調べる必要がある。

　水封細管の水位を示している部分は**ゲージ部**とも呼ばれ，患者の胸腔の圧力を直接示すモニターの役目を果たしている。

　次に，水封細管の水位の平均値がどの位置にあるかを確認し，吸引圧設定値P'に対して胸腔内圧Pが，いまどのような圧力になっているのかを判断する。

・(a)相，(b)相：水封細管内水位が滅菌液水位より下がっているときは，胸腔内圧Pよりも設定値P'のほうが強い陰圧になっている。(a)相で気泡がブクブクと出ていれば，まさに吸引中である。

・(c)相：水封細管内水位と滅菌液水位とが同じときは，$P=P'$となり，胸腔内圧と吸引圧設定値とは同じで，ポンプははたらいているが吸引はしていない。

・(d)相：水封細管内水位が滅菌液水位よりh_dだけ上がっているときは，C点D点は同じ圧力なので$P'=P+h_d$である。よって，$P=P'-h_d$となり，胸腔内圧Pは吸引圧設定値P'よりもさらに低い状態である。このとき胸腔内圧はとりあえず正常な状態であるといえる。しかし，胸腔内圧の次の何らかの異変に備えていつでも吸引できる状態を継続しておき経過観察をする。この正常な状態が一定期間続き，病態の改善が見通せると，ドレーン抜去の判断となる。

参考 **水封細管から滅菌液に出る気泡**

　胸腔ドレナージ施術後，最初に吸引ポンプを起動した直後は，開放状態から吸引状態に移行した過渡期で，びん内の空気がポンプに引かれていくので，当然ながら水封細管下端から気泡が大量に発生する。正常なセッティングであれ

ば，まもなく気泡は収まるはずである。もし，水封細管下端から気泡が連続して出つづける場合（**エアリーク**）は，気胸が治まっていないか，吸引チューブの空気漏れの可能性が考えられる。直ちに対処しなければならない。その後，少量の気泡が生じたときには，この空気は胸腔から吸引された排気そのものか排液によって排液室から押し出された同体積の空気なので，正常に吸引が機能していると考えられる。一方，水封細管の水位が全く動かない（フルクテーションがない）場合は，チューブの詰まりの可能性も考えられるので，これも直ちに対処する。

③排液ボトル

　排液ボトル内の圧力は，先に定義したように P であり，排液ボトルと胸腔とは吸引管でつながっているので，患者の胸腔に実際にかかっている圧力も P である。ここには，患者胸腔から吸引された空気や滲出液が入ってくる。空気が吸引された場合は，そのまま水封ボトル側に送られる。滲出液が吸引された場合は，排液ボトル内に落ち，これと同体積の空気が水封ボトル側へ送られる。なお，排液ボトル内に浸出液が相当量溜まったら，患者と排液ボトルとをつなぐドレーンを一度クランプ（閉鎖）して，排液ボトル内の排液を処理した後に，再び吸引を継続させる。

② チェスト・ドレーン・バック（一体型）

　チェスト・ドレーン・バックは，3連ボトルシステムの原理をもとにして，3つの部屋を連続的につなぎ合わせて一体化したプラスチック製ディスポーザブルの電動式低圧持続吸引装置である（**図4-5**）。図の右から順に，①吸引圧調整室，②水封室，③排液室の3部屋がある。

　前準備として，①吸引圧調整室に，指示どおりの吸引圧になるように滅菌液を注入する（$h_1 ≒ 8～15\,cmH_2O$）。さらに②水封室に，水封 $h_2 ≒ 3\,cm$ になるように滅菌液を注入する。

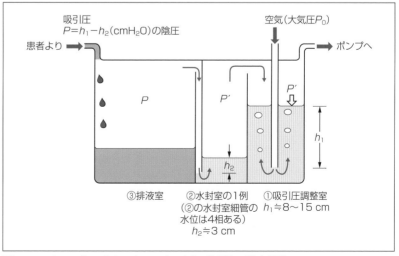

図4-5　チェスト・ドレーン・バック（一体型）の基本構造

①**吸引圧調整室**：図 4-5(87 頁)右端の①吸引圧調整室は，図 4-3(84 頁)右端の①吸引圧調整ボトルと同様である。空気導入管が滅菌水に浸かった深さを $h_1$cm とすると，吸引圧調整室内の圧力 P' は，大気圧 P_0 よりも h_1 cmH$_2$O だけ低くなる。

$$P'=P_0-h_1 \tag{4-2}$$

　吸引ポンプにより吸引圧が強くなりすぎると，(4-2)式に合わせるように，空気導入管から気泡が入ってきて，吸引圧を設定値に調整してくれる。

②**水封室**：水封室内の圧力 P' は，吸引圧調整室とつながっているので，その圧力と同じで，$P'=P_0-h_1$ cmH$_2$O である。細管内の水位は，水封室内の圧力と水封細管内の圧力のバランスにより変化するが，その詳細は，図4-4(85 頁)の水封ボトルの 4 相と同様である。水封細管内と排液室と患者の胸腔の 3 者がつながっているので，この圧力を P としておく。そして，4 相の内の一例として図4-4(b)の図に対応させ，圧力バランスを考えてみる。D 点を水封細管内の水位とし，C 点を D 点と同じ水平位置とし，その深さを h_b とする。C 点と D 点は同じ水平位置なので圧力は等しい。

$$\begin{aligned}P&=P'+h_b\\&=P_0-h_1+h_b\end{aligned} \tag{4-3}$$

　もし，細管水位と滅菌液面とが同じとき(図4-4(c)に相当)には，胸腔内圧と吸引圧設定値とが同じなので，胸腔からの吸引は行われない。また，細管水位が滅菌液面より上がっていれば(図4-4(d)に相当)，胸腔内圧は吸引圧設定値よりもむしろ低めの状態で，やはり吸引は行われていない。

　実質的に吸引が機能するのは，胸腔内圧 P が吸引圧調整室内の圧力 P' がよりも高まったときのみで，そのときは水封細管水位は滅菌液面より下がっているはずである(図4-4(a)か(b)に相当)。

③**排液室**：排液室内の圧力 P は，水封細管液面にかかる圧力と同じで，式(4-3)と同様に，

$$P=P_0-h_1+h_b \tag{4-4}$$

である。患者の胸腔内圧も排液室内と同じ圧力 P である。

③ 気管吸引

　これまでは胸腔(密閉空間)からの吸引を扱ってきたが，ここでは，気管(1 気圧の外界に開放している部位)からの吸引について考える。

　気管の正常な活動が低下すると，気管分泌物の排泄能力が低下する。痰を自然に排出させることができにくくなり，痰が気管に詰まりやすく，呼吸がしにくくなる。すると強い咳をして痰を強制的に吐き出そうとする。咳は，胸郭を強く収縮させて呼気を一気に吐き出そうとする過酷な運動であり，大きなエネルギーを使い，患者は体力を消耗する。そこで，咳の原因となっている気管に詰まった痰などの異物を除去し，気道を浄化し，肺機能の改善を行うために，**気管吸引**を行う。

　これには，病室の壁に設置されている中央配管からの吸引用アウトレッ

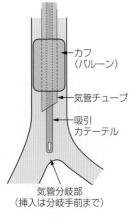

カフ
(バルーン)

気管チューブ

吸引
カテーテル

気管分岐部
(挿入は分岐手前まで)

気管吸引

ト(吸引源)に，吸引レギュレータ(吸引圧力調整器)と吸引びん(排液びん)をセットし，吸引ホースを経て吸引カテーテルに接続する。吸引圧は，通常 150 mmHg(200 cmH₂O)(20 k P a)までの陰圧に設定する。痰が引き出しにくいからといってこれより強い吸引圧にすると，肺胞の虚脱や気道粘膜を吸着させ損傷の恐れがある。

パルスオキシメータ

　気管吸引は患者にとって苦痛の大きい行為である。よって，1回の吸引時間は 10〜15 秒以内とする。吸痰がうまくいかなくても，この時間を超えてはならない。その理由は，吸引中は空気が吸い出されている状態なので，患者には新たな酸素の供給が断たれており，呼吸ができない。無気肺，低酸素状態になる危険がある。さらに気管吸引を継続したい場合には，時間をおいて患者の呼吸が正常に戻り整ってから，さらにパルスオキシメータ[8]で患者の**動脈血酸素飽和度**(SpO₂値)が回復したことを確認してから行う。気管吸引はできるだけ必要最低限におさえて行う。

　ここで，気管吸引の数値をもう一度確認しておこう。前項の胸腔ドレナージの設定値(8〜15 cmH₂O)の陰圧と比べると，この気管内吸引の設定値は 10 倍以上も強い陰圧になっている。このように吸引する部位に則して(胸腔と気管では強度が全く違うことに留意)適正な設定値で，その周囲に損傷を与えない範囲内で目的の医療行為を行わなければならない。

　気管吸引の記述はマニュアルだけになってしまったが，このように医療行為にはさまざまな指示が出される。その指示をしっかりと守るのは当然のことだが，指示された手順の意味，数値の意味をよく考えて，「なぜそうなのか」の根拠を理解して対処してもらいたい。「覚える」から「知る」，さらに「理解し納得し確信をもって行動する」看護師になってもらいたい。

　最近の看護界では「**エビデンス**」という言葉がよく使われ，さかんに「**根拠のある看護**」(EBN)の追究がなされていることはたいへん心強い傾向である。

参考 吸入

　これまで「**吸引**」(体内から吸って体外へ引き出す)の諸問題を考えてきたが，これに似た用語に「**吸入**」がある。この吸入は，吸引とは反対方向の医療行為で，患者に必要なものを体内に「吸い込ませて入れてあげる」医療行為である。これには，酸素吸入，ジェットネブライザーや超音波ネブライザーによる呼吸器官への薬剤投与などがある。

　酸素吸入は，中央配管方式と酸素ボンベ方式とがある。酸素吸入の留意点は，酸素濃度と流量の設定，加湿の状況などである。「ジェットネブライザー」の原理は，**嘴管**内での高速空気流が，**ベルヌーイの定理**[9]に基づいて低い圧力となるため，薬液が重力に逆らって吸い上げられ，高速空気によって吹き飛ばされ

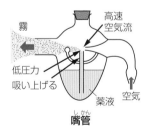

霧　　高速空気流

低圧力
吸い上げる　　薬液　空気

嘴管

----

8) **パルスオキシメータ**：Pulse(脈拍，すなわち動脈血)Oxygen(酸素)Meter(測定器)。経皮的に動脈血の酸素飽和度を測定する医療器具。日本で発明され商品化された。赤外光と赤色光の 2 種類の発光部と受光部の組み合せでできている。酸素と結合した酸化ヘモグロビンは赤外光をよく吸収し，酸素と結合していないヘモグロビンは赤色光をよく吸収する性質を利用し，2 つのヘモグロビンの比率を求め動脈血の酸素飽和度を測定する。酸素飽和度の正常値は 97〜100%。同時に，脈拍数も測定し表示する。

霧状になる。「**超音波ネブライザー**」の原理は，超音波発振器の出す電気振動を圧電セラミックスに加えると，圧電素子が伸縮する。この振動を，蒸留水を介して薬液に伝え，薬液を霧状にして噴霧する。超音波ネブライザーのエアロゾル（空気中に微粒子が多数浮いた状態）は，粒子サイズが 0.5〜5.0 μm と小さく，肺胞（直径約 0.3 mm）内まで薬液が到達する。

C サイフォン

1 サイフォンとは

　医療技術の中には伝統的に，動力を使わないで自然の重力による圧力差を利用した技術が多い。B 節 1 項・2 項（84〜88 頁）で学んだ胸腔ドレナージも，電動吸引器を導入する以前は，**重力式ドレナージ**と呼ばれる落差を利用した方式であった。自然の重力による圧力差を利用した技術で，現在でも受け継がれているものとして，**胃洗浄，胆道ドレナージ，脳室ドレナージ**などがある。

　胃洗浄の場合は，胃管内の液体が一旦胃内の液面よりもさらに高い位置に自発的に昇ってから，最終的に胃よりも低い位置の体外に降りてくる。ここでは，洗浄液が途中で重力に逆らって自発的に高い位置に昇っていき，それから低い位置に連続的に降りてくる不思議な現象に注目しよう。

　このように，液体を自発的に（動力を用いないで）一度高い位置まで昇らせてから，より低い位置に連続的に流す「曲管」のことを**サイフォン**という。

　サイフォンの現象を実現させるのに必要な条件は，次の 3 つである。

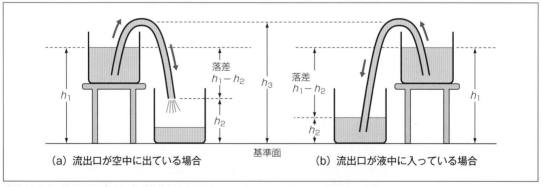

図 4-6　サイフォン

---

9)　**ベルヌーイの定理**：水などの非圧縮性流体が管の中を流れているとき，流速 v は，管の太さ S が細くなると速くなり，太くなれば遅くなる。これを「**連続の法則** vS＝（一定）」という。このとき，流体の流速 v と圧力 P の関係は，密度を ρ とすると，$(1/2)\rho v^2 + P =$（一定）。これをベルヌーイの定理という。よって，流速 v の大きなところでは，第 1 項が大きくなるので，第 2 項の圧力 P は小さくなる。霧吹きもこの原理を応用して水を吸い上げ噴霧している。

①**落差の問題**：曲管出口が空中に出ている場合（図4-6(a)）は，曲管出口は，汲み出す液体の液面よりも必ず低くなければならない。あるいは，曲管出口が液内に沈んでいる場合（図4-6(b)）は，排出液面は，汲み出す液体の液面よりも必ず低くなければならない。

②**管内液体の連続性**：曲管内部は連続して液体が詰まっていること。途中に空気が入って，液体の連続性に中断部分があってはならない。

③**登りうる高さの限界**：1気圧のもとでサイフォンを使って水を汲み出す場合，曲管の途中の最も高い位置は，汲み出す水面から必ず10m以内でなければならない（大気圧は水銀柱76cm，水柱約10mと同じ意味あい）。もっとも看護技術においては，この水柱の高さの限界10mに達するような事態はありえない。

② サイフォンの原理

液体はなぜ自発的により高いところに昇ることができるのか？　また，その昇りうる限界が10mなのはなぜか？　その理由を考えてみよう。

図4-7のような模型を使い考える。曲管内部の水をたくさんの小さな鉄球が針金でつながれて鎖状なっていて，その頂点から左右に垂れ下がり引っ張り合っていると考える。垂れ下がった左右の鉄球の数が同じならば，この数珠は釣りあって動かない。しかし，図のように右側の鉄球の数が左側の数よりも多くなると，この鎖は頂点を乗り越えながら右側の方に連続的に移動していく。ただし，鎖が余りにも長く左右に引っ張り合う力が限界を超えると，頂点で針金が引きちぎられ，鎖は切れ左右に落ちる。

次に，模型の鉄球を水分子に，隣り合う鉄球をつなげる針金を**水の分子間力**に対応させて考える。曲管内の水は，曲管頂点で左右の両方向へそれぞれに落ちようとするが，隣同士の水分子の間には分子間力がはたらいてつながっている。曲管頂点から左側の水は頂点からタンク水面までの高さに対応した水の重さで左側に流れ落ちようとし，頂点から右側の管内の水は頂点から管出口までの高さに対応した水の重さで右側に流れ落ちようとして，それぞれ頂点で反対方向に引き合っている。

この図では，右側の水のほうが重いので，水は右側に動いていく。とこ

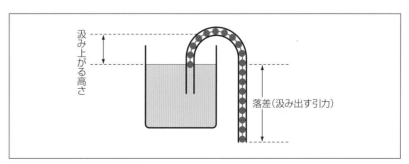

図 4-7　サイフォンの模型

ろで，汲み上がる高さ（図では，タンク液面から曲管頂点の高さ）が，水の場合 10 m の限界を超えると，その頂点で水の左右に引き合う力が水の分子間力を超えてしまう。すると，水は左右に分断され，頂点に真空部分ができ水の連続性が途絶え，左右に流れ落ちてしまう。

よって，サイフォンの条件①にあるように，**図 4-6(a)** では出発液面は出口よりも必ず高く，(b) では出発液面は受け止め液面よりも必ず高くなければならない。そして水の流出の勢いは，両者の落差（**図 4-6** で $h_1 - h_2$）の大きさに比例する。流出を続けていると，出発側の液面 h_1 は次第に下がっていき，(b) では下の液面 h_2 が上昇する。(a)(b) ともに落差〔（**図 4-6** で $h_1 - h_2$）〕は徐々に小さくなり，流出の勢いは徐々に弱くなる。最終的に $h_1 - h_2 = 0$（すなわち落差が 0）になると，流出は止まる。

なお，**図 4-6(a)** の場合，太目（ふとめ）の曲管を使った場合や流出の勢いが弱まったときには，流出口から空気が曲管の中に逆流することがよくある。すると曲管内の液体の連続性が断たれ，サイフォンの条件②に反するので流出は止まってしまう。このときは再度，曲管内全体を液体で満たし，流出を再開させる必要がある。

リーク弁

参考 **石油ストーブの手動式給油ポンプ**

　身近な生活の中でサイフォンの原理を応用した例として，観賞魚の水槽の水を交換する場合や，石油ストーブのタンクに手動式給油ポンプを使って灯油を移すことがある。

　石油ストーブ用の手動式給油ポンプの使い方は，次のようである。この 1 つ 1 つがサイフォンの原理とどう関係しているのか，考えてみよう。

①まず灯油タンク（ポリタンク）を，石油ストーブのタンクよりも高い位置に置く（灯油タンク底面が，石油ストーブタンク上面）。

②手動給油ポンプの上端にある**リーク弁**（空気漏れ穴）を閉じて，連続した曲管とする。

③ポンプの腹を押したり拡げたり（**ポンピング**）して，曲管内部を灯油で満たす。

④ここでポンプの腹を押すことを止めると，灯油は上端まで自然に昇りながら石油ストーブタンク内に落下して行く。このまま放置しておいても，給油は継続される。見守る。

⑤石油ストーブのタンクが一杯に近くなったら，手動給油ポンプの上端の**リーク弁**を開いて，曲管内部に空気を入れる。曲管内部の連続性が断たれて，移動は止まり曲管内の灯油が左右に流れ落ちる（給油完了）。

胃洗浄の原理図

③ **胃洗浄**

サイフォンの原理を利用した医療行為の典型として，胃洗浄がある。実際の臨床の場では以下とはやや異なるもっと効率的な方法で行っているはずだが，その操作の物理的意味を考えるために，ここでは，サイフォン基本モデルとして，手順の 1 つ 1 つの理由を考えてみることにする。

用意する物品は，胃管，ロート，Y 字コネクター，吸引器（シリンジ），切り換えコック 2 個，洗浄液，排液容器などである。それらを左のイラス

トのようにセットし，胃管を経鼻的に胃の中に挿入する。

① シリンジの内筒を押し込んでおき，シリンジ側のコックは閉じておく。
　ロートを胃よりも上にして，ロートのコックを開いて，約 200 mL の洗
　浄液を胃の中に流入させる。

② ロート側のコックを閉じ，次はシリンジ側のコックを開く。シリンジの
　内筒を引く。胃の中の洗浄液の一部がシリンジに入ってくる。胃管全体
　が洗浄液で満たされたときに，シリンジ側のコックを閉じる。

③ ロートを胃よりも下に下げ，排液容器内に洗浄還流液が落ちるように落
　差をつける。ここで，ロート側のコックを開く。これでサイフォンの状
　態になった。洗浄還流液が自発的に胃よりも高い位置に昇ってから，胃
　よりも低い位置の排液容器内に連続的に流れ出てくる。

　この後，①〜③の操作を洗浄還流液がきれいになるまで繰り返す。

　以上の方法は，胃内部が外界にオープンになっている（直接外気につな
がっている）場合でも成立する，サイフォンの原理に忠実に従った方法で
ある。しかし実際には，胃管の入った食道はどこかの部分で収縮密閉され，
胃内部と外界とは直接空気でつながっていない場合が多い。よって，胃を
体外から少し押せば，胃の中の洗浄液が胃管（少し山なりでも）を通って外
部に押し出されてくる。洗浄液は一旦流れ出すとサイフォンの原理に従
い，胃より高く上がる部分があっても連続的に流出する。この洗浄還流液
を落差をつけた排液容器に回収する。

　胃洗浄の際にさらに注意すべき点は，次のようである。まず，洗浄液は，
体温程度に温めておく。胃管の挿入の深さは，成人では約 50 cm とする。
洗浄液を流すロートの高さは頭上 15 cm 以内とする。洗浄還流液を排出さ
せるとき，ロートの高さは胃より下 15 cm 以内とし，落差をつけすぎな
い。ロートの上げ下げの高さは，胃壁に強い負担をかけない程度の陽圧と
陰圧にする。そしてサイフォンの原理を継続させたいので，胃管の内部に
空気を入れないように（曲管内で洗浄液の連続性を保つように）気をつける。

　なおこの際に，患者の体位を**左側臥位**にするのは，幽門（十二指腸側）を
高くし，胃内容物が大彎側に集まり，胃管で回収しやすくするためである。
逆にすると，胃内容物が十二指腸側に流れやすくなり，腸で異物の吸収を
早めてしまう恐れがある。

　このようにたくさんの医療行為の内で胃洗浄 1 つをとってみても，手順
の 1 つ 1 つにはみな重要な意味合いがあるので，その意味合いを考えなが
らそれらを確実にこなしていこう。

4 真空採血管による採血

　真空採血管（スピッツ）による採血は，広い意味では，圧力差を利用して
体内から吸引をする（静脈血管から血液を吸引する）医療行為なので，本章
に追加してその原理を物理的視点で考えておこう。

　従来の静脈血採血は，注射器を使い，手動で血液を引き抜いていた。そ

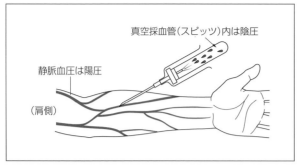

図4-8　真空採血管による採血

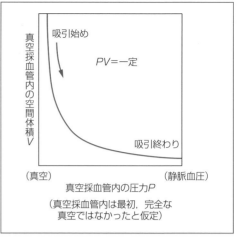

図4-9　真空採血管の吸引イメージ

の原理は，内筒（吸子）を引くと外筒（シリンジ）内の空間の体積 V が増すので，ボイルの法則[2]（PV＝一定）に基づいて空間の圧力 P が下がる。P が静脈血圧よりも低い圧力になると，外筒内に静脈血が吸引される。

　現在は，**図4-8**のように**真空採血管（スピッツ）**を使って採血を行うことが多い。真空採血管の第1の特徴は，真空採血管内部は最初から陰圧なので，採血管が静脈血管につながった途端に採血が自動的に行われる。未使用時の最初の採血管の真空度の違いによって吸引量が変わってくる。多量の血液を吸引したい場合には真空度の高い採血管を，少量の吸引をしたい場合には真空度の低い採血管を使用する。採血管内には，抗凝固剤や生化学検査目的に沿った試薬があらかじめ入っているものもある。

　第2の特徴は，吸引力は必ず，採血を始めた当初が最も強く，採血するにつれて弱まる。それは，真空採血管内の圧力が徐々に上昇する（真空度が弱まる）ためである。真空採血管内の圧力が静脈血圧と平衡状態になると，採血は**自動的に止まる**。そのときに規定量の採血が行われている。

　真空採血管内の圧力 P と採血管内の空間体積 V の関係は，反比例の関係なので（PV＝一定），グラフに描くと**図4-9**のように双曲線状の変化をする。

　真空採血管による採血の吸引力は，最初は最も強く徐々に弱まるという定型のパターンである。吸引力を，最初から最後まで一定に保ったり，途中で微調整することはできない。よって，血管の細い患者や，血流量の少ない患者に対しては，注射器を使った方法で，患者の血流量に合わせ吸引力を微調整しながら採血をするほうが望ましい場合もある。

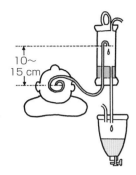

10〜
15 cm

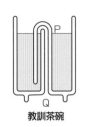

教訓茶碗

練習問題 🖊

問1　脳圧(髄液圧)の正常値は，15〜18 cmH₂O の陽圧であるといわれる。脳圧がこれより上昇すると脳での正常な血液循環が阻害され脳細胞が壊死する。脳圧が正常値を超え，脳室ドレナージを実施するときに，脳室ドレーン出口の位置は，外耳孔よりも 10〜15 cm 高くと指示される。こうした脳室ドレナージの原理を説明しなさい。また，重力式胸腔ドレナージに比べ，脳室ドレナージでとくに留意すべき事柄を**相対誤差**の観点からていねいに説明しなさい。

問2　下痢気味のときにお腹の中がゴロゴロしたり，勝手に腸が動いてズルズルと音がして，気持ちの悪い思いをすることがある。お腹の中で何が起こっているのだろうか。

問3　沖縄石垣島のお土産に，教訓茶碗というものがある。この茶碗の底には穴があいている。お茶を注いでも，八分目以下(図のPの水平位置より下)であればお茶は穴から漏れず，普通にお茶を飲むことができる。しかし，Pの水平位置以上にお茶を注ぐと，突然茶碗の底Qからお茶が漏れ出し，しかもいったん漏れ始めると途中で止まることなく，全部のお茶が漏れ出てしまう。これは，**「何事も欲張り過ぎず，腹八分目」**という**中庸の精神**を説いた科学玩具である。この教訓茶碗の原理を説明してみよう。

問4　サイフォンの原理が使われている身近な道具や設備を見つけてみよう。その構造や原理，使用上の手順や取り扱い上の注意点などを記述してみよう。

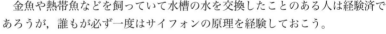

遊び心の演習　**サイフォンの模型**

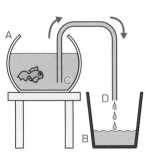

　金魚や熱帯魚などを飼っていて水槽の水を交換したことのある人は経験済であろうが，誰もが必ず一度はサイフォンの原理を経験しておこう。

用意するもの：金魚鉢とバケツ(もしくはバケツ 2 個)，ゴム管(中空ビニール管)1 m 位，水，雑巾

①金魚鉢(もしくはバケツ A)に水を入れ，机上に置く。空のバケツ B を床に置く。

②ゴム管の片方の端 C を水中に沈め，もう片方の端 D を口にくわえ水を吸う(吸いすぎないように注意)。

③ゴム管中の水が金魚鉢(バケツ A)水面よりも下まで来たら吸うのをやめて，端 D を床に置いたバケツ B の中に入れる。

④水の流出の勢いはどのようなどのように変化するか，水の流出はどのような状態になるまで続くかなど，落差を変えるなどしていろいろと試し，その原因を考察してみよう。

危ない！！

らくのみ

◆うまくできている真空採血管…

　最近真空採血管を使って採血をしましたが，とても緊張したのを覚えています。針を静脈に刺してから，その針の後ろについているもう1つの針に真空スピッツを刺すと血液が自然に吸い込まれてくると聞いていましたが，もし吸い込まれてこなかったらどうしようと心配でした。いざやってみると，血液が勢いよく自然に吸い込まれて，必要量がとれると自然に止まったので感激しました。スピッツ内が陰圧で，静脈が陽圧で，この両者の圧力差を利用した真空採血管は実にうまくできているなあと思いました。

◆溺れる患者

　病棟実習で見かけた事例です。付添いの方が臥床している患者さんにコップの水をストローで飲ませる介助をしていました。患者さんが水を吸おうとしたとき，その方は気を利かせて，コップを患者さんの口よりも高くしてあげました。患者さんは口に水を吸い込みそれを飲み込もうとしましたが，ここで問題が起こりました。患者さんが水の流れを止めようとしても，ストローの先から水が流れ続けて患者さんの口の中は水で溢れ，ゲボゲボと咽て息苦しくなり，枕も布団も濡れてしまいました。

◆苦しい思い出

　私が帝王切開で手術入院していたとき，術後の経過が悪く2〜3日ベッドから起き上がれなくて水を水差しで飲ませてもらっていたことがあります。その時飲み込もうとしても水が連続してどんどんと口に入ってきて苦しい思いをした記憶が残っています。それがサイフォンの原理によるものだと学んで納得がいきました。

教師の声 ……………………………………………………………………

　上の2例は病棟でよくある，サイフォンの原理による典型的物理現象です。

　患者さんの口の中は水でいっぱいになり，飲み込むことも，声を出すことも，息をすることもできず，さぞ苦しかったことでしょう。もし誤嚥で気管に水が入ると大変で危険なことでした。ストローで介助するときには，コップは口よりも低い位置にして自力で吸ってもらって，吸い終わったら口からストローを一度離してもらうと，ストローの中に空気が入って流れを中断できます。口に入れた水を飲み込み，一呼吸してもらってから，また次の一口を飲ませてあげてください。吸い口が長く彎曲した水指し（らくのみ）で飲ませてあげるときにも，同様の注意が必要です。

点滴静脈内注射の物理

治療に用いる薬剤を，注射で静脈内に一度に投与すると，薬効が強く出すぎることがある。薬液を，時間をかけて少量ずつ持続的に投与しつづけたほうが望ましい場合がある。また，身体が必要としている水分や栄養分の補給を，通常の経口からでなく，直接循環系に導入する輸液の方法もある。点滴静脈内注射とは，こうした輸液を静脈血管内に，滴下頻度によって流量を管理しながら持続的に注射によって投与する方法である。

看護師にとって点滴静脈内注射は毎日の主要な看護業務である。また患者にとっても，これなくしては生きられない「あの細いチューブはまさに命綱」といった大切な存在である。安全で確実な点滴静脈内注射が行えるように，本章では点滴静脈内注射の物理学を学んでいこう。

点滴静脈内注射は，輸液の圧力が静脈血圧に打ち勝つことにより，輸液を静脈内に導入する技術である。輸液容器の種類によって圧力のかかり方が違ってくることがあり，そのためそれに適応した操作が必要となる。この操作は込み入っているので，失敗することもある。その例として，輸液を血管外に漏出させたり，静脈血を逆流させたり，空気を注射してしまうこともありうる。こうした失敗は「その日の運で，ついていなかったから」ではなく，自分がそうなるように仕向けたから起こる当然の物理現象なのである。自然は絶対に嘘をつかず，操作する人の行為に忠実に反応しているだけである。

「これはこういう手順です」と指示された通りに覚え込み，そのまま行動することは容易だが，その理屈を理解していないまま突き進むと，危険な場合もある。複雑な生き物である人間相手の業務では，通例以外にも何が起こるか見当がつかない面がある。あらゆる事態にいつでも"ほぼ適正な対処"ができるためには，豊富な類型知識を総動員することはもちろんだが，まず現象をよく見て「どうしてか」といつも"考えるくせ"をつけておくことが大切である。

臨床現場に出て患者の前で失敗することは許されることではないので，この

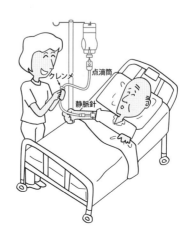

点滴静脈内注射の物理の中では，さまざまなトラブルや間違ったやり方も含め，いろいろな事例を物理学的に考えてみよう。

A 点滴静脈内注射のセッティング

　点滴静脈内注射用の輸液容器は，通常柔らかなビニールシートでできた袋状のソフト・プラスチックバッグが使われている。

　以前は，ガラス製のボトル(101頁)や硬質のハード・プラスチック製ボトル(102頁)や軟質のソフト・プラスチック製ボトル(103頁)などが使われていた。現在でも，ある特殊な薬液にはこれらの容器が使われているものがある。それぞれの輸液容器によって，セッティングの方法が異なり，適正に対処しないと正常に機能しない。ここでは，点滴静脈内注射を物理現象として学ぶので，それぞれの場合について，そのとき自然現象はどのように振る舞うのかを思考実験によって考えてみる。そして，最終的にどのように対処すべきかを考えていこう。

　点滴静脈内注射に必要な主な物品は，輸液の入った容器と輸液セット(びん針，点滴筒，クレンメ，静脈針接続コネクターがチューブでつながれ一体となったもので，滅菌密封されている)，そして静脈針である。静脈針接続コネクターに静脈針を接続する。この一連の輸液の通り道のことを**ルート**と呼ぶ。

　消毒などの無菌操作の視点は看護学のほうで詳しく学ぶはずなので，本章では点滴静脈内注射の中でみられる物理現象に関連する事柄のみを検討する。

□ ソフト・プラスチックバッグの点滴セッティング

　ソフト・プラスチックバッグの材質はとても柔らかいので，内部の輸液が減少するとバッグは大気圧に押され容易に変形して(潰れて)，バッグ内の圧力は常時平圧(大気圧)を保っている。そこで，ソフト・プラスチックバッグには，他の輸液容器に必要な「エア針」や「通気孔つきびん針」を使う必要はない。

ⓐ びん針を刺す

　クレンメ(ローラークレンメ，104頁のイラスト参照)を閉じて，びん針をバッグの口元にあるゴム栓の「びん針導入孔」に刺す。この際に，「**コアリング**」といって削り取られたゴム片が薬液の中に混入してしまうという問題を起こすことがある。これを避けるために，びん針は，傾けずにゴム栓に垂直にゆっくりと慎重に，しっかりと刺す。

ⓑ バッグ内の空気を追い出す

　バッグの口元を上にして持ち上げると，バッグ内で輸液は下側に，空気は上側にくる。クレンメを少し開いて，バッグを手のひらで軽く押し，

バッグ内の空気を外に押し出す。ほとんどの空気を押し出したら，再びクレンメは閉じておく。これは，輸液がすべて落ち切った後，体内に空気が入る心配をあらかじめ取り除いておくためである。後述するように，点滴が終了しそのままにしておいても，空気はルート内の途中までは下がっていくが，ある点で必ず止まる。体内に空気が入ることはありえない。よって，この操作は必須の行為ではないが，追加のバッグにつけ替え点滴ルートを継続して使用したい場合には，ルートの途中に空気が入ってしまうとこれを除去するのに手間取るので，空気は最初から取り除いておいたほうがよい。

ⓒ ポンピングをする

　クレンメを閉じた状態で，バッグを逆転状態でスタンドに吊るす。バッグは注射部位より約1 m上にする。点滴筒（滴下装置）を**図5-1**のように指で軽く押す。押し潰された体積と同体積の空気が，バッグの中に入る（空気は，クレンメが閉じているので静脈針のほうには進めず，びん針のほうに進む）。点滴筒から指を離すと，点滴筒は元の形状に戻るので，追い出された空気と同体積の輸液が点滴筒の中に吸い込まれる（先に追い出した空気は輸液の上まで昇ってしまっているので，点滴筒に吸い込まれてくるものはびん針の先端が浸かっている輸液である）。これも圧力変化を利用した物理現象の1つである。この動作を数回繰り返し，点滴筒の中に約1/2量の輸液が溜まるようにする。この操作を，**ポンピング**あるいは**プライミング**（primary 最初に行う動作）という。

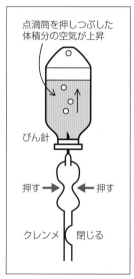

点滴筒を押しつぶした
体積分の空気が上昇

びん針

押す　　←　→　押す

クレンメ　　閉じる

図 5-1　ポンピング

> **参考 ポンピングをやりすぎたときは**
>
> 　ポンピングをやりすぎて点滴筒内に輸液が1/2以上溜まりすぎてしまった場合は，どうしたらよいであろうか。輸液を追い出そうと，あせって点滴筒を強く押せば押すほど，指を離した瞬間に逆に輸液が増えてしまい，ついには点滴筒内が輸液で一杯になり上下がつながってしまう場合がある。そうなると，「滴下」が観察できないので流量が測れない（逆に点滴筒内の輸液が少なすぎると，点滴中のルート内に気泡が混入する心配がある。よって1/2程度がよい）。こうなったときには落ち着いて，びん針の刺さったままのバッグを正立させる（口元を上に向ける）。びん針の先端がバッグの中で空中に出る。この状態でポンピングをすると，点滴筒内の輸液がバッグに戻り，指を離すと点滴筒内にバッグの空気が入ってくる。先とは逆に点滴筒内の輸液が減り空気が増えてくる。またやりすぎて1/2を切らないうちにやめて，バッグを逆転させる。

> **参考 中間チューブ**
>
> 　びん針と点滴筒の間に中間チューブ（図5-2）が入っている場合には，ポンピングをしなくても点滴筒に1/2の輸液を溜めることができる。バッグを逆転し吊るし，クレンメを閉じた状態で，びん針を刺す。中間チューブを図5-2のようにS字横向きにする。クレンメを少しだけ開くと，輸液が点滴筒内に自然に徐々に下側から入ってくる。約1/2量が溜まったら，クレンメを閉じる。逆さの点滴筒を元のように縦に垂らす。

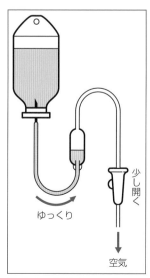

少し開く

ゆっくり

空気

図 5-2　中間チューブ

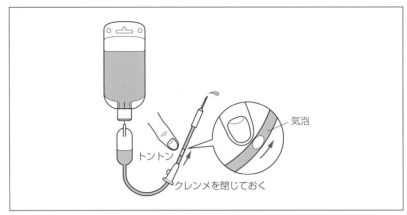

図 5-3 ルート内から気泡を抜き，輸液で満たす方法

ⓓ 静脈針の先端までルート内を薬液で満たす

クレンメを少し開くと点滴をしながら輸液はルート内に流れてくる。

このとき静脈針の先端を最下端にしてルートを直線状に下げていたらどうなるだろうか。輸液は空気よりも重いので，ルート内で空気を追い越してどんどん下に流れていき，ルート内には空気が気泡となって残ってしまう。この気泡を追い出そうとして，クレンメを全開にして輸液を盛大に流しても，ルート内の気泡を追い出すことはまず困難で，輸液を大量に無駄にするだけである。

ここで求められることは，輸液を1滴も無駄にしないで，気泡を全く残さずにルート内を輸液で満たすことである。そのためには，ルートをU字形にして，**下から順番に輸液で満たし気泡を押し上げる**ようにする。こうすると，輸液と気泡との落下競争はおさまり，ルート内は下から上に静かに輸液で満たされていく。静脈針の先端まで輸液が届いたら，ここでクレンメを閉じる。

もし，ルートの途中の所々に気泡が引っかかって動かないときには，その場所を指先でトントンと軽くはじくと気泡は内壁から離れ，上方に移動していく。このようにして気泡を点滴筒の中に追いやったり，静脈針の先端から外に逃がす（図5-3）。すなわち，ルート内を移動する輸液の先端や気泡の動き方をじっくりと観察しながら，クレンメを慎重に操作する。

ⓔ 静脈針を静脈血管に刺す

以上のa〜dの操作で，輸液バッグと点滴ルートの準備は完了した。輸液バッグは注射部位よりも約1m高い位置に吊るされ，点滴筒には約1/2の輸液が入って，ルート内には気泡がなく静脈針の先端まで輸液で満たされている状態だろうか。いよいよ静脈針を患者の静脈血管に刺す操作に移る。これには多くの看護学的配慮が必要になるが，ここでは物理学的観点からの記述にとどめる。

刺入部位は，できるだけ心臓と同じ高さにすることが望ましい。静脈針が正しく静脈血管に刺さると，静脈針の透明基部で静脈血の逆流（フラッ

シュバック)を観察できる。この最初の若干の逆流に見える現象は，血液の輸液中への**拡散**によるものである。クレンメを閉じ流路は閉じられているので，この血液の動きはすぐに収まる。

　こうして静脈針が静脈血管に正しく入ったことが確かめられたら，静脈針の刺入部を正しく固定・保護し，長時間の点滴継続の体勢を作る。患者に点滴の開始を告げる。クレンメを少しずつ開いていき，指定の点滴速度にする。

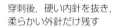

穿刺後，硬い内針を抜き，柔らかい外針だけ残す

内針　外針

静脈血管

静脈留置針

参考 静脈針のいろいろ：翼状針と静脈留置針

　静脈針にもさまざまな技術革新がみられる。従来の静脈針は硬い基部のついた金属針で，このタイプは，腕を動かすと違和感があり針先端が血管壁に触れ痛い。長時間の点滴で固定がズレてしまうこともある。

　ウイングのついた**翼状針**（第3章56頁）は，固定部の面積が広く平らで柔らかく，粘着テープ等で固定しやすく，ズレにくい。

　さらに，長時間の輸液中は硬い尖った金属針を除去し柔らかいカテーテルに置き換える**静脈留置針**がある。この針は内針と外針の二重構造になっている。血管に刺すときには，先端の尖った硬い金属製の穿刺針（内針）が機能し，刺さった後はこの内針を引き抜き，プラスチック製の留置カテーテル（外針）だけを血管の中に残しておく。この血管内留置カテーテルは柔軟性に富んでいて，しかも尖端部の角をとって丸くしてある。よって，注射部位の少々の屈曲にもあまり痛さを感じさせず，血管内壁を傷める心配も少ない。

参考 針刺し事故をなくそう！

　ミスによる「針刺し事故」が，多発しており，問題になっている。静脈留置針の操作の場合には，血管穿刺後に内針（金属製）を抜き取りその内針を廃棄する際に，自分の手を刺してしまう事故がしばしば発生する。感染の危険性もある。そこで「**安全装置つき誤穿刺防止翼状針**」（さまざまなタイプがあるが一例として，翼を固定しながら注射針を抜くと，針先が自動的に収納ホルダーに収まりそのまま固定される）のような「安全機材」が広まってきている。

　医療現場にはあらゆるところに危険が潜んでいる。針先を動かす前には，針先の移動の空中経路と行き着く先の安全をまず確認して，それから動作を開始しなければならない。一番危険なところからは絶対に目を離さないようにする。1つの動作がまだ完結していないのに，次の動作を考えて目線を先に動かしてしまうことは危険である。使用済注射針を，見当や勘で廃棄ボックス（ハザードボックス）の穴に落とすような行為は避けるべきである。必ず針が落下し終わるところまでを確実に見届ける癖をつけよう。

ハザードボックス

2 ガラス製ボトルの点滴セッティング

　現在は特殊な薬液のみで使われているガラス製ボトル（図5-4）を使って点滴セッティングをする場合には，**エア針**（空気針）の使用は欠かせない。もしエア針を使用しないと，点滴は持続せず，途中で止まってしまう。

　赤ちゃんにミルクを哺乳びんで与えるときに，蓋をきつく締めて飲ませたとする。赤ちゃんがミルクを吸うとびん内の空間の体積 V が増えるの

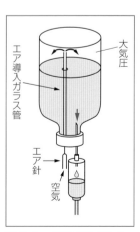

エア導入ガラス管

大気圧

エア針

空気

図5-4　ガラス製ボトル

フィルター
（細かい繊維）

エア針

プクプク

ゴクゴク

で，ボイルの法則（**PV＝一定**）に基づき空間の圧力Pが下がる。飲めば飲むほど，ミルクは出にくくなり，ついにはミルクが全く出なくなる。すると赤ちゃんは怒って泣き出し，乳首から口が離れる。このことによって，陰圧になった哺乳びんの中に乳首から空気が自然に吸い込まれ，びん内は平圧に戻る。その後，赤ちゃんの口に哺乳びんの乳首を再びくわえさせると，赤ちゃんは再び元気よくミルクを吸い始めることができる。

　こうした途中で飲みにくくなる事態を避けるために，哺乳びんのキャップには細い空気溝が作ってあって，キャップを適度の強さで締めると，吸引されたミルクと同体積の空気がこの空気溝から補給される仕掛けになっている。赤ちゃんがミルクを飲んだときにキャップの脇から小さな気泡が立ち昇っていればびん内の圧力は大気圧と同じ平圧で，ミルクを楽に吸引できる。

　私たちも封印されたジュース容器にストローを突き刺して吸って飲むとき，ストローがピタリと穴にはまっていた場合は，徐々に容器がへこんで吸いにくくなる経験がある。一度ストローから口を離すと，容器内圧が平圧に戻り，再び吸いやすくなることと同じ原理である。

　ガラス製ボトルを使った点滴セッティングの際には，上記と同じ現象が必ず起こるので，ボトルには必ず**エア針**を刺しておき，輸液の減少分に相当した空気を補って，ボトル内を平圧に保っておく必要がある。

③ プラスチック製ボトルの点滴セッティング

　プラスチック製ボトルには，硬い材質でできたハード・プラスチック製ボトルと，比較的柔かい材質でできたソフト・プラスチック製ボトルとがある。

ⓐ ハード・プラスチック製ボトル

ハード・プラス
チック製ボトル

ボコッ

ブチッ

もうこれ以
上は無理。
出せない！

エア針がないと

　実験的にハード・プラスチック製ボトルに，「エア針を刺さない」で点滴を行ってみる。通常のようにボトルを注射部位よりも約1m高く吊るし，クレンメを調節して点滴速度を1分間に20滴にセットしたとする。

　点滴を開始してまもなく，点滴速度が鈍り始める。輸液の流出によってボトル内の空間の体積が増え，ボイルの法則によって内圧が下がるためである。すると突然，静穏な病室内に不気味な騒音が響きわたる。「ボコッ！」。患者はびっくりして怯える。ボトルが内外の圧力差に耐えきれなくなって，一気に凹んだためである。この変形によってボトルの内圧はある程度回復するので，再び点滴速度は回復するが，また徐々に内圧が下がっていく。再び点滴速度は鈍り，内圧が極限まで下がると，ボトルはまた一気に変形して騒音が響く。「ボコッ！」。

　点滴速度は遅くなったり元に戻ったりと不安定で，全体的には遅くなっていく。試行実験では，後半でクレンメを全開にしても滴下が進まず，かなりの輸液を残したまま完全に止まってしまった。これでは実用にならない。

このような事態を避けるためにハード・プラスチック製ボトルには，ガラス製ボトルと同様に，必ず**エア針を使う**。

ⓑ ソフト・プラスチック製ボトル

ソフト・プラスチック製ボトルには，エア針を使わないでびん針だけで点滴をする場合も多い。

これも実験をして滴下数を測定してみた。その結果は，点滴開始後，約1時間は最初に設定した点滴速度が維持された。その後は，徐々に点滴速度が低下し，約2時間後には点滴速度が約1/2まで低下しながらも，最後の輸液まで点滴はできた。点滴所要時間は，予定時間よりもかなり延長された。最後まで厳密に点滴速度を維持しながら輸液投与を続けたい患者に対しては，ソフト・プラスチック製ボトルにおいてもエア針を刺しておく必要がある。

なお，**通気孔つきびん針**（図5-5）というエア針機能のついたびん針も存在する。この通気孔からは薬液が漏れ出ないように逆流防止弁がついており，取り入れる空気を浄化するフィルターもついている。これを使用した場合は，エア針は不要で点滴速度も最後まで一定に保たれる。

**図 5-5　通気孔つ
　　　　きびん針**

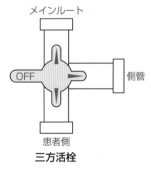

三方活栓

④ 複雑な点滴セット

メインの輸液に加えて別の輸液も同時に投与したい場合もある（**混注**）。**側管点滴**（ピギーバック法）といって，メインの輸液ルートの途中から側管のルートを合体させる。そのためには，**三方活栓**，**薬液注入ポート**（プラネクター），**ト形混入口**などの器具を適切に組み合わせる。

2種類の輸液を途中で1本にまとめて点滴を行うときには，点滴開始後しばらくして，2つの輸液圧力の均衡が変化して，各輸液の滴下速度が変化してしまうことがある（輸液容器の断面積が違うと，輸液面降下速度が違って，両者の流出圧力が変動する。2つの液面がシーソー状にズレたり，片方が止まってしまったり，極端な場合は2者の間で逆流しあったりする）。こうした点滴の状態の変動にも対処するため，定期的に（頻繁に）見回って，それぞれのクレンメを再調整したり，それぞれの輸液バッグの高さを再調整する必要がある。

とくに集中治療室では，幾種類もの複雑な電動医療機器が使われている。輸液投与に関係する機器として，**輸液ポンプ**や**シリンジポンプ**などがある。医療器具や器械の新製品が日進月歩で開発され，医療現場に導入されてくる。広範囲なセッティングができる能力の高い機器だけに，取り扱いを間違えると従来のものよりもずっと大きな影響がでる。より機能的ではあるが，より複雑化しブラックボックス化しているので，この器械をよく熟知しておくことが絶対に必要である。その1つ1つの機能がどのような物理的原理に基づいて，どのような構造で，どのような特性を持っているか，自分の目でよく確かめ考えて安心して使えるよう努めてほしい。

B　流量の調節

これまでは点滴静脈内注射のセッティングの諸問題を物理の目でみてきた。次に点滴静脈内注射にまつわる基礎的理論をもう少し物理的に調べてみよう。

① ローラークレンメの役割

η はイータと読み，粘性の大きさを表す係数。$\propto$ は，左辺と右辺が比例することを示す記号。

円管の中を流れる水などの流体の定常流の速度分布は，図 5-6 のように放物線状になっている。**定常流**とは，流れの中に渦などの乱流のない安定した流れをいう。層流ともいう。円管の半径を r，長さを l，円管の両端の圧力を P_1，P_2，流体の粘性係数を η としたとき，単位時間の流量 Q は，**ポアズイユの法則**より次の式で表される。

$$\text{流量}\ Q = \pi \frac{(P_1 - P_2)\, r^4}{8\eta l} \tag{5-1}$$

$$\therefore\quad Q \propto r^4 \tag{5-2}$$

すなわち，流量 Q は円管の半径 r の 4 乗に比例する。単なる 1 乗に比例するのとは大違いで，数学的にみて影響がすこぶる大きい。たとえば，クレンメを絞って半径が 1/2 になると流量は 1/16 に，半径が 2 倍になると流量は 16 倍になる。このように，半径のごくわずかな変動に対し，流量は非常に敏感に反応する。

点滴速度の調節は，クレンメ（流量調節器）のローラーを回転させることによって行う。クレンメは，ローラーの移動する溝が輸液チューブに並行（等間隔）ではなく，下方に先細り（テーパー）になっている。ローラーを上下させると輸液チューブを圧迫する程度が変化して，輸液チューブの内径が少しずつ変わる。ローラーのわずかな回転でも，点滴速度は先の 4 乗効果で敏感に大きく変わるので，ローラー操作は時計の長針を 1 分ずつ進めるような感覚で慎重に行ってもらいたい。

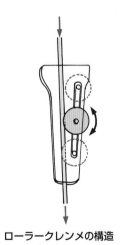

ローラークレンメの構造

図 5-6　定常流

速度分布（放物線形）

② **点滴所要時間**

ⓐ **計算 その1**

「点滴速度を80滴/分に」と指示されることがある。このようなとき**点滴静脈内注射終了までの所要時間**は，どのようにして計算できるだろうか。

①バッグ（ボトル）内の輸液の全量を確認する（たとえば500 mL）。容器のラベルに記載されている。

②点滴の1滴の体積を求める。点滴セットの入っていたビニール袋のラベルに記載された規格表の中から「1 mLが何滴に相当するか」の記述を読む。

成人・一般用の「1 mL≒20滴」，小児用・微量精密滴下用の「1 mL≒60滴」の2種類がある（106頁，「参考」参照）。

この逆数をとると1滴の体積が求まる。

$$（1滴の体積）＝\frac{1}{（1 mLの滴下数）} \tag{5-3}$$

$$（1滴の体積）＝\frac{1}{20}＝0.05 \text{ mL}，または，\frac{1}{60}≒0.017 \text{ mL} \tag{5-4}$$

③輸液の全量を1滴の体積で割り算すれば，終了までの総滴下数がわかる。

$$（総滴下数）＝（輸液の全量）÷（1滴の体積） \tag{5-5}$$

病棟では500 mLのバッグと「1 mL≒20滴」の点滴筒を使うことが多い。この場合は，

$$（総滴下数）＝\frac{500}{0.05}＝10,000 \text{ 滴} \tag{5-6}$$

④この総滴下数を，点滴速度（1分間の滴下数）で割り算すれば，所要分数がわかる。指示された1分間の滴下数が80滴/分の場合は，

$$（点滴所要時間）＝\frac{10,000}{80}＝125 \text{ 分}≒2 \text{ 時間} \tag{5-7}$$

ⓑ **計算 その2**

「500 mLの輸液を90分で点滴完了するように」という言い方で指示されることもある。1分間の滴下数を何滴にしたら指定の時間で完了するのだろうか。

使用する点滴セットの点滴筒は「1 mL≒20滴」だとする。

①1分あたりの滴下体積を計算する。

$$（1分あたりの滴下体積）＝（輸液総量）÷（所要分数）$$
$$＝\frac{500}{90}≒5.56 \text{ mL/分} \tag{5-8}$$

②1分あたりの滴下数を計算する。

$$（1分あたりの滴下数）＝（1分あたりの滴下体積）×（1 mLの滴下数）$$
$$＝5.56×20≒111 \text{ 滴/分}（≒2 \text{ 滴弱/秒}） \tag{5-9}$$

ⓒ **実施経過と終了時刻を確認するために**

多くの患者は点滴終了時に，「輸液が全部終わったら次に空気が体内に

入ってはこないか」という強い懸念を抱いている。そこで点滴終了時刻を予測し，患者には不安を与える前に適切に処理して安心させるのがよい。

その工夫として，吊るされたバッグやボトルの表面の数か所にフェルトペンで，「途中液面の位置」と「その予想時刻」を記しておく。これは看護師のよき行動指針となり，患者にもよき目安となり安心感を与える。

> **参考　滴下頻度の違いは点滴筒のどこからくるのか？**
> 2 種類ある滴下装置の，20 滴 ≒ 1 mL と 60 滴 ≒ 1 mL の違いは，しずくの大きさを観察し比較すれば，明らかである。前者は大粒，後者は小粒である。こうした大小の液滴ができる原因は，液滴がぶら下がる管の太さに依存する。これも観察しておこう。前者の管はプラスチック製で太目，後者は金属製で細目である。滴下する液滴の重さを支えている力は輸液の表面張力で，その強さは管の外周の長さに比例する。太い管の方がより重い液滴を支えることができる。

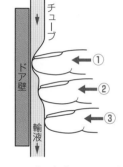

フィンガー方式のイメージ

③ 輸液ポンプとシリンジポンプ

点滴静脈内注射による輸液を自然の滴下で行うかわりに，さらに正確に滴下を持続させる方法として，**輸液ポンプ**（自動輸液装置）を用いる場合がある。輸液ポンプの原理は，次のようである。「**フィンガー方式**」では，縦に並んだ何本もの"指"が上から下に順番にチューブを押し潰していき，輸液を送る。順番に"指"が押す速さを変えることによって流量を調節する。さらに，「**滴下数制御タイプ**」は，点滴筒の滴下を光センサーでカウントし，設定流量になるようにフィンガーの速度を自動制御するので，精度がより高まる。

さらに，薬液の一定量を一定の速度でより正確に投与できる装置として，**シリンジポンプ**がある。これは，ステッピングモーター[1]の回転を，ネジ山に伝え，ネジ山の進み（ピッチ）でシリンジ内筒（押し子）を押していく仕掛けで，非常に高い精度で動かすことができる。たとえば，このモーターを 1 回転（360 度）させると，ネジ山を 1 巾（1 mm と仮定する）進ませるので，内筒を 1 mm 押し進める。モーターは角度を 1 度ずつ制御できると仮定すると，内筒を 1/360 mm ずつ確実に制御しながら押し進めることができ，微量な薬液投与が可能となる。新生児への薬液の投与や薬効の強い薬液の投与など，微量な流量を正確に守りたい場合に使用される。

④ 電動ポンプの初期設定

これらの輸液ポンプやシリンジポンプといった電動器具の使用に際しては，初期設定の入力が必要である。「予定量」と「流量」とをその都度，入力

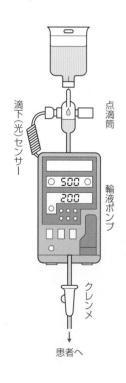

---

1) **ステッピングモーター**：時計の秒針のように，クロック信号ごとに一定の角度ずつ正確に回転するモーター。オートメーション工場でのベルトコンベアの位置決めをはじめ，身近な器具のなかでも（カメラピント合わせ，プリンター印刷位置決めなど），μミクロン（1/1000 mm）単位の制御が行われている。

する。たとえば「予定量 500 mL，流量 250 mL/時」のように入力する。輸液ポンプの流量設定は，「1 時間あたりの流量(mL/時)」を採用しているものが多い(皆さんが普段なじんでいる流量，たとえば「80 滴/分」とは，単位も数値も違う)。ところで，入力する「予定量」と「流量」の数値は，どちらも 3 桁の同じ位取りで，しかも似かよった数値なので，取り違えて入力ミスをする可能性もある。確認に努めてもらいたい。

　輸液ポンプを使用するときでもそこには点滴筒もついているので，必ずそこも見て，通常の滴下速度(ポタポタ頻度)と違和感がないか，それが納得できる程度か，確認することが大切である。

　最新の医療器具には，このように従来とは扱う数量の変更や単位の変更がある。圧力の単位は，mmHg や cmH$_2$O から国際単位規格のパスカル(Pa)への移行期で，新単位系はまだ量的なイメージがしにくいので注意を要する。よって，数量表示が出てきたときには，

①まず**単位**を見て，

②次に**位取り**を見て，

③そして最後に細かい**数値**を見てほしい。

数量を見たら
①単位は！
②位取りは！
③数値は！

　ここで①の**単位**は，時・分や，mmHg・Pa（パスカル）など，使われる単位によって全体の大きさががらりと変わってくる。単位についた接頭語(×10^n)にも注意する(3 章 65 頁，脚注参照)。

　②の**位取り**は，小数点の位置や位取りの 0（ゼロ）の数などである。これを読み間違えると，10 倍 100 倍 1,000 倍の大間違いになり，取り返しがつかないことになる。

　最後に，③細かい**数値**を確認して患者の現状と見比べ，妥当性を確認した上で実行する。

　また，ブラックボックス化した高度な医療器具を取り扱う場合は，全幅の信頼を置かずに，常にある程度の疑いをもつ。複雑な器械ほど故障する可能性がある。順調に機能しているうちは全く問題ないが，器械のちょっとした不調や，ちょっとした人為的設定ミスが，患者には重大な影響を及ぼすことがある。とくに，多機能とか設定可能域の幅広い汎用（はんよう）器械の取り扱いには，影響度が大きいだけに，より細心の注意を払おう。また，初期設定をして起動させてから終了予定時刻まで器械まかせにしないで，最初はすぐに，途中もときどき，患者と器械の様子を見回るのが望ましい。

C 輸液バッグの高さ

　点滴静脈内注射の際，注射部位からバッグまでの高さはどのくらいにしたらよいであろうか。あるテキストには約 1 m とあり，別のテキストには約 50 cm と書いてあることがある。ところが，点滴をしながらの搬送途中や患者の体動などで，バッグまでの高さが変動することはよくある。でも

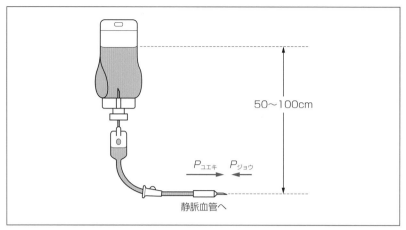

図 5-7　輸液バッグの高さと圧力 $P_{ユエキ}$

そうした範囲内では特別の支障はないのが普通である。では，この高さの基準はどんな根拠から出てくる値だろうか。

　このことを判断する基準は，輸液の水柱圧が静脈血圧にうち勝って，輸液を静脈血管内に継続して安定的に注入できるかどうかである。これは，バッグの高さによって得られる**輸液の水柱圧**と，注射部位の**静脈血圧**との「**せめぎ合い**」によって決まる（図5-7）。そのために必要なバッグの高さは，どのようなものであろうか。

① 静脈血圧

　点滴静脈内注射を行う前腕の静脈血圧 $P_{ジョウ}$ は，個人差があり，同一個人でも体調によっても姿勢によっても若干は変化する。ここでは，静脈血圧 $P_{ジョウ}=12\ \mathrm{mmHg}$ と仮定しよう。この静脈血圧は，水銀を高さ 12 mm だけ押し上げる圧力を持っている。水銀よりも密度の小さな血液ならば，もっと高く押し上げることができる。ここでは，血液密度を 1.06 g/mL とすると，

$$（前腕静脈血柱の高さ）=\frac{12\times13.6}{1.06}=154\ \mathrm{mm} \tag{5-10}$$

この注射部位の静脈では，静脈血が約 15 cm の高さに昇ろうとしている。なおこの高さは，次の第3項「b．空気はどこまで降りるのか」（110 頁）で実際にその測定ができる。

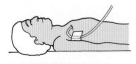

中心静脈栄養法（TPN）

参考　中心静脈栄養法（TPN）

　食事を経口で摂取できにくい患者に対して，心臓に近い太い上大静脈へ直接，高カロリー輸液を導入することがある。この**中心静脈栄養法**において，中心静脈カテーテル（CVC）を昇る上大静脈血の高さは，まさに「上大静脈血圧」を示している。上大静脈血圧（**中心静脈圧** [2] CVP）の正常値は，4～7 mmHg（5～10 cmH$_2$O）といわれる。これを 5 mmHg と仮定すると，上大静脈血がカテーテルを昇る高さは，

$$(\text{上大静脈血柱の高さ}) = \frac{5 \times 13.6}{1.06} = 64 \text{ mm} \qquad (5\text{-}11)$$

となる。こうした目視の方法で得られる上大静脈の血圧をチェックし記録を重ねることは，患者の容態を把握するうえでとても有益な情報となる。なお，重症患者に対する集中治療室における中心静脈血圧の測定は，こうした目視による方法ではなく，圧力トランスデューサー[3]によって電気的に連続測定される。

② 点滴持続に必要な輸液バッグの高さ

点滴静脈内注射を前腕に行う場合，(5-10)式から次のことがいえる。注射部位からバッグ内の輸液液面までの高さが 15.4 cm を超えていると，注射針の先端で，輸液の圧力 $P_{ユエキ}$ が静脈血圧 $P_{ジョウ}$ に打ち勝ち，輸液が静脈血管内に流入する。もし，この高さが 15.4 cm ちょうどならば，両者の圧力がつりあって，輸液と静脈血が対峙したまま動かない。また，15.4 cm 未満ならば，静脈血が注射針からチューブのほうに逆流し，チューブを昇り 15.4 cm の高さになると止まる。この高さは，この患者の前腕静脈血圧を測定したことになる。

理論的にはバッグ内液面から注射部位までの高さが常時 15.4 cm を超えていれば，点滴は継続可能である。

実際の点滴静脈内注射では，「バッグの高さを 50 cm～1 m にする」ようにと指示されているので，その高さが少々変動しても，点滴を維持するのには十分すぎるほどの高さが常時確保されている。この十分すぎる圧力差 $(P_{ユエキ} - P_{ジョウ})$ によって，ポアズイユの法則(5-1)式に基づいて十分すぎる流量 Q が流れうるが，これをクレンメの操作によってチューブの半径 r を絞ることによって，適切な流量に調節しているわけである。

③ 点滴終了後のチューブ内の空気は

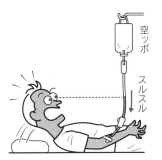

規定量の点滴注射が終了しバッグ内の輸液が空になると，チューブ内で液面が下がり始め，その後を空気が追いかけていく。バッグ内の液面の低下は，確認できないくらいゆっくりだが，チューブ内では目に見えて急激に下がっていく。そのまま放置した場合，「静脈血管内に空気が注入されるかもしれない」と患者は恐怖感にかられ，パニック状態に陥ったり，看護師

---

2) **中心静脈圧**：中心静脈圧の上昇には，心不全などで心臓の血液駆動力が低下し，血液がうっ血した場合や，過剰輸液による循環血液量の増加の場合がある。中心静脈圧の低下には，循環血液量の不足や脱水の場合がある。

3) **圧力トランスデューサー**：圧力の大きさを電圧の大きさに置き換える変換器。圧力によって押され形状が変化すると，圧力センサー内の微細な抵抗線(歪ゲージ)の長さと太さが変化し，電気抵抗が変化する。ホイートストン・ブリッジ回路(回路の途中で橋をわたすようにした回路)を使うと，このわずかな電気抵抗の変化を電圧の変化に置き換えることができる。その結果，圧力の大きさや圧力の変化の様子を正確に連続的に計測できる。センサー部は極小であるので，血管内に直接留置することもでき，リアルタイムの連続血圧測定ができる。

に対する信頼を失墜させることもありうる。ほんとうに静脈血管内に空気が注入される危険があるのだろうか。それともどこか途中で止まってくれるのだろうか。この現象について物理的な考察を試みよう。

ⓐ チューブ内の空気は急激に下がる

バッグ内とチューブ内での液面の降下速度を見積もって，両者でどの程度の違いがあるか比較してみる。

①バッグ内での液面の降下速度

バッグ容量を 500 mL，点滴速度を 80 滴/分にセット，点滴筒は「1 mL≒20 滴」，バッグの形状を平均化し内径 7.3 cm の円筒と仮定する。

$$(1 分間の流出量)＝80 滴 ×\left(\frac{1}{20}\right) mL＝4 mL \tag{5-12}$$

$$(バッグの内側断面積)＝\pi ×\left(\frac{7.3}{2}\right)^2≒41.9 cm^2 \tag{5-13}$$

$$\therefore \quad (バッグ内の 1 分間液面降下)＝\frac{4}{41.9}≒0.1 cm \tag{5-14}$$

1 分間に約 1 mm の降下となる。このわずかな減り方では目を凝らして見てもまずわからない。

②チューブ内での液面の降下速度

チューブの内径を 0.2 cm と仮定する。

$$(1 分間の流量)＝4 mL \tag{5-15}$$

$$(チューブの内側断面積)＝\pi ×\left(\frac{0.2}{2}\right)^2≒0.03 cm^2 \tag{5-16}$$

$$\therefore \quad (チューブ内の 1 分間液面降下)＝\frac{4}{0.03}≒133 cm \tag{5-17}$$

チューブ内の降下速度とバッグ内の降下速度とを比較すると，133/0.1＝1,330 倍も速い。これを 1 秒間の降下距離になおすと，133/60≒2.2 cm となる。はっきりと目に見え，患者が危機感をいだくのも無理はない。

ⓑ 空気はどこまで降りるのか

輸液がその速さでチューブ内を下がって，空気がその後を追いかけてくる姿を見つめていると，もうすぐ空気が注射部位に届き，さらに血管の中にも入っていくように思われる。大丈夫だろうか。

実はこの解答はすでに前項の「静脈圧」と「バッグの高さ」の中ですでに述べられている。前腕の注射部位である静脈には静脈血圧が存在して，それが前腕静脈血圧 $P_{ジョウ}≒12$ mmHg である。もし静脈血管が破られれば，静脈血はこれだけの圧力で外に噴き出よう（出血しよう）としている（空気を吸い込むことはない）。この前腕静脈血が噴き出そうとしている圧力を，輸液の高さに換算する。輸液の密度を 1 g/mL とすると，

$$(輸液の高さ)＝12×13.6＝163 mm \tag{5-18}$$

となる。よって，輸液が下がって約 16 cm の高さにまでくると，静脈血が押し上げる圧力 $P_{ジョウ}$ と，輸液が押し入ろうとする圧力 $P_{ユエキ}$ とが一致

し，平衡状態になり移動はピタリと止まる。

　以上のように，バッグ内の輸液が空になり空気がチューブ内を急速に降りはじめても，注射部位から約16 cm上で必ず止まる。静脈血圧がある限り，空気が体内にまで入っていくことは絶対にありえない。もし自分が点滴静脈内注射をしてもらう機会があって，点滴筒の最後の1滴まで見届けることができたら，輸液のルート内を落下するスピード変化を観察し，さらにチューブ内の停止位置を確かめ，自分の前腕静脈血圧の値を測定しておこう。

ⓒ 点滴終了の少し前に処理する

　こうしてそれ以上動かなくなった状態をもう少し放置してさらに観察を続けていると，透明な輸液中に赤い血が徐々に滲んでくるのが見える。液体中の物質（赤血球）の**拡散**現象である。液体分子の熱運動によって赤血球が**ブラウン運動**（ランダムウォーク）をしている様子をマクロ的に観察したことになる。しかし，不安を抱えた患者にとっては，この血の色を見ただけでも恐怖を感じ，「血が逆流してきたので，体から血が抜き取られるのではないか」と不安を感じることもある。

　患者によっては，引き続き2本目の点滴注射を継続したい場合がある。このとき，1本目の最終盤で，ルート内に大量の空気を入れ，さらに注射針基部に血液が逆流し血栓ができかかったような状態では，もはやこの点滴ルートは使えない。また最初から血管に新しい静脈針を刺すところからやり直さなくてはならない。これは患者にとって不要な負担になるので，できるだけ現行のルートをそのまま使って2本目も実施したい。そのためには，1つ目のバッグが空になる前にクレンメを閉じ，流れを一旦止め，新しい輸液バッグに素早くつけ変える。

　患者の容態変化により「輸液バックを追加して点滴を継続したい」事態が途中から発生する可能性も考慮して，ルート内に空気が入るまで放置することは避けたほうがよい。点滴終了時刻が近づいたら，早目に患者のもとに駆けつけて，いたわりの声を掛けながら次の処置をするのがよい。

> **参考** 空気の混入の許容量
>
> 　体内への空気混入の許容量に関する規定やデータはなかなか見つからない。こうしたことは基本的に許容できる行為ではないので，許容値の設定もありえない。またこうした危険度を調べる実験を意図的に盛大に行うことはできないので，データが存在しないのは当然である。しかし関係する資料として，30 mLでも危険であるとする注意喚起がある一方，200 mLでも無症状であったという報告もある。
>
> 　一般論として，通常の患者にごくわずかな量の空気混入はとくに問題はないが，心室中隔欠損など，左右シャント（短絡）のある患者では，少量の空気混入でも脳や心臓に空気塞栓ができる可能性があるので，危険であるといわれている。

練習問題 ✎

問 1　点滴筒は何の目的のために使用するのだろうか。また，これと同様な原理を利用したもの，あるいは仕掛けに，どのようなものがあるだろうか。

問 2　絶対にしてはいけないこと（禁忌）だが，ポンピングを省略して，点滴筒に輸液を溜めずに点滴注射をしたとすると，どうなるだろうか。

問 3　点滴筒内に約 1/2 の輸液を導入しようとポンピングするときに，もしクレンメを開いたまま行うと，どうなるだろうか。それはどうしてか。

問 4　小児用の点滴セットを使った滴下量は 60 滴/mL で 1 滴の輸液量が少ない。成人でも滴下量を正確に規定したいときには，小児用点滴セットを使うと細かい設定が可能となるので，あえてこれを使うことがある。この点滴セットで，100 mL の輸液を 1 時間かけて点滴するのには，1 分間の滴下数をいくらにしたらよいだろうか。

問 5　点滴注射は「静脈」に刺すのだが，なぜ「動脈」には刺さないのだろうか。点滴「動脈内注射」は可能だろうか，不可能だろうか。考えられる理由をすべて書きなさい。

" 看護学生の声 "

◆ **点滴の準備で叱られる**

　実習の最初の頃は，チューブの中に細かい空気がたくさん入ってしまい，その空気がなくなるまで薬液を捨てていたので，中身がかなり減ってしまって，指導者にきつく叱られた思い出があります。

◆ **不気味な音におびえて…**

　私が小さい頃入院して毎日のように点滴をしていたときの話です。ある日，母が病室を離れて 1 人でいるとき，「ボコッ」という小さな音が何分おきかにし出し，初めはまだ余り気にしませんでした。しかし次第に「ボコッ！バキッ！」と鈍い大きな音がいっぱいし出しました。その頃の私は病院が大嫌いで母親の付添いがないと寝られないくらいの弱虫だったので，変な音が恐ろしくてワーワー泣きわめいて大声で母親を呼び，ナースコールも押し続け，すごかったと後々母から話を聞きました。看護師さんやお医者さんたちが「何事か！」と一斉に集まってくれて，それは大騒ぎになったらしいです。

　まだ若い看護師さんがハード・プラスチックボトルにエア針を刺していなかったのが原因だったようですが，その看護師さんは皆に責められ，私のところに何度も謝りにきたそうです。怖い病室だったという記憶はありますが，詳しいことは何も覚えていません。いま考えるとおかしな思い出です。

　私は患者さんには，間違いなく安心できる点滴をしてあげたいです。

◆ **こわかった点滴体験…**

　高校生のときに胃腸風邪にかかり，食事はおろか水も飲めなくなったので，点滴注射をしてもらいました。輸液がだんだんと少なくなり，チューブの中を空気が降りてくるのが見え「このままだと血管の中に空気が入るかも!?」という不安が頭をよぎりました。ついに薬がなくなった（ように見えた）途端に，チューブ内を血液がジワーッと昇ってきて，私のパニックも Max に達しました。「このままだと血液がどんどん吸い出され上がっていく！どうしよう！」と怖くなり焦り，意を決して看護師さんを呼び嘆願しました。

　看護師さんは落ち着いてクレンメを回し，動きをピタッと止めてくれました。まさに「神の手だ」と感じ，「ああ，助かった！」と安堵した苦い思い出が

ピタッ

あります。気が弱っていたときだったので輸液と静脈血の圧力のせめぎ合いなんてことを冷静に考える余裕は全くありませんでした。

◆ **不安な体験談…**

以前入院していたときのことですが，点滴注射の薬液が終わりそうになり空気が入ってこないか心配になったので，看護師さんに尋ねました。「ああ，大丈夫ですよ」の一言で，そのまま行ってしまいました。びくびくしながら薬液の末端を目で追っていました。本当にあと少しになったとき，やはり不安になって慌ててナースコールしました。「ハ～イ，いますぐ行きま～す」と明るい声を聞いてから，看護師さんが本当に来てくれるまでの時間の長かったこと。あの時「静脈血の圧力があるので15 cm位手前で必ず止まりますから，大丈夫ですよ」と説明してくれていれば，もっと落ち着いて待てたと思います。患者によっては恐怖心でパニックになり，「自分で針を引き抜いてしまうこともある」と聞いたことがあります。患者を安心させるために，看護師はその現象の根拠をしっかり説明することが必要であると改めて感じました。

◆ **バイアルで大失敗…**

←陽圧のまま

溶解液を注射器に吸い上げてから，バイアルの中に注入しようとしたとき，だんだん固くなり内筒が押し返される感じになったので，負けじと一生懸命に押しました。少し気を弛めたとき，内筒がグーッと後ろに退（さ）がって外筒から外れてしまい，溶解液が漏れて手がベタベタになってしまいました。それでも無理やり溶解液を注入し，そのまま針を抜いた途端に，バイアルから液がプシャーッと吹き出てびっくりしました。

次に乾燥薬剤を溶解してからもう一度注射針を刺して，薬液を注射器のほうに移そうとしたら，今度は注射器が重くて動かなくなってしまいました。その様子をすかさず指導者に見られてしまい，さらに緊張して頭の中は真っ白，心臓はバクバク，冷汗はタラタラ，もうどうしていいかわからなくなってしまった苦い経験があります。

● **[参考意見]**

次頁の図5-8を見てもらいたい。バイアルの中に溶解液を注入すると，バイアル内の空気が圧縮されるので内圧が上がって，次第に内筒を押すのに大きな力がいるようになる。そこで，溶解液を吸い上げた注射器をバイアルに刺したら，まず①バイアル内の空気を注射器のほうに吸い取り，それから②溶解液を乾燥薬剤の入ったバイアルに注入する。こうすると，内筒を押さなくても自然に溶解液がバイアルの中に入っていく。またバイアル内の圧力も異常には高まらないので，液が吹き出るようなことはない。溶解液が入ったら，バイアルを静かに振り，薬剤を溶解する。

次に乾燥薬剤を溶解した薬液をもう一度注射器へ移すときにも，そのまま液を吸うと内圧が下がって内筒を引きにくくなる。そこで，③バイアル内に移したい量だけの空気を注射し内圧を上げておいてから，④薬液を吸うようにする。こうすると，内筒を引かなくても自然に薬液が注射器の中に入ってくる。

このようにあらかじめ空気を出し入れしてから薬液を出し入れする操作は，**ボイルの法則**の応用動作である。なお最近では，溶解液びんと乾燥剤びんが上下に隔離連結され，溶解時に両びんを相互にねじって封を破り混合させる構造のものがある。

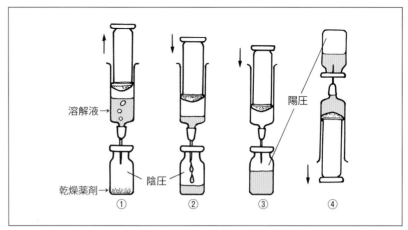

図 5-8 バイアルの操作

循環器の物理

第4章では呼吸器と吸引を，また第5章では点滴静脈内注射を圧力の観点から検討してきた。人体における圧力現象は，これまでに見てきたもののほかにも，どのような現象があるだろうか。たとえば，血圧，脳の内圧，緑内障で問題になる眼圧，腹圧，尿意を催す膀胱の内圧，出産時の子宮の内圧など，いろいろな現象がある。この中でもとくに血圧は，人体の循環系のエネルギー源となるもので，看護の視点からも重要なチェックポイントになっている。物理学の視点からも大変興味深いテーマである。

本章ではこの循環器の圧力現象について考えてみよう。厳密には動きを伴った流体力学的な解析も必要であるが，複雑になりすぎることと，体内での動きはさほど速くはないので，ここでは血液の静的な圧力現象を問題にしていく。

Ⓐ ポンプとしての心臓

心臓は，血液を全身の末梢まで送り届けるポンプの役割を果たしている。このポンプのはたらきで血液は圧力を増し，重力や血流抵抗に抗して全身を循環し，酸素と二酸化炭素の交換や栄養分と老廃物の交換，および体熱の運搬などを行っている。心臓の構造は，定常的に流入する静脈血を一時的に貯蔵しておく**心房**と，心房にたまった血液をまとめて受け取り収縮によって圧力をかけ動脈へ送り出す**心室**とでできている。ここで，心房は低い圧力の血液を貯蔵するだけの部屋なので，柔らかく薄い筋肉でできている。一方，心室は血液を全身のすみずみまで循環させるために必要な強い圧力を生み出す部屋なので，丈夫な厚い筋肉でできている。

私たち哺乳類と鳥類の心臓の構造は，この心房と心室の組み合せが，**体循環**(大循環)のための左側部分と，**肺循環**(小循環)のための右側部分の2組によってできている。すなわち，図6-1のように2心房2心室である。体循環は，心臓よりも高い位置にある脳や遠方の末梢にも血液を送り届けるため，重力と血流抵抗に打ち勝つ高い圧力を必要とする。そこで，体循環を行う心臓左側部分(**左心室**)は大きく強力にできている。ところが肺循環は，目的地の肺は心臓とほぼ同じ高さで重力に逆らう必要がないこと，近距離で圧力減衰が少ないこと，そして肺胞を取り巻く毛細血管はごく薄い壁なので圧力はむしろ低くなければならない。そこで，肺循環を行う心臓右側部分(**右心室**)は，左側部分(**左心室**)よりも小さく，そして低い圧力で血液を送り出している。

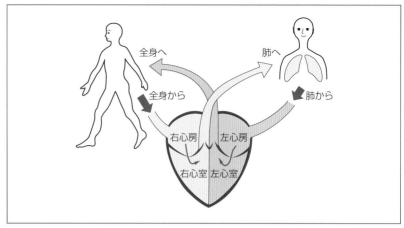

図 6-1　哺乳類の心臓の構造（模式図）

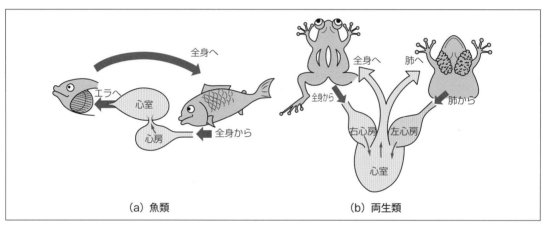

（a）魚類　　　　　　　　　　　　（b）両生類

図 6-2　魚類と両生類の心臓の構造（模式図）

　　魚類の心臓は 1 心房 1 心室である（図 6-2（a））。これは心房に溜まった静脈血を心室が受け取り，一度だけ加圧して鰓に送り，ここで二酸化炭素を排出し，水に溶けた酸素を取り入れる。鰓から出た新鮮な血液は再度加圧されることなくそのまま全身を巡って，心臓に戻る構造になっている。

　　両生類の心臓は 2 心房 1 心室である（図 6-2（b））。これには肺から戻ってきた肺静脈血を溜めておく左心房と，全身から戻ってきた静脈血を溜めておく右心房とがある。この 2 つの心房の血液は，1 つしかない心室に入って新旧混じり合う。心室で加圧された血液は，心室出口で枝分れして，全身を巡る血液と再度肺へ行く血液とに 2 手に分かれる構造になっている。このため両生類は，肺でガス交換した新鮮な血液がもう一度肺に行ったり，全身から戻った古い血液がもう一度全身を巡ったりする。

　　こうした 1 心房 1 心室や 2 心房 1 心室の心臓は，1 つだけの心室で加圧し，肺循環と体循環の両方をこなす。肺循環では，「効率のよいガス交換→そのために膜を薄くする→膜が破れやすくなる」という因果関係のために，

血圧をあまり高くすることはできず基本的に低めのはずである。1心室のみの心臓の場合は，その低い血圧のまま体循環へも移行するので，全身への血液の供給は十分に盛大とはいかないであろう。よって，1心室のみの心臓は効率が悪く，そのため活発な活動はできず，体温が低めの変温性とならざるをえない。

　一方，2心房2心室の心臓は，肺循環と体循環とが完全分離しているので，体循環のほうの血圧を高くすることができる。よって，高めの体温で恒常性を保つことができ，活発な活動が保障される。ヒトの心臓は，最も進化し合理的にできていることがわかる。

B 血液循環と血圧

1 血流抵抗の大きさ

　血液が心臓から出発して全身を体循環して再び心臓に戻り，さらに肺循環も完了して完全に最初の位置にまで戻るまでの血圧の変化を模式的に描いたものが**図6-3**である。心臓の左心室から送り出された当初は，**平均血圧**[1]も高く，**脈圧**[2]も大きい。しかし末梢に行くに従い，血管を拡張させたり，粘性抵抗を振り切って進むため，血圧という形をとった循環エネルギーは徐々に失われていく。その結果，平均血圧は低下し，脈圧も失われていく。

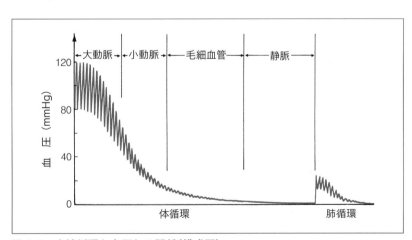

図6-3　血液循環と血圧との関係（模式図）

---

1)（平均血圧）＝（収縮期血圧－拡張期血圧）/3＋（拡張期血圧）。もし血圧波形が，上下に対称の正弦波（サインカーブ）のような形ならば，（平均血圧）＝（収縮期血圧－拡張期血圧）/2＋（拡張期血圧）でよいが，実際の血圧波形は上に尖って下に広がっているので，脈圧（収縮期血圧－拡張期血圧）を「3」で割り算している。平均血圧が高すぎると，心臓から遠い細動脈血管の動脈硬化が疑われる。

2)（脈圧）＝（収縮期血圧）－（拡張期血圧）。脈圧の正常値は45～55 mmHgくらいとされている。（収縮期血圧）：（拡張期血圧）：（脈圧）＝3：2：1くらいがよいとされている。脈圧が高すぎると，心臓に近い太い動脈血管に動脈硬化の傾向が疑われる。

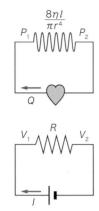

第5章で学んだ**ポアズイユの法則**(5-1)式(5章104頁)を変形すると，

$$P_1 - P_2 = \frac{8\eta l}{\pi r^4} \times Q \quad (血圧降下) = (血流抵抗) \times (血流量) \qquad (6\text{-}1)$$

となる。この式は皆さんが中学校の理科で学んだ，電気回路の**オームの法則**によく似ている。

$$V_1 - V_2 = R \times I \quad (電圧降下) = (電気抵抗) \times (電流量) \qquad (6\text{-}2)$$

オームの法則(6-2)式から，電気抵抗 R が大きいほど，一定量の電流 I を流すためには，電圧 V_1 を高くする必要がある。

同様に血液循環を示す(6-1)式においても，**血液抵抗**(血液循環抵抗)が大きいほど，一定量の血液 Q を流し続けるためには，血圧 P_1 を大きくしなければならない。

ここで(6-1)式の**血流抵抗**($8\eta l/\pi r^4$)の中身を検討する。血流抵抗は血液の粘性係数 η に比例するので，粘性係数 η が大きい(ドロドロな)ほど，血流抵抗は大きくなる。逆に粘性係数が小さい(サラサラな)ほど，血流抵抗は小さくなる。また，血管の長さ l に比例するので，血管が長いほど血流抵抗が大きくなる。さらに，血管の半径 r の4乗に反比例するので，半径 r が小さくなると血流抵抗は急激に増大する。第5章104頁でも強調したように，単なる1乗に反比例するのではなく**4乗に反比例する**ということは，数学的視点から最も注目すべき点である。半径 r が小さくなる(血管が収縮したり，流路が詰まって狭まる)と，そこより先の**血圧が急激に落ち，血流量 Q が急激に減る**。必要な血液量 Q を確保するためには，左辺の P_1 を異常に高くする必要があるという因果関係がある。

(6-1)式は，循環器系疾患の動態を象徴的に表している式なので，これら各項目の影響を，次に詳しく調べてみよう。

2 ドロドロ血とサラサラ血

夏は汗をかきやすいので水分不足を起こしやすく，血液の粘性 η が高まり，いわゆるドロドロ血になりやすい。血液中に脂肪分が多すぎても，血液の粘性が高まる。

(6-1)式では粘性係数 η と血流量 Q はともに右辺にあり，かけ算になっている。両者は反比例の関係にあるので，左辺の血圧は一定だとすると，粘性が増せばそれだけ血流量 Q が減少してしまう。血流量 Q が減少すると血栓が成長しやすく血管が詰まりやすくなり，**脳梗塞**などを起こしやすくなる。それでは困るので，必要な血流量 Q を確保するためには，左辺の値 P_1(血管入口の血圧)を大きくせざるをえない。すると今度は，**高血圧症**になって，心臓や動脈血管に大きな負担を強いることになる。

血液の粘性を下げるために，頻繁に水分の補給に努め，とくに入浴前後と就寝前と起床時にコップ1杯の水を飲むことが奨励される。

血液がサラサラになると(6-1)式で右辺の粘性係数 η が小さくなり，その結果，左辺の P_1 を上げなくても，右辺の Q は大きくなって血流量が増

す。すなわち，血圧は正常な状態を保ち，心臓や動脈血管の負担は軽くなる。

③ 動脈硬化

　動脈血管が弾力性を失い，硬くなってしまうことがある(動脈硬化)。そのため左心室出口で起こる収縮期の瞬間的な高圧力を緩和できず，ハンマーで叩いたような衝撃的な圧力変化がそのまま動脈の血管に伝播し，血管壁を傷めてしまう。血流も間歇的になって血流の滞る瞬間ができる。

　逆に，柔軟性に富んだ動脈血管は，心臓の収縮期には血管が押し広げられ，拡張期には弾性によって収縮する。衝撃的な圧力変化が和らげられ，圧力の強弱を残しながら連続した血流に変えられる。こうした柔軟性に富んだ動脈血管は，心臓の拡張期にも，動脈内に残された血液を細動脈や毛細血管に継続して送り出している。血流の目的(酸素の供給など)からいって，血流は断続的であるよりも連続的であるほうが望ましい。こうした柔軟性に富んだ動脈血管は，**血液タンク**の役割を果たしているといえる。

　血圧は年齢とともに徐々に上昇する傾向がある。これは加齢に伴って血管の弾力性が低下し柔軟性を失っていくことと，血管内壁の傷みを何度も修復する過程で壁の内側が厚く(流路が狭まる)，しかも硬化してくる。それによって血流抵抗が増える。必要な血流量を確保するためにはやむを得ず，血圧を上昇させざるを得ない。

衝撃的な圧力波形

実際の動脈血圧波形

> **参考** 硬いは，脆い
>
> 　工業的金属材料についてもよくいわれることだが，硬いということは同時に脆いという弱点のあることを意味する。硬度が高い材料は，弾性限界内ではあまり変形しないで頑丈に耐えているが，限界を超えると急に弱体化したり破壊されてしまうことがある。それに反し，柔らかい材料は外力に対して変形しやすいが，しなやかで柔軟性に富み，粘り強くて決定的なダメージを受けにくい。血管についても同様のことがいえる。

硬いは脆い

しなやかは強靱

④ 高血圧の原因

　図6-3で示した**小動脈**で血圧の降下がとくに著しい理由は，ここから血管が枝分れして血管半径 r が急に小さくなるため，ポアズイユの法則(6-1)式に基づいて血流抵抗が急激に増大するためである。血管の内壁に**プラーク**(粥腫)ができて流路が狭まった場合も，小動脈の場合と同じ理由で，その場所で急激に血流抵抗が増大し，それ以降の血圧が著しく低下する。

　(6-1)式を変形して

$$(血流量) = \frac{(血圧降下)}{(血流抵抗)} \tag{6-3}$$

という式にして考えてみる。右辺の血流抵抗が増大すると，分数の分母が大きくなるので右辺の全体の値は小さくなる。すると，左辺の血流量も少なくなる。

　ところがヒトは生きていくためには，ある一定の血流量は必ず確保しなくてはならない。(6-3)式の左辺はある一定値を保つ必要がある。つまり，右辺の分母(血流抵抗)が大きくなったら，右辺の分子(血圧降下)も大きくしなければならない。この血圧降下の値は(P_1-P_2)であるので，P_1を大きくするか，P_2を小さくするか，のどちらかである。もし血圧P_2を小さくすると，組織への血液供給に支障が生ずる。血圧P_1を大きくする以外に選択肢はない。結局，心臓に無理をしてもらってP_1を大きくし，必要な血流量Qを確保することになる。これはすなわち**高血圧症**である。

　こうした血圧P_1を高める操作は，自律神経の調節機能が命令し，結果的には心臓の負担を増大化させる。心筋の過酷な負荷の蓄積は，心臓の肥大化をもたらし老化を早める。また，血管内壁の影響についても，前項で触れたように，内壁の硬化や肥大化を起こしやすくなる。こうして，血管・心臓・高血圧の3者が相互に影響しあって，負の連鎖を起こしてしまう。注意をしよう。

⑤ 低血圧

　「朝，起きるのが辛<ruby>辛<rt>つら</rt></ruby>い」という悩みを訴える若い女性がよくいる。いわゆる**低血圧症**である。新鮮な血液が大脳まで行かないと，目覚めも思考もうまくいかない。この他，入浴後，食後，運動後，飲酒も，季節でいえば夏場に，血管が拡張しがちであるため低血圧症状を呈しやすい。低血圧症は，意識の低下にとどまらず，立ちくらみ，眩暈<ruby>眩暈<rt>めまい</rt></ruby>，ひどい場合には失神もありうる。さらには血流の滞りにより，脳や心臓の血管が詰まりやすくなる。

　心臓から立位の頭頂までの距離を約60 cmとすると，これだけの高さに血液を押し上げるためには，最低600/13.6＝44 mmHgの血圧が必要である。途中の血流抵抗などを考慮して，それよりも高い60 mmHgくらいの血圧は最低限でも必要であろう。

　ところで血圧は脈動しているので，収縮期の一瞬だけ血液が頭部に届き，その後は届かないというのでは正常とはいえない。生きていくために最も重要な頭部には，途切れ途切れではなく，常時，新鮮な血液を供給する必要がある。そのためには，拡張期においても60 mmHgの血圧は必要である。

　血圧のチェックでは，主に収縮期血圧(最高血圧)がクローズアップされがちだが，拡張期血圧(最低血圧)も身体にとても重要な影響を及ぼす。

⑥ 血圧と血流量の変化

　身体の状況に応じて血流量を調節する必要があるときには，心臓の駆動力を調節して血圧を変動させるよりも，むしろ小動脈の太さを変えて血流抵抗を変化させるほうが，効率的である。この命令を司るのは，交感神経系の**血管収縮神経**である。

　体熱の蓄積が増大すると，小動脈が広がる。すると，毛細血管の入口の

血圧が上がり，その結果，毛細血管の血流量が増大するため，体表面からの熱放散が活発となる。逆に冬は寒いので小動脈が収縮して（(6-1)式の r が小に），表在静脈の血流量 Q が減少し，体表面からの熱放散を防ぐ。

　末梢に血液が行きにくくなると，血液は心臓に滞留し，血圧が上がり，脳溢血などが起きやすくなる。緊張・ストレス・喫煙によっても，同じメカニズムで血圧が上がり，同様な傾向がみられる。

　外傷などによる出血のときには，自動的に小動脈の収縮を強め，血流抵抗を増し毛細血管の入口の血圧を下げ，出血量を減少させる。出血や打撲の個所を押さえたり氷で冷やしたりするのも，激しい運動後のアイシングも同様の効果を期待しての処置である。

心臓より
上へ

冷やす

しばる

参考 緊急応急処置 RICE

　緊急応急処置の内容を，RICE（ライス）と覚えるとよい。Rest（安静），Icing（冷やす），Compression（圧迫），Elevation（挙上）である。きちんと応急処置をした患者は，そうでない患者に比べて治りも早く，後遺症も少ない。

7 毛細血管

　ところで通常の血流において，毛細血管による血圧の低下は意外に少ない。毛細血管は，半径 r が非常に小さく，また長さ l もかなり長いにもかかわらず，血圧の低下が少ない理由は，血流量 Q が非常に少ないからである。これを(6-1)式でみると，毛細血管の中では，右辺の血流量 Q が非常にわずかなので，左辺の血圧降下（$P_1 - P_2$）もわずかになる。

　すなわち，末梢に行くに従い無数に枝分れした毛細血管は，1本あたりの断面積 πr^2 は小さくなるが，本数 n は非常に多くなる。このため断面積の総和 $S = n\pi r^2$ はかえって大きくなり，毛細血管1本あたりの血流量は非常に少なくてすむようになる。これを具体的に確かめてみよう。

　毛細血管は，本数では小動脈から枝分れして約6億本に達し，断面積では大動脈の約500倍になっている。毛細血管内壁の面積の総和は，約6,300 m²（畳3,900畳の広さ，体表面積の4,200倍ほど）もある。この枝分れに対応して流速も変わる。血流速度は大動脈では約50 cm/秒であるのに対して，毛細血管では約0.1〜0.01 cm/秒である。1/500〜1/5,000へと大幅に減速している。

　このように，毛細血管の本数 n が多い（血液と組織との接触面積が広くなる）ことと，血流速度 v が小さい（血液と組織との接触時間が長くなる）ことは，血液が**ガス交換**（O_2 と CO_2 の交換）や**物質交換**（栄養分と老廃物の交換）を効果的に行うためにたいへん有利な条件となっている。

　毛細血管でのもう1つの特徴は，**赤血球・白血球**が自身の形態を細長く変形させながら毛細血管の中心部を流れ，血球と管壁との隙間には粘性の少ない**血漿**（粘度が血球の約1/3）が流れているという点である。このため血流は実質的に，粘性係数 η が小さくなるといった効果がある。

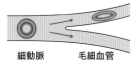

赤血球・白血球は，変形しながら
毛細血管の中を通り抜ける

参考 赤血球と白血球

　赤血球の直径は約7～8μm，白血球の中で最も多い好中球の直径は約10～
16μmである。一方，毛細血管の内径は約8μmである。この値からいうと，
赤血球は毛細血管を通り抜けるのにぎりぎりの大きさであり，白血球にいたっ
ては大きすぎて毛細血管を通り抜けることができない。そのため赤血球は，自
身がつぶれて細身になって通り抜ける。赤血球の凹円盤型の形状は，その変形
のために有利にはたらいている。一方，白血球は全体の形を大きく変え，毛細
血管内を通過する。白血球の一種の単球はさらに，血管壁までくぐり抜け，血
管外の組織にまで移動して，マクロファージとなり遊走して生体防御の役目を
果たす。まことに巧妙な仕掛けである。

C 血圧が測定できる理由

　世の中には血圧測定のやり方を不思議に思っている人が多い。なぜ腕に
マンシェット（拍帯）を巻きつけて，痛いほど締め付けられるのか。旧来の
方法では，圧力（血圧）を測定するのになぜ音を聴く聴診器を使うのか，な
どその理由を知らない人が多い。そのため「聴診器で測定中の看護師に話
し掛けたら，ひどく睨まれて驚いた」という体験談を聞いたことがある。こ
うした血圧測定で必要な操作や測定の原理について，次に学んでいこう。

1 血圧測定の歴史

　最初の血圧測定は，1733年にイギリスの牧師ハーレスがウマで行った。
彼はウマの頸動脈に真鍮の長いパイプにガラス管をつないで鉛直に立て，
血液の上る高さから血圧を測定した。中心静脈圧（CVP）の測定は，現在で
もこれと同様な方法でなされている。また血圧を連続的にしかも波形まで
も正確に測定したい場合には，圧力トランスデューサー（圧力変換器）を先
端につけたカテーテルを直接血管の中に留置して測定する。こうした測定
方法を，**直接法**または**観血法**という。

　しかし，多くの場合にはそれほど厳密な測定を必要としないため，一般
的には水銀血圧計[3]やアネロイド血圧計（125頁），そして自動電子血圧計
（125頁）では，非侵襲的（組織を傷つけず）に収縮期血圧と拡張期血圧のみ
を測定している。この方法を，**間接法**または**非観血法**という。

　水銀血圧計は，1896年にイタリアの医師リバロッチによって発表され，
そのため**リバロッチ血圧計**とも呼ばれている。彼はこの血圧計を用いて，
触診法によって拍動の有無を確認し血圧測定を行った。1905年にロシアの

---

3) 世界保健機関（WHO）は，水銀に関する水俣条約の趣旨に沿って，世界で水銀を使わ
ない医療を目指すとし，2021年1月1日以降の水銀血圧計と水銀体温計の製造・輸
出入が禁止されている。ただし血圧の単位mmHgの使用は，国際単位系（SI）の単位
ではないが，生体内の圧力単位としてこれが定着しているので，例外的にこの使用が
認められている。

生理学者コロトコフは，リバロッチ血圧計に聴診器を組み合わせて，わかりにくい触診法ではなく，より正確な**聴診法**によって拍動の有無を確認する方法で血圧測定を行った。

② 水銀血圧計を使った血圧測定の原理

　水銀血圧計を使って収縮期血圧・拡張期血圧を測定することは，現在では少なくなった。しかしこの測定原理を知っておくことは，循環器の物理的視点を深めるために有益である。第4章の胸腔ドレナージでも，「チェスト・ドレーン・バッグ」の原理や留意点を深く理解するために，この元となる「3連ボトルシステム」の理解が必要であった。本章の血圧測定においても，原初の水銀血圧計の学習から，血圧測定の基本的知識や圧力に関する物理学的視点を多く学ぶことができるので，これを振り返っておこう。

　水銀血圧計は，第3章の吸引ボトル内の圧力バランスで学んだ「**同じ水平位置の液体中は，どこも同じ圧力**」という原理を使っている。これを模型的に描くと**図6-4**のようにU字管となる。U字管に水銀を入れ，左側の管は大気（気圧 P_0）に開放し，右側の管にはマンシェット（拍帯）につなぐ（圧力 P）とする。水銀は左右の圧力で押し合いをし，ある平衡位置で静止する。このときの左右の水銀柱の高さの差 h を読み取る。図の左側のA点の圧力 (P_0+h) mmHg と，右側のB点の圧力 P mmHg は，同じ水平位置なので等しい。

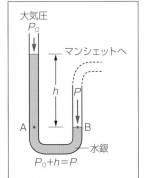

図6-4　U字管による差圧測定

$$P_0+h=P \tag{6-4}$$

　図からわかるように，左右の管内の水銀面にかかる圧力の差は，h mmHg になる。マンシェット内の空気圧（上腕動脈血管を押す圧力 P）は，大気圧 P_0 よりも h mmHg 高い。

　水銀血圧計による血圧測定の全体図を，**図6-5**に示す。

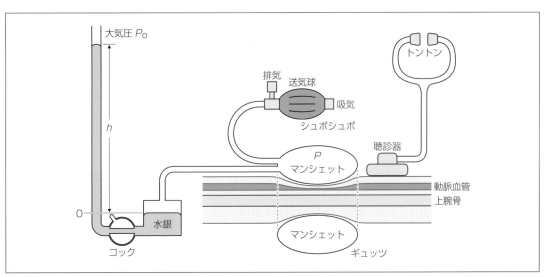

図6-5　水銀血圧計による血圧測定の全体図

3 収縮期血圧（最高血圧）・拡張期血圧（最低血圧）の確定原理

　U 字管の原理を使い，水銀柱[4]の高さ h に注目しながら血圧測定をするわけだが，収縮期血圧（最高血圧）と拡張期血圧（最低血圧）を示すのはどの瞬間だろうか。

　水銀血圧計による血圧測定の手順は，以下①〜④のようである。

①まず上腕にマンシェット（カフ，拍帯）を巻き，加圧ポンプ（送気球）（図6-6）でマンシェット内の空気を，予想される収縮期血圧よりもいくぶん高くする。すると，マンシェットの圧力が動脈の収縮期血圧を上回り，上腕動脈血管を押し潰し血流が止まる。動脈血管の上に置いた聴診器からは何の音も聞こえない。被検者は，上腕の圧迫と止血のため前腕全体の痺れやだるさを感じる。

②次に加圧ポンプの排気弁のネジを少しゆるめ，徐々にマンシェット内の空気を抜き圧力を下げていく。マンシェットの上腕圧迫が徐々に緩くなる。すると，動脈圧は脈動しているので，収縮期血圧に近いほんの一瞬だけ，血圧のほうがマンシェットの圧力に勝ち，血流が生じる。動脈血管上の聴診器から，この血流を生じた瞬間だけ拍動音を聞くことができる。

　こうして，最初に拍動音を聞くことができた瞬間の圧力が，**収縮期血圧（最高血圧）**である。この圧力を水銀柱の高さで読み取る。

③さらに排気を続けてマンシェットの圧力を下げていくと，血圧のほうがマンシェットの圧力にうち勝つ時間がより長くなり，その間の血流量も増加する。規則的な血流の断続のために，聴診器からはよりはっきりとした大きな拍動音が聞こえてくる。

④さらに排気を続けていくと，マンシェット内の圧力が最低血圧以下にまで下がってくる。すると血流は，マンシェットの圧力に阻止されることなく連続的に流れるようになる。この瞬間から，血流の断続のたびに発生していた拍動音が消失する。この拍動音が消失した瞬間の圧力が，**拡張期血圧（最低血圧）**である。この圧力を水銀柱の高さで読み取る。

　以上の①〜④の様子を図6-7に示す。

　マンシェットを巻いた患者の腕の中の血流が，こうしたドラマを演じていることをイメージしながら，血圧測定を進めてよう。なお，ここで聴診器によって聞こえてくる拍動音を，発見者に因んで**コロトコフ音**と呼ぶ。この音は，血管壁の振動音であるといわれている。

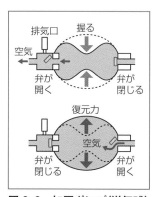

図 6-6　加圧ポンプ（送気球）

排気口
握る
空気
弁が開く　弁が閉じる

復元力
空気
弁が閉じる　弁が開く

4）水銀血圧計や水銀体温計で使われる水銀 Hg の最大の長所は，水銀が元素であり物質的に安定しており変質しない点にある。物理定数（密度，熱膨張率など）が常に一定であるので，測定が正確でありさえすれば，その測定値には絶対的な信頼がおける。このため水銀血圧計は，信頼のおける血圧測定器具として，100 年余の歴史があり多用されてきた。

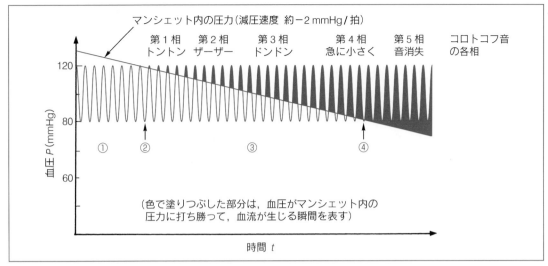

図6-7　拍動音発生の原理

D いろいろなタイプの血圧計

水銀血圧計のほかの血圧計についても知っておこう。

1 アネロイド血圧計

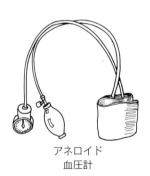

アネロイド
血圧計

水銀血圧計と同様に，アネロイド（タイコス）血圧計も旧来から使われてきた。「アネロイド」の語源は，ギリシャ語で「液体を使わない」の意味である。この血圧計は，指針式のアナログ圧力計である。加圧ポンプやマンシェットは水銀血圧計のときと同じ手動のものを使い，コロトコフ音を聞き分けて収縮期血圧・拡張期血圧を確定する方法も水銀血圧計の場合と同様である。血圧計本体部分だけが違う。この血圧計の圧力測定原理は，縁日の屋台で売っている"巻き笛（吹き戻し）"と同じである。"空ごう"と呼ばれる中が真空の金属製の箱が圧力の変化によって変形し，その弾性変形の度合いをゼンマイで回転作用に変え，指針によって表示する。気象観測で使われる自記気圧計や飛行機の高度計も従来はこの原理を利用していた。

携帯用のアネロイド血圧計は小型・軽量で往診時の持ち運びにも便利で重宝する。診療室に常備してある大型のアネロイド血圧計は，指針画面が大きくて読み取りやすく説得力がある。

2 自動電子血圧計

ピィー

巻き笛

最近は電子式の自動血圧計の利用が広まっている。マンシェットを使って血管を圧迫し，血流の停止や復元を読み取る原理は従来の水銀血圧計での測定原理と同様である。ただ，収縮期血圧・拡張期血圧を確定する方法が，聴診器によってコロトコフ音の有無を耳で聞いて判定するのではな

く，血流の停止や復元をマンシェット内の微妙な圧力変化を圧力センサーが読んで電気的に判断する**オシロメトリック法**を用いている機種が多い。

　マンシェット内の圧力を高めて一旦血流を止めてから，次に徐々に空気を逃し圧力を下げていく。収縮期血圧に等しくなると，一瞬血流が生じ，それに同調してマンシェット内の空気圧が振動することで拍動音を発し，収縮期血圧がわかる。さらに空気圧を下げていき拡張期血圧以下まで下がると，血流は間歇流から連続流に変化するので，同調していた空気圧の振動が止まり，拡張期血圧がわかる。

　上腕で測定する自動電子血圧計に加え，手首あるいは指先で測る自動電子血圧計もある。より小型の器具になり手軽に測定できる便利さはあるが，動脈圧は体心部から末梢にいくに従い徐々に低くなるので，測定値は基本的に低めになる傾向がある。また，後述の「血圧測定部位の高さ」に関連し，上腕で測定する場合はだいたい心臓位置と高さが一致するので「測定誤差」は生じにくいが（129 頁），手首や指で測定する場合は自由に上下動ができるので，測定部位の高さが心臓の高さからずれやすく，測定誤差が生じやすい。手首や指での測定は，測定部位が心臓と同じ高さになるように，とくに注意する必要がある。

　また，自動電子血圧計自体が正常に機能しているかどうか，常に保守管理に努める必要がある。電源電圧の低下，電子部品の劣化，容器内の湿気やほこりなどによる電子回路への影響などさまざまな要因で，長期間のうちには少しずつ違った値を表示する可能性がある。

③ "水"血圧計による血圧測定デモンストレーション

　「血圧によって自分の血液はどのくらいの高さまで上るか」を，自分の目で直接確かめ実感できれば，最も理想的である。しかし，ハーレスがウマを使って測定した例をそのままヒトには適用することはできない。リバロッチは水銀を使って非観血的に血圧測定する方法を見つけたが，水銀柱の高さが 10 数 cm と低い位置で表示されるため，血圧の大きさを身近に実感するのには不向きである。患者が，検診で「あなたは高血圧ですよ！注意してくださいよ！」といくら言われても，実感を伴わないのでその深刻さを受け止めにくい。

　そこで，水銀の代わりに，密度が血液にほぼ等しい水を使って血圧測定をしたらどうなるかのモデル実験を紹介する。水には血液を連想してもらうため，食紅で赤く着色しておくと臨場感がわく。この "水"血圧計は高さが 2 m 前後にもなり，大きすぎて取り扱いが不便なため実用にはならないが，血圧の実際の大きさを理解するためのデモンストレーション器具としては，とても有効である。この装置を用意して，受診者に自分の血圧の真の姿を目のあたりにして見てもらうと，自身の血圧への認識を確実に高めてもらえる。

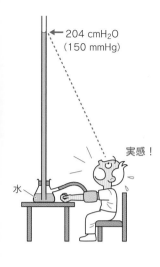

204 cmH₂O
(150 mmHg)

実感！

水

ⓐ "水"血圧計の装置

　加圧ポンプおよびマンシェットは，通常使うものを使用する。マンシェットから伸びるチューブを，理科実験で使う「吸引びん」の枝管に接続する（図6-8）。吸引びんの中には，枝管の下まで赤く着色した水を入れる。吸引びんの口元には，長さ約2mのアクリルパイプ（ガラス管は折れたとき危険）を刺したゴム栓をする。アクリルパイプの背後に，水柱の高さを測定する巻尺（スケール）を固定しておき，水柱の高さを測定する。

ⓑ 測定

　上腕にマンシェットを巻き，加圧ポンプで加圧していく。水柱が天井近くまでグングンと上がっていく。排気弁をゆるめて減圧していくと，水柱が今度はスルスルと下がってくる。水銀血圧計のときの減圧速度（−2 mmHg/拍）と同じでも，"水"血圧計の減圧速度は（−2×13.6＝−27.2 mmH₂O/拍）となって13.6倍なので，かなりのスピード感がある。聴診器でコロトコフ音が聞こえ始めたとき，および消えたときの水柱の高さを読み取る。これらの水柱の高さは，水銀柱の高さの各13.6倍に等しい。わずかな圧力変化でも水柱の高さは敏感に反応するので，コロトコフ音を発する拍動時にはこれに連動して，水柱の頭がピクピクと上下動する様子も観察できる。

　水銀柱と水柱の高さの比較を**表6-1**に示す。この表の右欄に，国際単位系（SI）のキロパスカル（kPa）単位の値も併記した（77頁，表3-1も参照）。

参考 **血液と水の密度**
　日本人の血液密度の標準範囲は，男性1.052〜1.060 g/cm³，女性1.049〜

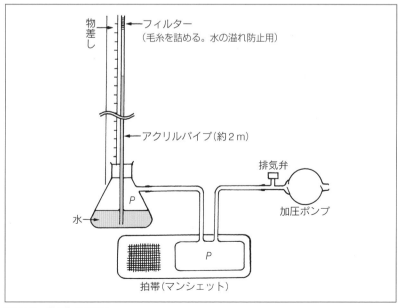

物差し

フィルター
（毛糸を詰める。水の溢れ防止用）

アクリルパイプ（約2m）

排気弁

P

加圧ポンプ

水

P

拍帯（マンシェット）

図6-8　"水"血圧計

表6-1　圧力（水銀柱，水柱，kPa^{キロパスカル}）の対照表

mmHg	cmH₂O	kPa
200	272	26.6
180	245	23.9
160	218	21.3
140	190	18.6
120	163	16.0
100	136	13.3
80	109	10.6
60	82	8.0
40	54	5.3

mmHg を cmH₂O に変換するには，水銀の密度 13.6 を掛け，mm を cm にするために 10 で割る。

mmHg を kPa に変換するには，水銀の密度 13.6 を掛け，mm を m にするために 1,000 で割り，重力の加速度 9.8 を掛けると，面積 1 m²あたりの圧力 Pa になる。これを 1,000 で割り kPa にする。

1.056 g/cm³。赤血球の数が多く，ヘモグロビンの濃度が高まるほど血液密度は高まる。なお，水の密度は，4℃で 1.00，36℃で 0.99 g/cm³。

ⓒ 自分のコロトコフ音を聞く

　水銀血圧計やアネロイド血圧計での測定では，コロトコフ音を聴診器を耳にした測定者 1 人だけが聞く。世間一般の受診者は，血圧測定を何度もしてもらった経験があっても，自分自身のコロトコフ音を聞いた経験はまずないであろう。そこで，測定者だけでなく，受診者にもコロトコフ音を聞いてもらう工夫をする。図6-9 のように，聴診器のチューブの中に超小型マイクをセットしコロトコフ音を拾い，拡声器で増幅しスピーカーから音を出すようにする。

　こうすると，コロトコフ音が聞こえはじめる収縮期血圧に相当する瞬間を確認したり，途中の「ドン・ドン」という大きな澄音を鑑賞したり（この音には受診者自身が，「ああ！自分の心臓は元気にはたらいている！」と間違いなく感激する），さらにコロトコフ音が消失する拡張期血圧に相当する瞬間も自分で確認することができる。

ⓓ 血圧値の量的認識

　通常の部屋の天井の高さは，机上から 2 m 程度しかない。この高さは水銀柱では 2,000/13.6＝150 mmHg に対応している。収縮期血圧が 150 mmHg の人は，動脈血が机上から天井まで噴き上がることになる。

　一方，「低血圧」の項（120 頁）では，「心臓から頭頂までの高さは 60 cm 程度，その高さを水銀柱の高さに置き換え，血流抵抗も考慮すると拡張期血圧は 60 mmHg は必要」と学んだ。皆さん自身の，収縮期血圧と拡張期血圧の値を 13.6 倍して，心臓位置から巻尺を鉛直に立てて，それぞれの高さを

拡声器　スピーカー　ピンマイク　聴診器ヘッド

ドシ・ドン

加圧ポンプより→
血圧計へ→

マンシェット

VOL　MIC IN

図6-9　自分のコロトコフ音を聞く

　見上げてみよう。皆さんの血圧では，血液が天井に届きそう？　あるいは頭頂まで常時届いているか？　など確かめてみよう。家に帰って，家族のみんなについても，検診時のデータを水の高さに換算し，巻尺を鉛直に立てて血液が上る高さを実感してもらおう。そして，本章末の「遊び心の演習『"水"血圧計』の簡易模型」(135頁)を実施して，血圧の実態を体験してみよう。

　看護には数値データがたくさん登場するが，その数値を正確に記憶していても，具体的な量的認識を欠いた「数値だけの1人歩き」だけでは，とても危険なことがある。「数値」には必ず「量的な意味合い」がある。「この値は具体的にどの程度なのか？」「この値で大丈夫か？」「この量は間違っていないか？」などと，目の前の数値を，意識的に何か身近で実感のできる他の量と重ね合わせながら反芻吟味する習慣を持つことはとても大切なことである。

E　血圧の重力による影響

　ヒトは地球上で生活しているので，常時地球から重力(万有引力)の影響を受けている。たとえばヒトが起立していると，重力の影響で椎間板などの弾性体が圧迫されている影響で，朝の身長に比べ夜の身長は1cmくらい縮むそうである。また，宇宙飛行士の向井千秋さんは1994年の宇宙飛行のときに，宇宙では身長が2.5cm伸び，地上に帰ると，2時間で元の身長に戻ったそうである。

　これらは身長の重力による影響だが，血圧も重力による影響を強く受けている。このいくつかの事例を次に紹介する。こうした重力の影響を考慮して初めて，血圧測定は正確にできる。

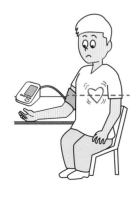

① なぜ血圧は心臓の高さで測定するのか

　「血圧測定の測定部位は，必ず心臓と同じ水平位置を保持しなければならない」のはなぜであろうか。もし，心臓から10cm低い位置にマンシェッ

トを巻き，そこでの血圧を測定したとすると重力の影響で，

$$100/13.6 = 7.3\ \mathrm{mmHg} \tag{6-5}$$

だけ，心臓の位置で測った正しい値よりも血圧が高く測定される。この計算は，「第3章B-3　水柱圧」の項(67頁)を参照してほしい。

　逆に，心臓から10 cm高い位置にマンシェットを巻き，そこでの血圧を測定したとすると，7.3 mmHgだけ低く測定される。

　このように被検者の血圧は一定であっても，測定部位を任意に上下させると，測定値も任意に変動してしまい，測定値が意味をなさなくなる。常に測定部位は基準の位置(心臓の高さ)で測定して初めて，正常値との比較や，当人の体調変化の把握が可能となる。ここで測定部位とは，具体的には「マンシェットを巻き動脈血管を圧迫する位置」(圧力のせめぎあいによって血流の有無が生ずる場所)である。ここを，心臓(大動脈弁)と同じ高さにする。

参考 血圧測定時の姿勢による影響

　血圧測定は通常，患者の場合はベッド上の「仰臥位」で，健常者の場合は椅子に腰掛けた「座位」で，行うことが多い。そのどちらもマンシェットを巻き血圧を測定する部位は，おおよそ心臓と同じ高さになるが，姿勢により測定値には若干の差がみられる。臥位に比べ座位の測定値のほうが若干低めになる。これは血液の下半身への滞留の影響である。普通では行わないが，「立位」で測定すると，この差はさらに拡大する。

2 立ちくらみ

　急に立ち上がったとき，クラクラとめまいを起こす立ちくらみを経験したことはないだろうか。これは，起立性低血圧といって，重力の影響で血液が下半身に取り残されて，高くなった頭部の血液不足を正常に戻す交感神経の血圧調節機構が敏速にはたらかなかったため，頭部の血圧が低下したからである。ひどいときには，頭痛や吐き気を催したり，失神して倒れたりする。長期臥床患者がベッドから起き上がるときには，急がないでゆっくりと頭を持ち上げる。患者のギャッジアップベッドを操作するときにも，あまり急速に角度を変えてはいけない。患者の顔色を観察しながらゆっくりと操作しよう。風呂場においてめまいによる転倒はとくに危険であるので，手すりや浴槽の縁につかまりながらゆっくりと立ち上がるように指導しよう。

　これとは反対に，逆立ちをすると，足が軽く楽に感じられたり，頭が重く充溢したように感じられるのも，重力による影響である。

　静脈血圧の重力による影響は簡単に確かめることができる。手を心臓よりも下にさげ，手の甲を擦っていると，手の甲の静脈血管が浮き上がって見えてくる。逆にこの手を上にあげると，まもなくこの静脈血管の浮き上がりは消失して見えなくなる。

　出血のある場合の傷口の高さ，脳出血で倒れた人の伏せ方，貧血で倒れ

逆立ちの効果

た人の寝かせ方，静脈注射や採血をする際の静脈血管の見つけ方などは，どれも血圧の重力による影響を考慮しなければならない事柄がある。

　進化論的な話をすると，大昔に人類の祖先が四足歩行をしていた頃は，心臓は今よりも小さく血圧も低かった。二足歩行で立ち上がるようになると，頭が心臓位置よりも上がり，重力の影響を大きく受けるようになった。そのため，心臓はより大きくなり血圧も上がったということである。

③ 静脈血はなぜ心臓まで戻れるのか

　血圧の重力による影響に対処しているヒトのメカニズムを考えてみよう。心臓からずっと低い位置にある足のつま先の血液が，静脈血管内を重力に逆らって心臓まで戻ってこられるのはなぜだろうか。

　つま先の毛細血管を出た静脈血が，重力に打ち勝つだけの圧力を残しているのだろうか。立位のつま先から心臓までの高さを1 mとすると，$1,000/13.6 \fallingdotseq 74$ mmHg以上の静脈圧を残していなければ，静脈血は心臓まで戻ってこられない。しかし，毛細血管を出た静脈血の圧力はわずか数mmHgである。これだけの血圧で静脈血を心臓まで持ち上げることは不可能である。ではそれを可能にしているメカニズムは何だろうか？

　腕や脚の太い静脈血管の内部には，**図6-10**のように心臓方向にのみ血液を流す半月状の**静脈弁**がついている。ただし，心臓より上にある静脈血管には，静脈血は重力により自然に下がってくるので，こうした静脈弁はついていない。この静脈弁は，筋肉の運動によって静脈血管が圧迫されると（**ミルキング作用**），血液を心臓の方向のみに押し進めて，逆流を防いでいる。つまり静脈弁で仕切られた静脈血管の各部分と筋肉が，ポンプの役割を果たしている。そこでこれを**筋肉ポンプ**ともいう。またこれは，心臓と同じ役割を果たしているので，「**脚は第2の心臓**」ともいわれる。このため適度な歩行は，足裏の交互の圧迫と脚の交互引きあげ運動とにより，静脈弁が機能し血行が促進される。もし静脈弁が閉鎖不全になると，静脈血を心臓に戻すことができず，うっ血してしまうので，静脈瘤ができてしまう。

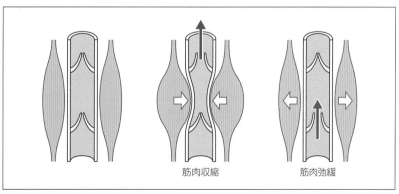

筋肉収縮　　　筋肉弛緩

図6-10　静脈弁のはたらき

こうした筋肉運動以外にも静脈血還流の仕掛けがある。四肢・体幹の深部では，筋性動脈血管と太い静脈血管とが並んで走っていて（**伴行静脈**），**対向流**をなしている。すると動脈血管の拍動によって，静脈血管が周期的に圧迫される。静脈内では，静脈弁によって筋肉ポンプのはたらきが生じ，静脈血は心臓に向かって自然に流れるようになる（**動脈拍動**）。もしもこの動脈に動脈硬化症があり収縮性が衰えていると，この筋肉ポンプは機能しないので静脈還流が沈滞してしまう。

さらに，**呼吸ポンプ**という機構もある。息を吸うと横隔膜が下がり腹圧が上昇する。腹部を走る下大静脈が圧迫され，静脈弁のはたらきによって，大量の静脈血が一方通行で右心房に移動していく。よって呼吸運動も血行を促すポンプのはたらきをしていることになる。

リンパ管の弁

参考 リンパの推進力

「リンパ」は，毛細血管から漏れ出た血漿で，細胞を浸している組織間液である。最終的には首周辺の静脈に合流し，心臓に戻っていく。「リンパ系」は，動脈・静脈とは独立した3番目の循環系であり，リンパ系の随所に存在する「リンパ節」は，病原体や異物の捕捉といった生体防御上の重要な役割を果たしている。哺乳類のリンパ系には心臓のような駆動ポンプは存在しないが，リンパは必ず一方向に進む。その訳は，リンパ管の中には，静脈血管の中にある静脈弁と同様に，多数の「弁」が存在し，筋肉の動きに押されリンパ管が収縮すると弁のはたらきによりリンパは静脈の方向にのみ送られる。よって，筋肉を動かさないとリンパの流れが滞り，むくみ（浮腫）が引き起こされる。適度な身体運動をしたりマッサージを施すと，リンパの循環が改善される。

4 静脈血が滞留してしまうと…

長時間ずっと緊張して起立していると，脚が腫れぼったく太くなったとか，靴がきつくなったという経験はないだろうか[5]。これは，脚の筋肉の運動が不十分なために血液が上方に進まず，下肢に滞留してしまうためである。この状態を**うっ血**という。これが極端に慢性化した場合には，**静脈瘤**を発症することもある。下半身に血液が滞留しすぎ，頭部への血液供給が不足すると，貧血状態になることがある。長時間の起立を余儀なくされたときは，適度に脚を動かすなど筋肉を活動させるのがよい。

脚をモミモミ

海外旅行で飛行機の狭い座席に長時間じっと座っていると，**ロングフライト血栓症**（いわゆるエコノミークラス症候群）になることがある。脚部の静脈還流が阻害され，深部静脈血管内に血栓が生じる。その血栓が徐々に大動脈へ流れて心臓まで達し，ここで肺循環に移行すると，今度は急に細くなった肺毛細血管に流れていき，そこで詰まって血流を阻害し，重大な障害を生じさせることがある。医学的には，「深部静脈血栓症（DVT）に起

---

5)「靴選びは夕方に」とよくいわれる。朝は足のサイズが小さく，夕方になるに従いうっ血によって足のサイズが若干大きくなる。

因する**肺血栓塞栓症**(PTE)」と呼ばれる。とくに，長時間脚を組んで座っていると，ふくらはぎ内の深部静脈血管が膝頭で圧迫されて血流が阻害され，血栓ができやすい。ときどき，機内を歩いて脚の運動をして血行を維持してほしい。また機内は湿度20%以下と乾燥しているので，血液の粘性が高まりやすい。そこで，水分補給は血栓症防止策となる。

　長期臥床の患者は，下肢の筋肉ポンプの活動が十分にできないために，うっ血による脚のむくみやだるさを訴える傾向がある。このような場合，脚を高めに支え，さらにふくらはぎを踵側から体幹側に向けてマッサージすることで，患者の訴えを軽減できる(**下腿マッサージ**)。

　長時間の手術では，患者が血栓症を起こす心配がある。麻酔のため，脚の運動ができず，筋肉ポンプがはたらかなくなって，静脈血が滞留するためである。そのため手術中に，**弾性ストッキング**や**弾性包帯**の装着，あるいは間歇的に脚の筋肉を下から上に圧迫する**フットポンプ**を施行することもある。

　長期臥床の患者には，できるだけ早期離床を促し，歩行訓練を奨励する。すると，足底に滞留した静脈血が，歩行に伴い周期的に足底にかかる加圧によって押され，還流しやすくなる。もちろん脚の上下動によって下肢の筋肉ポンプも機能し，ひいては全身の血流循環の活性化と代謝の促進に役立つ。

　大人の半数以上がひそかに悩んでいる痔には，静脈血が重力の作用で滞留したことが原因のものが多い。1日中ずっと立ったまま，あるいはじっと座ったままの姿勢は痔にはよくない。痔は，四足歩行で体幹が水平になっている動物にはあまりみられない，ヒト特有の病気だそうである。

⑤ キリンと恐竜の血圧

　血圧の重力による影響に関する興味深い話題として，キリンや恐竜などの背の高い動物の血圧の問題がある。いま仮に，**キリンの身長を5 m**(脚の長さ1.5 m，胴の厚み1 m，首の長さと頭2.5 m)と仮定する。心臓は胴の中央にあるので地表から約2 mの高さにある。ところで脳動脈血圧は何時いかなるときでも，平均血圧で100 mmHg程度の血圧は必要であろう。

　このキリンが頭を上げているとき，心臓位置での動脈圧が，

$$100＋(5,000－2,000)/13.6＝320 \text{ mmHg} \tag{6-6}$$

であれば，頭部の平均血圧100 mmHgを確保できる。キリンは，ヒトや他の動物に比べて血圧が非常に高く，そうとう強力な心臓を持っていることがうかがわれる。また，地面の水を飲んだり草を食むためにキリンが頭を地面に下げたときの脳動脈の平均血圧は，心臓位置から地表までは落差が2 mあるので，

$$320＋2,000/13.6≒470 \text{ mmHg} \tag{6-7}$$

となる。頭を上下するたびに脳動脈の血圧は100〜470 mmHgと，370 mmHgも変動するが，こうした大きな血圧の変化に即座に対応できる調節

機構ワンダーネット(網目状の毛細血管の塊が急激な圧力変化を吸収する機構)がキリンの後頭部には備わっている。またキリンの頸動脈には弁(動脈弁)がついて，動脈血の逆流を防いでいるそうである。

　長い首に関連して，次のような話がある。1億5000万年前に中国で生存していた**恐竜**のマメンチサウルスは，首がとても長かった(頸椎19個，首の長さ12 m，全長40 m，体重20トン)。この首を立て頭部を真上に持ち上げたとすると，頭頂部に血液を行き渡らせるにはそうとう強力な心臓が必要となる。しかし，そうした巨大な心臓は現実問題としては想像しにくい。そこで，頭を真上に上げたり首を激しく上下させる行動を避け，首はいつも静かに水平に保たれていたと考えられている。そのため，前後の重力バランスを保つために，長い尻尾を後ろにつけて「やじろべえ」のようになっていた，と考えられている。こうしたことが，古生物生体力学の分野で研究されている。

参考 キリンの心臓

　キリンは高い位置まで血液を持ち上げる必要から，キリンの心臓はゾウなどと並んで地上動物では最も大きい。野生のキリンの首に血圧計を取りつけて測った値は，収縮期血圧が300 mmHgであったという報告がある(心臓位置では，もっと高い値を示すはずである)。また，キリンの動脈に直接管を刺し込んで血圧を測った結果，収縮期血圧が約330 mmHg，拡張期血圧が約210 mmHgであったという報告がある。

　野生のキリンの平均寿命は約12年(飼育下でも最長25年ほど)で，早死の原因は脳血管障害や心臓の過負荷によるともいわれている。

参考 キリンとゾウの気道

　キリンの首は長いので(頸椎の数はヒトと同じ7個だが)，気道が長く，呼吸がしにくくなっている。吐き出すべき呼気が気道に残り，これをもう一度吸い込んでしまう量(**死腔量**)が多い。(死腔量)/(呼吸量)の値が，キリンは44%と，ヒトの33%に比べずっと大きく，よって息苦しい。小刻みの呼吸では全く換気されないので，呼吸数は約12回/分と長く深い息をしている。ちなみに，ヒトの呼吸数は約16〜20回/分である。

　ゾウの鼻も長いので，鼻で息をするときには呼吸数が少なく深い息をする。ゾウの呼吸数は4〜5回/分といわれ，たしかにゆっくりと呼吸している。ゾウが走るときには，換気量を多くするために，おそらく口を開けて呼吸をしているであろう。

　海で**シュノーケリング**(水中遊泳)をするときには，キリンやゾウのように，呼吸数を少なくして長い息をしなければならない。でもシュノーケル(水中呼吸パイプ)があまりにも長すぎては，実質的なガス交換ができず息苦しくて使いものにならない。

　同様の観点で，呼吸数があまりにも多くなると(一般に呼吸数25回/分以上は**頻呼吸**)，小刻みの浅い呼吸となり新鮮な空気が肺胞まで届かないことになり，実質的なガス交換ができないので，危険な状態となる。また同様に，心臓の拍動数もあまりにも多くなると(脈拍100回/分以上は**頻脈**)，血液を送り出す正常なポンプ機能が果たせなくなり，危険な状態となる。

問　図6-3(117頁)で血液循環と血圧の関係の一例をみたが，体循環では収縮期血圧120 mmHg，拡張期血圧80 mmHgであったものが，肺循環では収縮期血圧25 mmHg，拡張期血圧10 mmHgであった。肺循環の血圧は，体循環の血圧よりもかなり低い。その差は，どのよう理由が考えられるであろうか。

　主な理由はすでに本文中に記されている。これを皆さん自身の文章で，初心者にもよくわかりやすい言葉で解説してみよう。自分では正解はわかっていても，それを相手に正確に受け入れやすく伝えることはたいへんむずかしいものである。しかし，その努力の過程で自分の理解がさらに深まるに違いない。

遊び心の演習　「"水"血圧計」の簡易模型

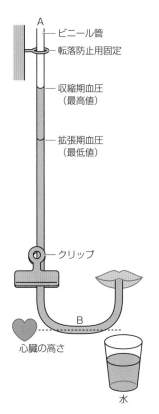

A
── ビニール管
── 転落防止用固定

── 収縮期血圧
　　（最高値）

── 拡張期血圧
　　（最低値）

── クリップ

B
心臓の高さ

水

用意：透明ビニール管　約2〜3 m，クリップ，コップと水(ジュース)，雑巾
準備：自分の血圧の最高値・最低値(mmHg)を，水柱(cmH₂O)の単位に変換する。最高値・最低値(mmHg)を水銀密度である13.6倍し，mmをcmにするために10で割る。$P_{最高}$(cmH₂O)，$P_{最低}$(cmH₂O)を得る。この値の位置を，鉛直に立てたビニール管の上に印をする。
実施：
①ビニール管が，倒れたり外れたりしないように，しっかりと鉛直に固定する（最上端Aは開放）。ビニール管の最下部Bが心臓の高さになるように湾曲させる。Bよりやや上をクリップではさみ，管の開閉操作をする。
②水を口に含み，クリップをゆるめ，水をビニール管に吹き込む。何度かクリップを開閉させながら水を補給し，水を印の位置まで徐々に押し上げる。このとき，ビニール管が傾いたり倒れたり，また先端Aから水が溢れ出たりしないように注意する。
③$P_{最高}$(cmH₂O)，$P_{最低}$(cmH₂O)の位置を，それぞれ目視で確認する。血液の密度は水の密度とほぼ同じなので，実際に自分の血液をつかって高さを測ったとしても，同様な高さになることを認識できる。

" 看護学生の声 "

◆本当の血圧のパワーにびっくり！

今日，先生が作った大きな大きな"水"血圧計（図6-8）のデモンストレーションを見て，血圧の実際の意味を目で知りました。

収縮期血圧では血液が天井近くまで届くことを目のあたりにして，驚き「ハッ！」とさせられました。映画の時代劇で血しぶきが障子や天井に吹き出るのを見て「オーバーな！」と思っていましたが，「これはホントにそうなるな」と思いました。

高血圧は「上が140mmHg以上，下が90mmHg以上のいずれか一方，あるいは両方[6]」の場合というのは看護学で学び，覚えていますが，実際に体の中の血液がどのようであるかについては考えたこともありませんでした。ただ数値のみで高血圧を理解していたつもりになっていた自分が情けなく，これでは，なぜ高血圧が悪いのか，高血圧によってどんな疾病が発生する可能性があるのか，ということに発展させて考えることができるわけがありませんでした。血圧の真の姿を実感して，その重要性を真剣に考える気になりました。

教師の声 ……………………………………………………………………

"水"血圧計は，簡単な実験でしかも血圧の実態がすぐにわかる優れ物です。しかし大きすぎて，取り扱いや保管が大変なことは確かです。そこで皆さんは，先に記した遊び心の演習「"水"血圧計」の簡易模型（前頁）を実施して，自分のデータを目に見える形で確認してみましょう。そして「自分の血圧は，血液をその高さまで持ち上げる圧力だ」，ということを実感しておいてください。安静時においてはその高さであって，運動中や立腹中はもっともっと上まで昇ることも忘れないようにしましょう。

◆血液循環は活発なほうが…

以前，両腕を上に上げていつまで耐えられるかという，今から考えると馬鹿げた競争を友達としたことがあります。腕を上に上げるだけなんて面白そうだけど，実際は指先がすぐに冷たく感じられ，腕全体がとてもだるくなって気持ち悪くなりました。血液循環がスムースに行われなくなって，熱の供給が途絶えて冷たくなり，疲労物質の排除が滞ったため腕全体がだるく感じられたのだと思われます。

動くよりもじっと静かにしていたほうが体は楽ではないかと以前は思っていました。しかし，適度に運動をした後は，何となく体がだるくても，かえって体がスッキリと気持ちよく感じられることがあります。これは筋肉ポンプの作用で血液の循環がスムースに行われるためだと思われます。やはり体を動かすことは大事だと思います。患者さんの安静維持と適度な運動とのバランスの判断が適切にでき，上手に指導してあげられるようになりたいです。

---

6) 高血圧治療ガイドライン2019（日本高血圧学会）では，診察室血圧120/80mmHg未満を正常血圧と定義している。

生体のゆらぎ

私たちが緊張した状態では，交感神経が興奮して血圧が上がり心拍間隔は短めになり，しかも一定になる。緊張した状態やストレスが溜まりイライラした状態があてはまる。リラックスして落ち着いた状態になると，自律神経のバランスがとれて，心臓の鼓動が落ち着き，血圧が下がり，心拍間隔のバラつきが多くなるそうである。このように，心臓の機能が全く正常な人でも，完全に規則正しい心拍数を打ちつづけるということはない。誰でも心拍数は正常値のまわりを適当に**ゆらいでいる**ものである。

生体の時系列信号は本質的に**非定常**であることが，最近わかってきた。しかも，生体におけるこうしたゆらぎの存在は，治療の対象だとか困ったノイズだという従来の考え方ではなく，むしろ生体にとって意味のある必要欠くべからざる存在ではないかと考えられるようになってきた。

ここで，私たちが体感的に知っているゆらぎの現象をいくつかみてみよう。直立しているとき，じっと立っているつもりでも，常に身体はわずかながら揺れている。揺れないように意識し無理に身体をじっとさせていると，かえって不安定になり倒れてしまう。連続的なわずかな揺れは，重心からの重力線が支持面の真ん中を通るように，常に動的な微調整を行っているのである。また，音楽のリズムがまったく一定では，私たちは意識のうえで単調と感じ退屈してしまう。繰り返しのリズムが適当で，その中に適度のゆらぎを与えると，心地よくしかも新鮮な刺激となる。さらに，痛みを伴った患者に，適度なゆらぎをのせた周期的電気刺激を与えると，除痛効果があることが知られている。人工臓器においても，生体のゆらぎ特性を考慮して制御システムを設計する方向が出てきている。

生物の進化も，ゆらぎの一形態であるという見方がある。何百万年，何千万年の間に地球環境は何度も劇的な変動を繰り返しているが，生物が完全なコピー（クローン）であったならば，どこかの時代に環境に適応できない状態に一度でも遭遇すると，その生物は完全に絶滅してしまい永久に元の状態に復活することはない。環境のゆらぎに適応できなかったり，各種新型ウイルスの蔓延を克服できずに絶滅した生物は多いはずである。現在繁栄している生物は，画一ではなく常に両サイドにゆらいだ多様性を持っていたおかげで，環境の激変や過酷な状況にも適応でき，生き延びてきたのであろう。こうした事実は，**ゆらぎ**と**多様性**の重要性を示している。

「単一化した生態系は衰弱する」という法則がある。たとえばニワトリを同一系で育てていくと，だんだんと卵を産まなくなり弱体化していくそうである。民法では，これに関連して「近親婚の制限」を規定している。こうした観点から，クローン技術は多様な問題を含んでおり，そのありようが議論されている。最近では，人間の物質文明の活発化による人為的と思われる地球環境の激変により，生物の「種の多様性」が失われつつあることは，大いに懸念される事態である。

これらの教訓を押し進めると，国際的にグローバル化が進み，世界が画一化の傾向を強め，多様な固有文化が失われつつあることは，人間の社会の真の発展という観点から問題はないのだろうか。

こうしたゆらぎの現象（混沌とした現象）が物理学においても最近注目を浴びている。ゆらぎ特性を取り入れた**複雑系物理学**といった学問体系もできつつある。寺田寅彦は100年近くも前にすでに，このゆらぎの現象に注目してその研究を奨励した（付録189頁の『涼味』を参照）。一昔前，「ファジィ」と銘打った家庭電化製品も登場したが，この流れを汲んだものである。

ゆらぎを人間性に関連させれば，ゆらぎのない人間は，はみだしのない真面目人間，固定概念で束縛されて視野が狭く余裕のない人間となる。アクションに対してリアクションが決まってくるので，予測可能な人間となる。一方，適度なゆらぎ人間は，視野が広く遊び心をもってバランス感覚があり，多様な価値観を認める人間である。類型の中に埋没せずに個性的で，自分独自の才能を伸ばそうとするので卓越した人材となる可能性がある。

多様化した医療環境や患者のゆらぎに対応するためには，理想化された1つの看護師像だけを目指すのでは不十分である。必要な基礎を幅広く習得したうえで，ゆらぎ概念を導入して，皆さん各自の特徴を生かした新しい看護師像を目指していく必要があろう。

第7章

感覚器の物理

　朝，目覚めると，外はすでに明るくなっていることを感じ，路上ではもう何かの物音がして，窓を開けると肌に冷たい爽やかさを，さらに心地よい朝のにおいも感じる。自然環境の物理量には，たとえば，温度・湿度・光(明るさ・色・パターン)・音(強さ・高さ・音色)・大気圧などがある。においや味は，すでに体内に取り入れた化学物質への生体反応である。このように私たちは，さまざまな物理量や化学物質で構成されている自然環境の中で生活している。私たちは，こうした外界からのさまざまな情報を感覚器で感知し，それらに適切に対処しながら生活している。

　ヒト以外の生物も，それぞれ独自に発達した感覚器を持ち，環境に適切に対応しながら生命活動を維持している。自然環境の物理量が客観的には同じであっても，生物によって感ずる大きさが違っていたり，感知可能な範囲がずれていたりすることがある。たとえば，光に関しては，ネコのように暗い中でもよく見えたり，モンシロチョウのように紫外線領域の光で異性を見分けたり，ヘビのように赤外線領域の光を感じて餌を獲ったりする動物がいる。音に関しては，コウモリは超音波を敏感に聞き分け，ゾウは超低周波の声で遠くの仲間と交信したり，同じくクジラの発する低周波の音波は大洋を渡るという研究報告がある。また，物質の化学的刺激に敏感な動物として，イヌが嗅覚において優れ，サケが味覚によって生まれ故郷の川へ戻ることも知られている。渡り鳥やミツバチは地磁気を感知し，方位を定めているらしいといわれている。

　ヒトの感覚器の特徴は，他の動物に比べてとくに，視覚からの情報収集能力が優れ，嗅覚の能力が劣っているといわれている。これはかつて四足歩行をしていた頃のヒトの祖先は嗅覚に敏感だったが，二足歩行をするようになってからは，顔の高さでは臭気が希薄になり嗅覚が衰えた。その代わりに，視界が開けたので視覚が発達したという説がある。

　自然界には放射線の環境も存在するが，ヒトは出現以来ずっと近代までは放射線が電離層で遮られて守られてきたので，放射線に対する感覚器が発達する必要がなかった。よって，現代になってヒトが有害な放射線に曝される機会が増してきても，これを感じることができず無防備である。放射線に対しては，測定器を用いるなどして，意識的に適切に対処する必要がある。

　本章では，ヒトが本来身につけている感覚機能の不思議と優秀さを見ていこう。そして，そうした事象を表現する方法として，「数学」的考え方が大いに役立つことをみていこう。

クンクン…, このにおいは?

Ⓐ　感覚の大きさ

　生物は外界からさまざまな刺激を，感覚器官によって感じている。生物

が主観的に感じる刺激の大きさは，刺激の客観的大きさと同じであろう
か。実は，生物が受け取る刺激の量的な感じ方は，「刺激量と感覚量が正比
例していない」という不思議な特徴がある。ヒトの感覚量は，この正比例で
はない関係で認識されており，おそらく他の生物も同様であろう。この感
覚の不思議な特徴は，生物が生存していくうえで不可欠な事柄なのであ
る。また，物理学的にも興味深い事柄である。

1 感覚は刺激の変化に敏感

　刺激の客観的全量を，そのままの大きさで主観的感覚量として感じてい
るわけではない。刺激の全量 I と主観的な感覚量 E とは正比例していない。

$$\text{感覚量 } E \neq k \times (\text{刺激の全量 } I) \qquad (k \text{ は比例係数}) \qquad (7\text{-}1)$$

　あるいは，客観的な刺激の変化量 ΔI を，そのままの大きさで感覚の変
化量 ΔE として主観的に感じているわけではない。刺激の変化量 ΔI と主観
的な感覚の変化量 ΔE とは正比例していない。

$$\text{感覚の変化量 } \Delta E \neq k' \times (\text{刺激の変化量 } \Delta I) \qquad (7\text{-}2)$$

　実は，刺激の変化量と感覚の変化量との間には，次のような関係がある。
刺激の変化量 ΔI の全量 I に対する比が，感覚の変化量 ΔE に比例する。

$$\text{感覚の変化量 } \Delta E = k \times \frac{(\text{刺激の変化量 } \Delta I)}{(\text{刺激の全量 } I)} \qquad (7\text{-}3)$$

　この式の意味は，刺激は同じ変化量 ΔI でも，すでに受けている刺激の全
量いかんによって，感覚の変化量 ΔE が違う。同じ刺激の変化量 ΔI でも，
刺激の全量 I が大きいときには感覚の変化量 ΔE は小さくなり，刺激の全
量 I が小さいときには感覚の変化量 ΔE は大きくなる。

　たとえば，大きな騒音の中では相当大きな物音でも聞こえにくいが，静
まり返った中では，ちょっとした小さな物音でもびっくりするほど大きく
聞こえるものである。さまざまな物音が入り混じった昼間は，患者にとっ
て看護師の靴音や器具の触れ合う音は気にならないが，寝静まった夜中に
は看護師のそうした物音はひどく大きな音に聞こえるものである（なるべ
く足音のたたない靴に履きかえて，静かに歩きましょう）。

2 刺激量を加工して感じる

　皆さんは高校の数学の時間に，**対数**を学んだであろう。その対数につい
てはあまり好ましい印象を残していないかもしれない。しかし，私たちの
感覚量の物指（スケール）はすべて対数でできており，すべての生理的反応
が対数によって動いているのである。対数は，私たちのごく身近なところ
で重要な役割を果たしており，大変有用な事柄である。

　ここで，(7-3)式を変形すると（変形の方法は，数学の問題としてここで
は立ち入らない）次のようになる。

$$\text{感覚量 } E = k \times (\text{刺激の全量の対数 } \log I) \qquad (7\text{-}4)$$

　この式を言葉で言い表すと，「**感覚量は，刺激の全量の対数に比例する**」。

　この式の意味を理解するには，対数の性質を思い出すとわかりやすい。

　億とか兆とか京といった大きな数は，大きすぎて把握しにくい。しかし，これを対数化すると手の届くそれなりの大きな値に縮めて扱えるようになる。逆に，ミクロンとかナノといった小さな数は，あまりにも小さくて手に負えない。しかし，これを対数化すると，目に見えるそれなりの小さな値に拡大して扱えるようになる。

　このようにヒトの感覚は，その刺激量を**対数化**することによって，「感じうる範囲を，大きいほうにも小さいほうにも両方とも広げる」巧妙な仕掛けをしている。

　ところで，あまりにも小さな刺激は，これを対数化して拡大しても感知不可能な限界がある。感覚器官が認知しうるこの最小の刺激量のことを**閾値**(しきい値)という。閾値の刺激の大きさを I_0，このときに生ずる最小の感覚量を E_0 とすると，(7-4)式から

$$E_0 = k \times (\log I_0) \tag{7-5}$$

となる。実際の感覚量 α は，この最小の感覚量 E_0 から測り始める。

　つまり，(7-4)式から(7-5)式を引いて

$$\alpha = E - E_0 = k(\log I - \log I_0) = k \log\left(\frac{I}{I_0}\right) \tag{7-6}$$

となる。この実際の感覚量 α と刺激の全量 I との関係を，**ウェーバー・フェヒナーの法則**という。この法則は，生理学や心理学の教科書にもしばしば登場する大変有名な法則である。

B 聴覚の大きさ

① 音の大きさ

　音の大きさに対するヒトの感覚について考えてみよう。ヒトが聞くことのできる最小の音のエネルギーの強さ(閾値)は，

$$I_0 = 10^{-12}(\mathrm{W/m^2})^{1)} \tag{7-7}$$

である。また，(7-6)式で比例係数を $k=10$ とおき，log に常用対数 $\log_{10}$ をとったとき，(7-6)式で求められた**感覚上の音の大きさ(レベル)** α の単位を**デシベル**(dB)[2] と呼んでいる。

$$\alpha = 10 \log_{10}\left(\frac{I}{I_0}\right) \tag{7-8}$$

　音の強さ(エネルギー) I と感覚上の大きさ(レベル) α の対応関係につい

---

1) $\mathrm{W/m^2}$：音波の強さを表す単位で，単位面積(1 m²)を1秒間に何ジュールの音のエネルギーが通過するかを表す。

2) デシベル dB：デシ deci は 1/10 の意味。ベル B は，音の強さを表す単位で，電話器の発明者グラハム・ベルに因む。

表 7-1　さまざまな音の大きさ(単位：dB)

可聴限界	0	看護師の大きな足音**	80
ささやき声	30	ギブスカットの音**	90
病室内(夜間)の環境基準値	40 以下	高架線のガード下	100
病室内(昼間)の環境基準値	50 以下	耳が痛くなる限界	120
普通の会話	60	聴覚機能に異常をきたす	140
新幹線の環境基準値*	70 以下	鼓膜が破れる	150 以上

*これは住宅地の値，商工業地の値は 75 dB 以下。**距離 1 m での実測値

音の強さI (W/m²)	レベルα (dB)
10^0	120
10^{-2}	100
10^{-4}	80
10^{-6}	60
10^{-8}	40
10^{-10}	20
10^{-12}	0

図 7-1　音の強さと感覚上の音の大きさとの関係

て図 7-1 に示す。ヒトの聞きうる音の強さの範囲は，閾値からその 1 兆倍まで(10^{-12}〜1 W/m²)で，感覚上の音の大きさ α は 0〜120 dB の範囲に収まる。また，音の強さの対数が感覚上の音の大きさなので，次のようにも表記できる。

2 倍になると，　$\alpha = 10 \log_{10} 2 \fallingdotseq 3$ dB 増加

10 倍になると，　$\alpha = 10 \log_{10} 10 = 10$ dB 増加

100 倍になると，　$\alpha = 10 \log_{10} 100 = 10 \log_{10} 10^2 = 10 \times 2 = 20$ dB 増加

1,000 倍になると，　$\alpha = 10 \log_{10} 1,000 = 10 \log_{10} 10^3 = 10 \times 3 = 30$ dB 増加

1 兆倍になると，　$\alpha = 10 \log_{10} 10^{12} = 10 \times 12 = 120$ dB 増加

実際のさまざまな音の大きさの例を**表 7-1** に示す。

② 音の高さによる聴覚の感受性

同じ音の強さでも，その音の高さ(振動数)によって感覚上，違った大きさで聞こえる。これは，音の高さによって耳の感度が異なるためである。ヒトは，およそ 1,000〜5,000 Hz(ヘルツ)の音が最もよく聞こえ，それよりも低音側あるいは高音側にいくに従い聞こえにくくなる。最終的に低音側で 16 Hz 以下，高音側で 16,000 Hz 以上では，音が存在していても聞こえない。

こうした音の高さによる感覚上の大きさの違いを図にしたものが**純音**[3]の**等感覚曲線**(図 7-2)である。ここで使われている音の大きさの単位の「ホン」は，感覚上の音の強さである。同じホン数の音(同じ大きさに聞こえる)が，振動数の違いによって音のエネルギー的には同じでないことがわかる。いま図 7-2 の 60 ホンの赤い線に注目してみよう。3,000 Hz あたりで最も下がっている。中音域の 3,000 Hz 周辺の音は，エネルギー的には小さくても 60 ホンの大きさの音に，それよりも高音側や低音側にいくにしたがい音のエネルギーを増やすと，やはり 60 ホンの同じ大きさの音に聞こえる(等感覚)ことを示している。このようにヒトは中音域の音が最も聞こえやすいので，さまざまな機器の警報音「ピーピー」はこの振動数の音を使うことが多い。

このように，どの音域でも感覚的には同じ大きさに聞こえる音の大きさ

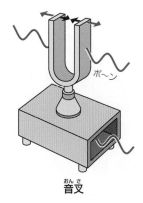

ポ〜ン

音叉（おんさ）

---

3) **純音**は基本振動(純粋の正弦波)の音。**音叉**（おんさ）の出す音。聴力検査で使われる音。

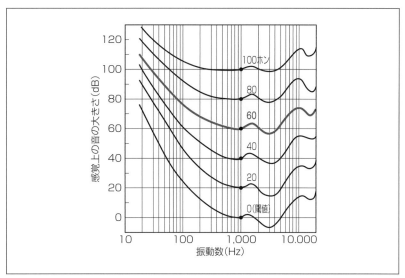

図 7-2　純音の等感覚曲線

の単位が**ホン**である。1,000 Hz の純音のホンは，音圧レベルの dB に等しい（図中の黒丸）。従来は騒音レベルなど日常的に音の大きさを問題にするときには，「ホン」の単位を使うことが多かった。しかし，1997 年から計量法上でホンは廃止され，dB（デシベル）を使うことが定められた。

> **参考** **加齢による難聴**
>
> 　老齢になるに従い，音を聞く感度が弱まり，小さい音は聞こえにくくなる。同時に聞こえる音域も狭まって，とくに高い音が聞こえにくくなる。
>
> 　日本語の五十音は，「あ行」は「母音」で，「か行」以降は「子音」＋「母音」で発音される。母音だけでなくこの子音も明確に聞き取れないと，言葉全体の内容は伝わらない。ところでこの「子音」には 2 つの聞きにくさの原因がある。まずその①は，子音は母音の直前に「一瞬だけ」発せられる音で，一瞬で消えてしまうので，「ゆっくり丁寧に」発音しないと高齢者には聞き取りにくい。その②は，「子音部分は高周波振動の成分からできているので，可聴域外になり聞こえない」ことがある。音波の基本波形は正弦波で，この基本波形の上に 2 倍振動・3 倍振動…の正弦波が重なると，あらゆる複雑な波形が作り出され（波の重ね合わせの原理[4]），子音はこうしてつくり出される。この倍音の振動数が可聴域内にないと，その子音が聞き取れない。よって，子音をとくにていねいに滑舌よく明瞭に話す必要がある。最近のテレビ番組の中でも，早口の籠った呟き声で話の内容がよく聞き取れないことが多々ある。患者との会話においても明瞭な声を前に押し出し続け，大事な会話を相手の耳までしっかりと送り届けるつもりで，相手の目を見ながら会話をしよう。

---

4) **波の重ね合わせの原理**：基本振動の波の上に *n* 倍振動の波を重ね合わせる（振幅の加算・減算が成立する）と，基本振動数（音程）は変わらないが，波形が微妙に変わる。音の場合は，音色が変化して聞こえる。声の場合，口腔や鼻腔や 4 つの副鼻腔は各人それぞれ微妙に大きさや形状が違うので，腔で共鳴した倍音が重ね合わされ，その人固有の音色の声がつくられる。

参考 **聴覚検査**

　医学的に聴覚検査をするときには，**オージオメータ**を使って 125 Hz から 8,000 Hz までの純音[3]を 2 の倍数で 7 段階に分けて（125×2^n，$n=1 \sim 7$，すなわち 7 オクターブ），被験者の閾値（聞き取れる最小の音圧レベル）が何 dB かを検査する。500，1,000，2,000 Hz の各閾値が 25 dB 以下（25 dB よりも小さな音でも聞こえる）であれば，正常聴力。26 dB 以上の大きな音でなければ聞こえなければ，難聴と判断される。

　聴覚検査は，気導音（耳道から伝わった音）と骨導音（耳の後の側頭骨から伝わった音）の 2 種類の音の伝わり方を調べる。その差によって異常のある部位が推定できる。気導のみの聴力低下は，中耳炎などの外耳・内耳の障害。気導と骨導の両方の聴力低下は，老年性難聴（加齢性難聴）などの内耳以降の障害。

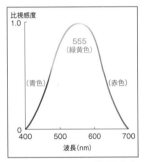

図 7-3　色による比視感度

参考 **光の波長（色）による視覚の感受性**

　音の等感覚曲線と似た等感覚曲線として，光の色に関する等感覚曲線がある。ヒトの目は赤から紫までの 7 色の可視光線を感知するが，等エネルギーの光刺激であっても，感ずる明るさは違っていて，その中でもとくに黄色（7 色の中間部）に対して最も感度がよい。また，ヒトの目は，同じ明るさでも光の波長（色）によって感度が異なり，明るい所での見え方（明所視）を示す感度曲線（図 7-3）をみると，黄色付近で最大の感度を示している。

　よって，注意を促す交通標識の着色には黄色が多用されている（154 頁の図 7-10 にも関連）。

 ## 対数目盛を使った感覚範囲の拡大

1 算術目盛とは

　先に学んだウェーバー・フェヒナーの法則によれば，感覚量は刺激量の対数に比例している。しかし，私たちがふだん使っている目盛は，定規の目盛は 1 mm ごと，体温計は 0.1℃ ごと，血圧計も体重計も，一定幅ごとの刻みで，等間隔の目盛が刻まれている。こうした等間隔の目盛を**算術目盛**という。

　算術目盛のついた測定器具の目盛の身近な例として「30 cm の定規」をとりあげる。最小ひと目盛 1 mm（**分解能**）に対して，測定可能な最大値（**フルスケール**）は，300 倍（30 cm）となっており，その他の測定器具でもおよそ 100～1,000 倍になっている。

　このように算術目盛を使った通常の測定器具の測定範囲は，最小目盛の $10^2 \sim 10^3$ 倍程度までである。最小目盛以下の量に対しては，認知できずに測定不可能となる。また最大目盛以上の量に対しては，測定範囲を超えてしまっているので，測定不能となる。電圧計や電流計などの測定器具であれば指針が振り切れたままになり（**スケールアウト**），場合によっては測定器具を破損してしまう。生体であれば刺激が大きすぎて，感覚器が損傷を受ける恐れがある。

そこで，測定範囲の幅広い量の測定には，大小さまざまな測定範囲(レンジ)を持った測定器具を別々に用意し，使い分けなくてはならない。

② 対数目盛とは

ところで，ヒトの聞きうる音の強さの範囲はだいたい 10^{-12}〜1 W/m^{2}なので，耳は最小値(閾値)から最大値まで 10^{12}倍の範囲の音を聞くことができる。これは普通の算術目盛の測定器の測定範囲 10^2〜10^3倍に比べて，可聴範囲が格段に広いことがわかる(10^{10}倍，10 億倍も)。今と同じ 10^{12}倍の範囲の音を等間隔目盛の耳で聞くとしたら次のようになる。微小な音用・小さめな音用・大きめな音用・大音響用(1〜10^3倍，10^3〜10^6倍，10^6〜10^9倍，10^9〜10^{12}倍)の4種類の耳を用意し，その都度使い分けなければならない。

ヒトは音に対して，微小な音から極大の音まで広い範囲にわたって1つの耳だけで聞き取ることができる理由は，算術目盛の耳でなく，**対数目盛の耳を持っている**からである。こうした対数目盛を持って守備範囲を広げる手段は，耳にかぎらず，光の明暗を感じる目，においの強弱を感じる鼻，味の濃淡などを感じる舌なども同様である。

微小な刺激に対しては，算術目盛ではほとんど検出不可能になるが，対数目盛ではそこの小さい量の目盛をグッと引き伸ばし，細部を拡大して顕著にしている。すなわち，微小な刺激に対して格段に敏感な目盛づけをしている。

一方，算術目盛の測定器具であれば針が振り切れてしまうほどの極大の刺激に対しては，対数目盛ではこれを圧縮して取り込み，それなりの大きな刺激として感知させる。すなわち，非常に大きな刺激に対してあえて鈍感な目盛づけをし，その刺激をも受け入れ感知している。

算術目盛と対数目盛の対応を図式的に表すと，**図 7-4** のようになる。ここで皆さんは，算術目盛は**等差目盛**，対数目盛は**等比目盛**であることに気づくであろう。

対数目盛を物理的に表現すると，バックグラウンド(ノイズ)に埋もれていた微弱な刺激に対しては，ノイズレベルを下げ，信号レベルを上げたことになる。つまり **SN 比**(信号対ノイズの比)を向上させ，**分解能を向上**させたことになる。生物学的な表現では，「閾値を下げた」ことになる。また，過大な刺激に対しては，圧縮して取り込み，測定可能な上限を広げたことになる。

③ 生物の感覚器官

私たち生物は，「差」を感じているのはなく，「比」を感じていることになる。対数目盛による「比」の感覚器は，算術目盛による「差」の感覚器よりも量的な厳密さはある程度失われるものの，感知しうる範囲が小さいほうにも大きいほうにも各段に拡張され，得られる情報量が格段に増大する。

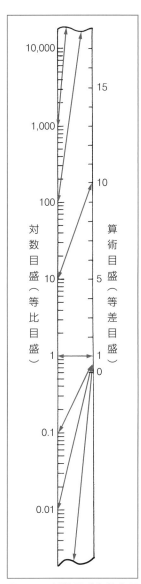

10,000

1,000

100

10

対
数
目
盛
（
等
比
目
盛
）

1

0.1

0.01

15

10

5

1

算
術
目
盛
（
等
差
目
盛
）

1
0

図 7-4　対数目盛と算術目盛の比較

　生物は1種類の刺激に対しては，測定範囲の違う何種類もの感覚器を用意せず1種類だけの感覚器ですませている。もし，ヒトの感覚器が算術目盛だったら，先の耳の例と同様に目においても，薄暗いところでも見える目，普通の明るさで見える目，まぶしくても見える目といくとおりもの目を用意し，それぞれの瞼を閉じたり開いたり次々に切り換えて煩雑な操作を行うことになる。こうした感度の異なったいくつもの目・耳・鼻・舌などを取りつけた顔を想像すると実に滑稽である。こうしたいくつもの感覚器には，それに対応させたいくつもの神経系も必要になるわけで大変複雑な構造となり，そうした生物は実際には生存不可能になるであろう。

　自然界はとてつもなく広大であり厳しい変動を繰り返しており，その厳しい自然環境の中で生物は長い歴史を生き延びてきた。そのための情報を獲得するためには，その刺激をできるだけ広範囲に取り込みながらも，その機能をできるだけ低いランニングコストで維持できる感覚器が必要となった。それには，1種類の刺激に対しては1つだけの感覚器で間に合わせ，刺激の極小から極大までの広い範囲をカバーする工夫として対数目盛で量（はか）ることにした。生物は長い進化の過程で，こうして機能的な対数目盛の感覚器が自然に発達してきたのであろう。

Ⓓ 対数目盛の感覚で聞いている音程

　ここで"感覚的には等間隔に思える目盛"が，実は"対数目盛"になっている身近な例をみてみよう。

　皆さんは，「音の高さを一定間隔ごとに区切ったもの」として何を思い浮かべるだろうか。**オクターブ**[5]は音の高さのステップで，1オクターブ上がるごとに振動数が2倍の高い音になる。このオクターブは等間隔だろうか。さらに，1オクターブの中身をみると，5つの**全音**[6]と2つの**半音**[6]の7音階でできているので，半音だけで数えると，1オクターブは，12の半音でできている。ここで，ピアノの白鍵・黒鍵を順番にすべて叩いてみよう。すると，同じ半音ずつトントントントンと「等間隔」で音程が上がっていくように聞こえる。この半音の幅は本当にどこでも等間隔といえるだろうか。

　「音の高さ」は，物理学で表現すると音波の振動数のことである。たとえば，音の高さの基準音である中央の「ラ」の音の振動数は，440 Hz で，ラジオの時報は，この「ラ」の高さの音である[7]。いま，横軸にピアノの鍵盤をとり，縦軸に音の周波数を等間隔の算術目盛でとり，自然律長音階をグラ

---

5) ある音の**倍音**（振動数が2倍の音）をオクターブという。音楽的には8度音程。
6) 全音は，ドとレ，レとミのような半音2つ分の音程。振動数の比が9/8倍の**長全音**と10/9倍の**半全音**とがある。半音は，ミとファ，シとドのような，全音の1/2の音程。**半音**の振動数の比は16/15倍。

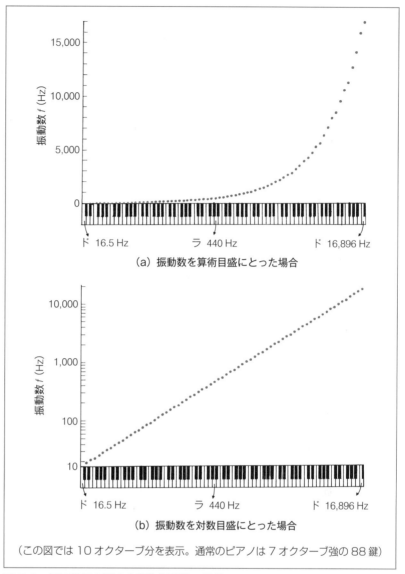

（この図では10オクターブ分を表示。通常のピアノは7オクターブ強の88鍵）

図7-5　純正律長音階の音程と振動数の関係

フに描くと，**図7-5(a)**に示す曲線になる。このグラフは，低音側は緩慢
な増加で，高音側は急激な増加である。しかし，私たちの耳にはこのグラ
フのようには聞こえてこない。むしろ，低音側・高音側のどの音域も，等
間隔の音の高まりに聞こえてくる。

　ここで，**図7-5(a)**の縦軸を対数目盛にして純正律長音階を描きなおす

---

7) **時報**の「ポ・ポ・ポ・ポ～ン」は「ラ・ラ・ラ・↑ラ～ン」，「↑ラ～ン」で1オクターブ
　上がる。(440 Hz，・，・，↑880 Hz)。ピアノの調律は，「ラ」の音を440 Hzに合わ
　せることから始める。そのため，4月4日は「調律の日」となっている。オーケストラ
　の演奏前に全員で行う**チューニング**の音もオーボエが発する「ラ」の音。ただし，音が
　華やかに聞こえるように数Hz高めの音でチューニングすることもある。

と，図 7-5(b)のようになる。図 7-5(a)の算術目盛では極端に右上がりの曲線になっていたグラフが，図 7-5(b)の対数目盛ではほぼ直線[8]になる。先にピアノを弾いて感覚的には等間隔に聞こえた，正にその通りのグラフである。やはり私たちの聴覚は，音の振動数を対数化して聞いている，といえる。

　これまでは，音の振動数と感覚上の音の高さとの関係を調べてきた。さらに，先の B 節の「音の強さと感覚上の音の大きさとの関係」(図 7-1)を図示すれば，やはり図 7-5(a)(b)と同様なグラフになる。さらに，光の強さに対する視覚の感覚上の大きさや，嗅覚・味覚・圧覚などの強さに対する感覚上の大きさを図示すれば，やはり図 7-5(a)(b)と同様なグラフになる。また，精神的な敏感さや鈍感さなどについても，たとえば金銭感覚・清潔さの感覚・空間の広さの感覚などについても，同様な対数関係を示すことは興味深いことである。

Ｅ　生理現象も対数関係

　人体の生理現象にも対数関係がみられる。患者に与薬した薬物の血液濃度を，時間経過で調べてみる。静脈内注射をした場合と経口与薬をした場合には，与薬初期(分布期)においては，血中濃度が与薬方法の違いで差がでるのは当然だが(静脈内注射は血中濃度がすぐ上がるが，経口与薬は胃腸を経て吸収・循環するので時間がかかる)，約 2 時間後の排泄期になってからは，血中濃度はどちらも同じように時間ととも下がっていく。血中濃度と時間との関係を等間隔の算術目盛で描くと図 7-6(a)のようになる。この排泄期の状況をみると，薬効成分の濃度が高いときには急速に排出され，濃度が低くなるとゆっくりと分解・排泄され，薬効成分が体内から完全に抜けるまでには長い時間がかかることがわかる。

　図 7-6(a)のグラフの縦軸を対数目盛にして描き変えると，図 7-6(b)のようになる。排泄期においては，グラフは直線になる。これは「**薬物成分の血中濃度は，時間経過とともに対数的に減少していく**」ことを示している。

　このように生物が関係している感覚や代謝などの諸現象には，**対数関係**をとっているものが非常に多い。では，なぜそうなっているのだろうか，なぜそれが有利でそのように進化をとげてきたのだろうか。例を次にみていこう。

---

8) 横軸目盛を鍵盤ではなく完全に半音ごとに刻み，音階として**純正律長音階**ではなく**平均律音階**(半音は振動数の比が$^{12}\sqrt{2}$倍，約 1.06 倍の音階)を対数目盛で描くと図 7-5(b)のグラフは完全な直線となる。

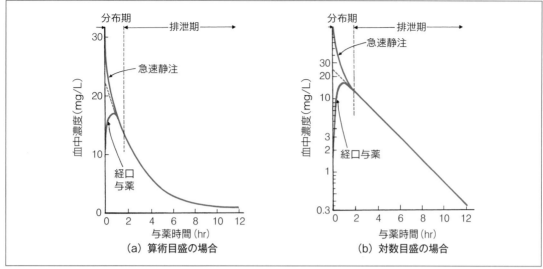

図7-6　与薬の際の血中濃度と時間との関係

F 感覚は変化に敏感で，時間とともに弱まる

1 変化を敏感にキャッチ

　私たちの網膜は，視野の周辺部でほんの少しの像の動きや明暗の変化があっても，それを敏感に感知できる。また涼しい風や温かい風が少し吹いただけでも，皮膚感覚はこれを敏感に感知できる。しかし，そうした空気の中にしばらく浸っていると，最初に感じた感覚をほとんど失ってしまう。また，目覚まし時計やガス漏れ警報器などの警報音も，「ピ――」という**連続音**よりも，「ピッ，ピッ，…」といった**断続音**のほうが気づきやすい（こうした音量の強弱などの振幅変化を **AM変化**という）。点滅式交通信号やパトカーの回転式赤色ランプやサイレンなども同様の効果をねらったものである。救急車の「ピーポー，ピーポー，…」という2音交互サイレン[9]は，音量の変化に加え，さらに音の高さ（こうした音の振動数の変化を **FM変化**という）や音色の変化（波形の変化）も加えて，変化をより認識しやすくしている。

　目の不自由な人たちが頼りとする**点字パネル**を触ってみたことはあるだろうか。ヒトの指先の2点識別閾値は約3 mm といわれ[10]，これ未満の2点は分離して認識できず，1点としか感じられない。ところが点字の1文

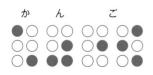

点字（読む面，凸面）
（●丸が凸面）

---

9) 救急車のサイレン（ピーポー・ピーポー）の音程は，「↑シー↓ソー↑シー↓ソー」?と聞こえる。救急車が近づいてくる時にはそれよりも高音側にシフトし，遠ざかるときにはそれよりも低音側にシフトして聞こえる（これは「ドップラー効果」による）。

10) 指先の2点識別閾値は約3 mm，背中は約65 mm といわれる。指先は背中の65/3 ≒22倍も分解能がよい。

字は，縦3個×横2個の計6個の突起の有無によって表されているが，その各突起は2mmしか離れていない。閾値未満の間隔であるのにどうして文字が読めるのであろうか。これは，指先を文字の上に静止させたままでは判読できないが，指先を動かすことによって識別分解能が1mm程度になり，文字が読めるようになる。ヒトは動き，すなわち変化に対して敏感な感覚を持っている。

② 感受性は時間とともに鈍化

刺激に対する感覚は，刺激の大きさをそのままの大きさで認識しているのではない。まず，**変化の瞬間を特別に強調して認識される**。しかし，その刺激が継続していても変化がないと，だんだんと感覚が薄れていく。刺激が変化すると即座に注意喚起がなされ，それを敏感に感知し，刺激が変化しないと次第に感覚が鈍化する。こうした感覚量の純化のことを，生理学では**順応**または**順化**という。

生物がそのような感受性を持っているのは，おそらく次のような理由からであろう。まず，新しい変化には，刺激の絶対量以上に強調して認識させ，ただちに対応させる。その後は次第に感覚レベルを低下させて，次の新しい変化を敏感に捉えるための備えをしているのであろう。おそらく"変化のない刺激をいつまでもそのまま認識しつづけている"ことよりは，"次の新たな変化を敏感に感知し，その変化に素早く対応する備えをする"ほうが，生物にとってはるかに重大なことなのであろう。生物のこうした機能は，理に叶った実にすばらしい機能といえよう。

以上の事柄を模式図で表すと，**図7-7**のようになる。図7-7(a)は，急にある一定の刺激を受け，それが継続したとする(数学的には**階段関数**)。図7-7(b)は，それに対する感覚量を表す。感覚量は次の2つの感覚量の和になる。図中の点線①は，変化に対する感覚量ですばやく大きく立ち上がり，その後はすばやく減衰する(数学的には**微分係数**に対応する)。図中の点線②は，刺激の絶対量に対応した感覚量で，順応により次第に鈍化し

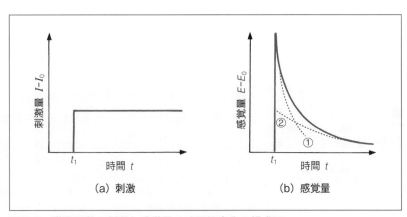

図7-7　階段関数の刺激と感覚量の時間的変化の模式図

ていく(数学的には0に収束する**指数関数**となる)。そして①と②の和が赤い実線で表された極端に尖った後に減衰する曲線となる。実際の感覚量は変化に対して敏感で，時間とともに次第に弱まっていくことを示す。

刺激に対する感覚量の時間的変化を，自分の経験に当てはめてみて，図7-7の傾向と比較してみよう。

G 視覚の機能

私たちが持っている優れた感覚機能の別の例として，視覚の機能についても詳しく調べてみよう。

1 暗いところでの見え方

明るいところから急に暗い映画館の中に入ったとき，最初は真っ暗で何も見えないが，しばらくすると目が暗闇に慣れて，館内の様子が少しずつはっきりと見えてくる。これを**暗順応**という。暗いところに入って15分もすると，光に対する感度は約2万倍も上昇する。暗いところに入る前の状態(**前順応**)によっても感度の上昇の仕方は異なるが，前順応1×10^4 rlx[11]の状態から暗順応に至る閾値の時間的変化の1例を**図7-8**に示す。この曲線をみると，A，Bの2つの曲線から成り立っていることがわかる。

光の受容体には2種類ある。網膜の中心部には**錐体細胞**[12]が，網膜の周辺部には**杆体細胞**が多く分布する(**図7-9**)。**図7-8**の曲線Aで示される

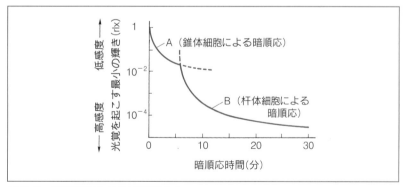

図7-8　暗順応における感度の向上

---

11) rlx：「光束発散度」，ラドルックスと読む。照度に反射率を乗じた値で，"見かけ上の明るさ"を表す。
12) 錐体細胞：先の尖った孔明け器「錐」の形。面積が小さいので微細な画像を認識できるが，明るい光を必要とする。杆体細胞：棒状の「杆」の形。面積が大きいので暗くても多くの光を取り込むことができるが，画像の繊細さは乏しくなる。なお，人の片側の眼の錐体細胞の数は600万個，杆体細胞の数は1億5000万個，神経節細胞の数は100万個。

反応は，錐体細胞による暗順応で，反応が素早く表れ，感度が素早く上昇し，約 5 分で最高感度に達する（この曲線は縦軸の下に行くほど，高感度を示す）。一方，**図 7-8** の曲線 B で示される反応は，杆体細胞による暗順応で，反応がゆっくりと表れ，感度がゆっくりと上昇し，約 30 分で錐体細胞よりもさらによい感度まで上昇する。

　暗順応を十分に行った状態では，錐体細胞と杆体細胞の網膜上での分布の違いから，網膜の中心部よりも周辺部のほうが感度がよい。暗い夜道を歩くとき，「足元をあまり直視しないで，少し遠くのほうを見るようにして歩くとよい」といわれるのはこのためである。

　さらに重要な点であるが，**色感があるのは錐体細胞だけ**で，杆体細胞には色感がない。よって，色感は中心視のみで可能で，周辺視は**明暗視**のみである。

参考 錐体細胞の色感

　ヒトには，赤色・緑色・青色を感じる 3 種類の錐体細胞があり，この 3 種類の錐体細胞の反応の違いによって色の違いを認識する「3 色型色覚」である。3 種類の錐体細胞の 1 つでも正常でないと色覚異常となる。テレビ画面等で使っている最小画素（ピクセル）も，この 3 原色を組み合わせて 7 色のフルカラーを作る。霊長類以外のほとんどの哺乳類は「2 色型色覚」で，魚類，両生類，爬虫類，鳥類の多くは「4 色型色覚」といわれ，同じ物体の色でも，生物によってそれぞれ違った色認識をしているのであろう。

---

2 暗順応の寄せ集め機能

　刺激光がごく弱い場合は，見え始める（閾に達する）ときには，次の 2 つの機能がはたらいている。

①刺激光に対する各視細胞の反応が空間的に寄せ集められる。すると，

　　（刺激光の強さ N）×（刺激光の面積 S）

　の値が増加する。この機能を**空間的寄せ集め機能**という。

②各細胞の反応が時間的に蓄積される。すると，

　　（刺激光の強さ N）×（刺激光の持続時間 t）

　の値が増加する。この機能を**時間的寄せ集め機能**という。

　この 2 つの寄せ集め機能を合わせて，刺激光のエネルギーの総和 I が閾値 I_0 を超えると，初めてかすかな光が見えはじめる。

　　　（刺激光のエネルギーの総和 I）

　　＝（刺激光の強さ N）×（刺激光の面積 S）×（刺激光の持続時間 t）

　　　＞閾値 I_0　　　　　　　　　　　　　　　　　　　　　　　　(7-9)

　この I の大きさが感覚上の明るさを決定する。①の空間的および②の時間的寄せ集め機能の能力は，網膜周辺部へ行くほど増大する。このことが，網膜周辺部が光の感度が高いことの理由である。

　このように暗いところ，すなわち十分に光が存在しないところでは，物の細部まで見分ける能力や，時間的に早い変化を見る能力，色彩感覚があ

暗順応と明順応

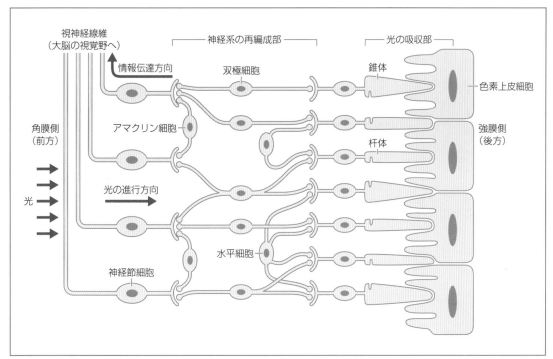

図 7-9　網膜の構造（模式図）

る程度犠牲になってもやむをえない。ともかくも物の有無だけでも認識する必要から，その少ない光を有効に使う 2 種類の空間的・時間的寄せ集め機能が発達したのであろう。

　網膜の構造を**図 7-9** に模式図で示す。ここでの最注目点は，「視細胞（錐体・杆体）の情報が，視神経や脳に 1 対 1 の対応でストレートに伝達されるのではない」ことである。伝達の途中で，情報を統合化したり共有化したり個別化する，非常に複雑な構造がある。

　この部分には，双極細胞やアマクリン細胞や水平細胞が介在して，多数の軸索が交互に複雑につながって，そしてこの回路が閉じたり開いたり（信号を統合化した共有化したり個別化したり）して，必要に応じて情報伝達経路の組み換えが行われる。こうした，視細胞（錐体と杆体）と神経節細胞との間で行われる現象を，**神経系の再編成**と呼ぶ。

　錐体細胞は多くの場合，その情報が 1 対 1 対応で視神経線維へとつながっており，明視野においては，微細画像と色彩情報が得られる。それに対し，杆体細胞は多くの場合，その数個の情報が 1 個の双極細胞へ，さらにその数個の情報が神経節細胞へ，そしてそれが 1 本の視神経線維へとつながっている。暗視野においては，モノトーンで不明瞭ながら貴重な視覚情報が得られる構造となっている。

　ヒトの視覚のはたらく明るさの範囲は，星明かりの下（10^{-3}ルックス）から，真夏の太陽の下（10^4ルックス）まで幅広く，その比率は $10^4/10^{-3}=10^7$，1 千万倍にもなる。この明るさの広い範囲への対処には，皆さんがよく

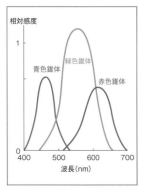

図 7-10　明所視での 3 種錐体ごとの比視感度

知っている瞳孔の大きさの調節（カメラの絞りと同じ）だけでなく，こうした神経系の再編成も大きく関わっている。

参考　夜景色は青色ベールに包まれる

　明所視での 3 種の錐体ごとの色による比視感度を図 7-10 に示す。この 3 種の錐体の比視感度を合成すると，図 7-3 に相応した明所視での比視感度グラフになる。黄色周辺が最も比視感度が高い。これが暗い場所での暗所視になると赤錐体と緑錐体の感度が衰え，青色錐体の感度の方が相対的に優位になる。

　暮れ行く景色は，暗くなるにつれてほとんどの色彩が薄れて，モノトーンの幻想的雰囲気になっていく。しかしその中で，青緑色は最後まで感じやすいので，夜景色は薄青っぽく見える。暗所視では，明所視よりも青緑色の方がよく見えるこの現象を「**プルキンエ現象**」[13]という。公共建物内の通路には「非常口誘導マーク」が設置されているが，色彩には緑色が使われている。

非常口誘導マーク

③ 明るいところでの見え方

　順応光が強くなるに従い，次の**明順応**の作用が現れる。

①空間的寄せ集め機能の範囲（臨界面積）が小さくなる。すなわち，1 点 1 点が細かく見えるようになり，視覚の**空間的分解能**（解像力）が向上する。

②時間的寄せ集め機能の時間（臨界持続時間）が短くなる。すなわち，時間的に早い変化が見えるようになり，視覚の**時間的分解能**が向上する。

　明るい順応光の下では，さらに別の**明順応**の機能がはたらくようになる。受容体が視神経興奮反応を伝達する際に，**側抑制**という作用が起こる（**図 7-11**）。この作用によって，物の輪郭やコーナーが実際の明暗以上に強調され，物の形がよりわかりやすくなる。たとえば階段を踏み外さないようにしている。言いかえれば，空間的変化に対して，その変化をより強調した認識を与えている。また時間的変化に対しても，その変化をより強

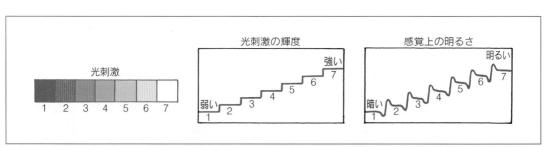

図 7-11　明るいところでの見え方：側抑制（視細胞が興奮すると，その周辺の他の視細胞の興奮を抑制する）

---

13) **プルキンエ現象**：薄明視においては，赤系統の色は見えにくくなり，青系統の色のほうがよく見える現象。チェコの実験生理学者のプルキンエが薄暗い中で絵画を見ると，全体的に暗く見えるだけでなく白昼とは違った「色調」で見えることに気づいた。建築業界では，建築物内外の色彩選択においてかなり重要視している点だそうである。

調して，「有→無」や「無→有」に移ったときの変化が実際以上に強調される。さらに，赤と緑の関係のように，**補色**（反対色を強調する）の効果もある。これらの機能によって明順応では，空間的にも時間的にも色彩的にも分解能が向上して，"情報の原型以上に際立った確実な認識"ができるようになる。

　この明順応の機能は，暗順応のときとは逆方向の神経の再編成によってもたらされるといえる。私たちは，暗順応・明順応という実にすばらしい巧妙な視覚の機能を持っていることに改めて驚かされる。

> ### 参考 手術室のユニホームは青緑色
>
> 　ある色をしばらく見つめた後，その色を視界から消すと，視覚的にはその補色（赤を見た場合は緑）が残って見えるといった性質がある。これを**補色残像**または**陰性残像**という。病院の外科手術室のユニホームや内装やベッドカバーの色に，青緑色を採用している場合が多い。長時間にわたり明るく照らされた血液や筋肉を凝視しながら手術をしていると，赤色を感じる錐体が「順化」を起こし感度が低下し，赤色が見えにくくなる。網膜のその部分は，順化を受けなかった他の2色の錐体による補色（緑色）がいつまでも残って見え，視線を動かす度にチラチラと動き回り，手術継続に支障をきたすそうである。手術室特有の青緑色は，こうした残像を周囲の色に同化させ感じなくさせるための工夫である。

　さらに注目すべき現象として，**眼の不随意運動**がある。これは，意識的に眼球を静止させ1か所をじっと見ているつもりでも，眼球は無意識に細かい動きを繰り返している現象（**眼振**）である。眼球が全く動かないように無理やり固定して物体を凝視させると，だんだんと輪郭がぼやけて色が消え，明るさも弱まって，約10秒後にはどんなに目を凝らしても何も見えなくなるそうである。私たちは眼振に加え，さらに，水晶体の厚みにも振動を与え，焦点を常に前後に動かしているそうである。この眼球の微動のおかげで，網膜上では順応を回避しつつ，常に時間的に変化した新鮮な刺激が与えられている。私たちが無意識のうちに行っている**まばたき**[14]も，一瞬「暗転」させ再び「新たに見る」という，網膜上の刺激をリセットする重要な役割を果たしている。

　以上の現象を数学的に表現すると，暗順応では**積分的足し合わせ機能**が，明順応では**微分的変化強調機能**がはたらいているといえる。微分も積分もそして**対数**も，自分の体の中で機能している大切な情報処理手段である。数学をそういう視点で捉えると，人体も自然界の出来事もいろいろと面白い捉え方ができ，その際に数学はとても有用な役割を果たしていることがわかる。

14）**まばたき**：1分間に15〜20回，0.1秒間ほど目をつぶる。涙で角膜表面を洗浄し乾燥を防ぐ，像のボケの修正，新たな刺激を受け止めるために視細胞や脳を一瞬休めてリセットさせる，などの役目を果たす。

練習問題 ✏️

問 1　刺激量と感覚量との間には，一般に対数関係が成り立っていることを学んだ。地震の震源の強さを表す「マグニチュード」や，星の明るさを表す「何等星」，化学で使う「水素イオン濃度 pH」も，対数目盛になっている。こうした目盛付けが必要な理由は何なのだろうか。

　また，感覚器以外の生理現象について，対数関係が成り立っている事例を見つけて，それを説明しなさい。

問 2　注射針の太さを表す各ゲージ G の内径 R を**表 7-2** に示す。各注射針の断面積 $S=\pi(R/2)^2$ を計算して，この表の右端の空欄部分に記入してもらいたい。そして，ゲージ番号 G と断面積 S との関係を**図 7-12** のグラフに描いてみよう。グラフ(a)は，縦軸に断面積 S を算術目盛で描き，また，グラフ(b)は，縦軸に断面積 S を対数目盛で描いてみよう。それぞれどのようなグラフになるだろうか。

　この 2 つのグラフ(a)(b)は，**図 7-5** や**図 7-6** で見た(a)(b)のグラフと全く同傾向であることに驚かれることであろう。**図 7-6** に相応した減衰曲線と直線のグラフが描ければ大成功である。これらのことから，注射針の太さはどのような根拠で決められているといえるだろうか。

> **参考** **注射針の太さ**
>
> 　注射針の太さは，ゲージ番号に対応した「外径」のみが決められている。「内径」は，使用するステンレス鋼材の製品シリーズによって若干異なる。**表 7-2** の値は，そのうちの一例である。
>
> 　なお，外径とは外側の直径，内径とは内側の直径である。外径が決められていて，内径がではない理由は，内径は細すぎて測定器具が入らない。外径は測定器のノギスやマイクロメータの 2 つの「口ばし」で外円周部を挟んで正確に測れる。半径ではなく直径を表示する理由は，直径は挟んですぐに測れるが，半径は円の中心位置が不明確なので測ることができない。ゲージ(Gauge)は，棒材の太さや板厚を示す規格で，番号が増えるに従い細く・薄くなることに留意。

表 7-2　注射針の太さ

ゲージ (G)	カラーコード	外径 (mm)	内径 R (mm)	断面積 S (mm²)
18	ピンク	1.20±0.02	0.94±0.03	
19	クリーム	1.08	0.82	
20	黄	0.90	0.68	
21	緑	0.82	0.60	
22	黒	0.72	0.51	
23	水	0.64	0.42	
24	紫	0.56	0.34	
25	オレンジ	0.51	0.30	
26	茶	0.46	0.24	
27	グレー	0.41	0.20	

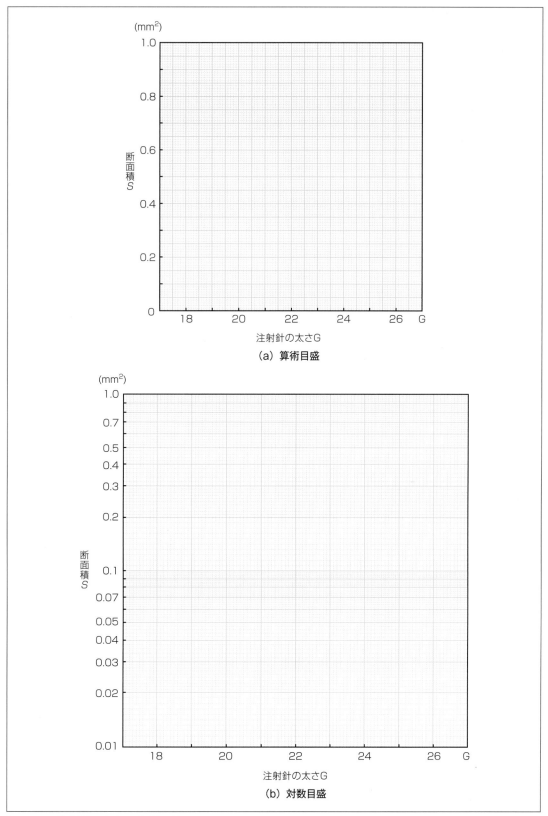

(a) 算術目盛

(b) 対数目盛

図7-12　注射針の太さ G と断面積 S

◆ 物理嫌いだった私…

　正直言って，物理は数式ばかりでむずかしそうで，看護と物理がどう結びつくのか見当もつかなかった。物理は看護の仕事とは全く関わりのないものと思っていたけど，実はたいへん深い関わりがあるのだとだんだん思うようになってきました。というのも私のイメージしていた看護とは，「心のケア」が主で，「看護技術」が従で，ましてや高校で勉強した "あんな物理" は，臨床の場では何の役にも立たないと思っていたからです。

　それが大いなる誤解であることが最近わかってきた。無縁どころか，看護には物理が大きく関わっていることを知って，とても驚いている。

　今まで名前を聞くのも嫌だった物理だったが，いつの間にか抵抗感が消えて，物理って面白い，看護をするうえで物理学を勉強してよかったと思うように変わってしまいました。

◆ 数学嫌いだった私…

　私は，物理と連動して数学も大の苦手です。物理の公式もそうでしたが，数学では，指数だの対数だの等比数列だの微分係数だの積分だの…，手品のようなからくりが次から次に出てきて，妙に理屈っぽくて，すごい違和感でした。頭の体操には役立つかもしれないけれど，感性で生きる私には別世界の出来事で，私に訴えるものは何もありませんでした。

　ところが，私自身が持っている感覚器の感受性が高校で習った数学のオンパレードでびっくりしました。数学も自分に役立っているというか，自分自身を表わす学問であることが，今頃ようやくわかりました。自分自身のことをよく知り，患者さんのケアにも役立つことなら，そういう数学の手段を使って理解するのも悪くはないかな！と思います。

　高校時代はそんな気持ちが全くなく，ずっと後ろ向きだったので，いま考えるともったいない時間でした。高校の先生が「いま勉強していることは，こういうことにも関係があり，このように役立っている」と教えてくれていたら，もう少し数学に前向きになれたかな！と思いました。今からではもう手遅れですけど…。そのぶんこれからは看護学でがんばりまぁ〜す！

教師の声 [参考意見]

　物理学では数式を使って事柄を表現することが多いので，違和感ばかりで親近感を持てない人も多いと思います。ある事柄を文章だけで表現しようとすると，どうしても長くなりかえってわかりにくくなることがあります。表現の中に曖昧さが生じて，正確さが損なわれることもありえます。これを数式では，簡潔にしかも正確に表現できます。本書では，数式を使って計算して答えを出すのが目的ではありませんから，個々の要素がどんな相互関係になっているかを大体推察できれば，それで十分です。数式のたたずまいを見て，その様式美を楽しんでいただければ，それでも結構です。

　図 7-9 に示した「網膜の構造」は，実際にはもっともっと複雑で，こうした構造が自分の小さな眼球の中にあって，この神経伝達経路は固定したものでなく，常時組み替えられながら機能していることに，驚きの念を禁じ得ません。この「網膜の構造」に倣って，「私達の知識の活用の仕方」も考えてみましょう。皆さんはおそらく広範で膨大な知識を蓄えてみえることでしょうから，これら個々の知識を一対一の対応だけで利用するのではなく，必要に応じて寄せ集め，結び付け方を変えて，いろいろな考え方に発展させたりして広範に有効活用しましょう。看護の学びや看護の実践の中には，物理学や数

学の考え方が役立つ場面が，まだまだかなりたくさんありそうです。

　看護の専門職に就く皆さんには，今から物理学や数学を学び直す必要はなく，こうして「看護学も物理学や数学が深く関係していて，物理学や数学の基本的考え方とかセンスは看護学にも役に立つ存在であり，結構面白い捉え方ができるものだ」と気づいていただけるだけでも大収穫です。そうした多様な視点から日々の看護を深めていけば，そうでない場合に比べ，ずいぶん違った有意義な取り組みができていくと思います（137頁のコラム Tea Time「生体のゆらぎ」を参照）。

Tea Time　冷罨法と温罨法

　熱量の出入りを制御して病状を好転させる療法として，昔から冷罨法と温罨法とがある。「罨」とは，「覆う」の意である。冷罨法は血流を穏やかにし代謝を制限し，温罨法は血流を増やし代謝を促進する。冷罨法には，氷枕，氷囊，冷湿布，保冷剤，瞬間冷却スプレーの使用などがある。温罨法には，湯たんぽ，温湿布，ホットパック，使い捨てカイロ，赤外線照射の使用などがある。この罨法の原理の物理的関連事項を考えてみよう。

　医療に役立つように熱量を供給したり，反対に熱量を除去したりする方法には，(1)物質の固体・液体・気体といった「状態の変化」を利用するもの，(2)「化学反応」による熱の発生を利用するものがある。また，(3)「比熱が大きい」という水の性質を巧みに利用する方法もある。そして(4)罨法の活用時に配慮すべき物理的要件をみてみよう。

(1)状態の変化に伴う熱量の移動

　物体の温度が変わらなくても，固体⇄液体⇄気体と状態が変化するときには，熱量が発生したり吸収したりする。原子（分子）配列の変化に伴い，エネルギー状態が変化するためである。たとえば，0℃の固体の氷が融けて 0℃の液体の水になるときには，1 g あたり約 80 cal の融解熱を吸収する。この熱量によって氷は，水分子は結晶状態から自由に移動できる液体の状態になる。この際に，周囲から熱量をもらうので，その周囲は冷えることになる。逆に液体状態から固体状態に変化する際は熱を放出する。この熱量を凝固熱というが，この熱量の値は融解熱と同じである。

　次に，注射部位をアルコール消毒すると“冷やッ！”と感じるとか，汗が蒸散する際に涼しく感じるのは，液体から気体の状態に変化するときに周囲から熱量を奪うからである。この熱量が気化熱である。100℃の水 1 g が気化するのに要する熱量は

約 540 cal であり，融解熱に比べ気化熱による冷却の効果は非常に大きい。この効果を利用したものとして，瞬間冷却スプレーがある。スポーツ選手の打撲の手当てやアイシングのため，また最近では酷暑をしのぐための冷却スプレーとしてもよく使用される。この冷却スプレーの場合は，液体状態から気体状態に変化するときに周囲から吸収する気化熱の効果による。冷却スプレー缶から放出されたガスは，気化に伴い温度が低下し，そのガスを散布された表在血管を収縮させる。炎症の緩和に効果がある。また，神経の伝達速度を低下させ，局所の痛み感覚を軽減することができる。

　なお，冷却スプレーの充填物質は製品によってさまざまだが，たとえばプロパンなどがある。プロパンは，沸点が−42℃であるため，高圧でスプレー缶に詰めた液化プロパンを噴射すると瞬時に気化し，その際に気化熱が奪われガスの温度が下がる。使用ガスのほとんどは，空気よりも重い可燃性のガスである。そのため床に滞留した冷却剤ガスに火気が触れると，炎上・爆発の危険性がある。密閉空間での使用は厳禁である。

　これとは逆方向の現象として気体から液体に移るときに，同量の凝縮熱を放出する。沸騰した湯から出る「水蒸気による火傷」は，その大きな凝縮熱が皮膚に乗り移るので，熱傷の程度がとても大きくなるので注意を要する。もし，そうした火傷をしてしまったときには，火傷部位をすぐに冷水に浸けることが必須である。水は後述するように熱伝導がよいので，過剰な熱を素早く奪い去ってくれる。水道蛇口下の流水ならば，冷たい水が次々にくるため，冷湿布に比べより効果的な冷却方法となる。

(2)酸化による発熱を活用した使い捨てカイロ

　不織布の密閉袋の中に，鉄粉，鉄の酸化を促進する塩類，酸素を取り入れるための活性炭などが入っ

ている。包装袋を開いて内容物が空気に触れると，鉄粉が徐々に**酸化**する（錆びる）。この化学反応に伴い，**生成熱**が発生する。基本的には，紙や木が炎を上げて燃える燃焼と同じ原理だが，カイロの場合はごくゆっくりとした穏やかな酸化現象である。使用方法が簡便で，安価で，長時間持続し，安全に使用できるなどの利点がある。

(3) 比熱の大きな水は罨法に最適な材料

比熱とは，1 g の物体を 1℃温度変化させるのに要する熱量（カロリー数）で，水の比熱は 1 cal/g ℃である。他の物質の比熱の例は，木材 0.3，ガラス 0.16，鉄 0.11，銅 0.09 などである。同じ質量の物質で同じ温度変化させるときに出入りする熱量が，水はとても大きい。水は同質量の他の物質に比べ，同じ温度差でもたくさんの熱量を溜め込んだり外に放出する能力がある。水の比熱がとても大きいことが，水を罨法に利用する主な理由であり，さらに大袈裟にいえば，地球に大量な水が存在したおかげで，地球の気候が温暖に保たれ，生命が誕生し，人類の生存にも寄与しているといえる。

水は冷めにくく，同時に温まりにくい性質がある。すなわち温かい状態や冷たい状態が，長持ちして，温度効果が長時間持続する。この理由は，水は他の物質に比べると**比熱**が大きく，**熱容量**が大きいからである。

なお**熱容量**とは，比熱にその物体の質量を掛け算したもので，その物体の温度を 1℃変化させるのに要する熱量のことをいう。

保冷剤の多くは，吸水性ポリマーに水を加えてジェル状にしたもので，これを冷凍庫などで低温にして保冷剤として使用する。保冷剤の中身の 90% 以上は水で，大量の熱量を吸収することができる。

水の熱容量が大きい性質を利用した便利な製品である。

(4) 熱量の移動のしやすさへの配慮

冷罨法用具を皮膚に直接当てていたとする。冷気で生じた露で皮膚との接触部が濡れてくると，水は熱伝導がかなりよいので熱が奪われ過ぎ，皮膚が冷え過ぎて不都合が生ずることがある。冷罨法用具には，湿気を吸い取り適度な断熱性もあるタオル等を巻いて，冷罨法用具が皮膚には直接触れないようにするのが望ましい。温罨法のときも，温罨法用具を布袋などに収め，しかも皮膚からある程度離して置くのが望ましい。温罨法は長時間にわたることが多いので，「低温やけど」を防ぐ配慮をしておく。

こうした単位時間にどれほどの熱量が移動するかは，**熱伝導**に関係する話題である。熱をよく伝える物質としては，金属がある。金属の内部には**自由電子**が存在し，これが電荷ならびに熱振動のエネルギーをもって自由に移動するためである。熱伝導率は水に比較して，鉄は約 100 倍，アルミは約 400 倍，銅は約 700 倍である。熱を伝えにくい物質として，動植物材料がある。木材は水の約 0.3 倍，羊毛は約 0.1 倍。そして，空気は約 0.04 倍である。

とくに空気は熱伝導が悪くて断熱性が高いので，寒い冬には厚着をし，厚い寝具の中に入って身体を暖める。発熱中の患者に氷枕を使用する際には，「氷枕の中の空気は抜いてから使う」という注意事項がある。氷枕に空気が入っていると，空気の断熱作用によって，冷却効果が弱くなるからである。なお，断熱作用の最も顕著な状態は，熱量を運ぶ媒体を全く取り除いた真空状態である。その典型例が魔法瓶である。

体温制御の物理

看護の視点から「熱」というと，誰もがすぐに「体温」を連想し，それが正常か異常かを問題とする。物理学の視点からは，「熱」は原子の微視的振動の運動状態のことであり，「温度」は熱運動の激しさを示す尺度である。この表現はわかりにくいかもしれないが，これを人体に当てはめると次のようになる。

体熱が奪われそれに体熱の発生が追いつかないと，体温が低下する。すると分子運動が低下し化学反応が遅くなり，生命活動が低下する。逆に，体熱の発生が多すぎて放散が追いつかないと，体温が上昇しすぎて生命活動に支障が出る。熱量の収支バランスがよく，体全体が正常な体温を保っていると，細胞内の化学反応が正常にはたらき，最終的に生命活動全体が正常にはたらくようになる。

体内で熱を発生している主要な部分は，骨格筋と肝臓と脳である。骨格筋は，運動をして筋力を発生させるとその代償として，体熱が発生し，体温が上昇する。この熱量は，食物として取り入れた糖質・タンパク質・脂質が分解され，究極的には呼吸で取り込んだ酸素と結合するときに発生する生成熱である。肝臓や脳で発生する熱も，化学結合の変化に伴いその結合エネルギーの余剰から産み出された生成熱である。これは基本的には，木や紙が炎をあげて燃えるとき発生する燃焼熱と同じである。ただし，こうした体内での化学反応は，非常にゆっくりと静かに進行し，この結果，熱量を徐々に生み出し，生命活動に必要なエネルギー源になっている。酸化反応の残滓として二酸化炭素を発生するが，これは廃棄しなくてはならない。また過剰な体熱も排除しなければならない。

私たちは外界からさまざまな影響を受けながら生きている。そのような**外乱**を受けながらも私たちの身体は，生体の制御機能により常に動的な平衡状態を保ち，正常範囲内での**恒常性**（ホメオスタシス homeostasis）を維持している。たとえば，体温・血圧・血糖値・免疫・内分泌など，多くの要素を無意識のうちに正常に保つ制御機能が私たちの身体の中に多数備わっている。そのうちの1つの制御機能の仕組みを考えても，その設計思想のすばらしさ，複雑さ，精密さ効率のよさには驚くばかりである。本章では，これらの制御機構の中から，最も身近で認識しやすい「体温の制御」について学んでいこう。

化学反応熱
たき火の熱も運動の熱も同じ！

A 身体各部の温度

検温は，看護師の大切な日常業務のうちの1つである。これは体温変化が身体のさまざまな異常を反映しているバロメーターになっているためである。この体温測定は，腋窩や口腔，手術中などの特殊な状況では直腸で

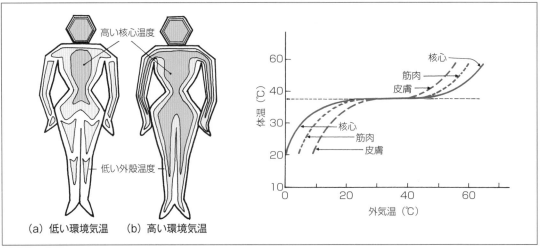

図 8-1　体内温度の模式図　　　　　　　図 8-2　外気温と体温（核心温度・筋肉温度・皮膚温度）

行われる[1]。

　最近では，非接触の赤外線放射体温計を用いることも多いが，体温測定がこのような部位で行われる理由は，身体の中心から離れて末梢にいくに従い，外気温の影響を強く受けやすくなるためである[2]。検温の部位は，身体の中心温度をできるだけ正確に反映して，なおかつ簡便に測定できる条件をほぼ満たした部位である。環境温度の影響を受けた体内温度の分布状態を表す模式図を，図 8-1 に示す。

　皮膚温が外気温の影響を受けやすいのに反して，身体の中心部の温度は，一定に保たれている。これは，正常な生命活動を維持するための制御機能がはたらいているからである。外気温と核心温度（脳内の視床下部で検出される温度）・筋肉温度・皮膚温度との関係を図 8-2 に示す。

> **参考　赤外線放射体温計**
>
>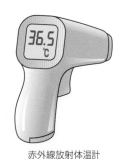
>
> 赤外線放射体温計
>
> 　長い間，病院でも家庭でも水銀式体温計が使われてきた。これは，とくに水銀が常温でも変質しない安定した原子であり，「熱膨張率」などの基本的物理定数が年を経ても不動で，その値に絶対的に信頼性がおけるからである。さらに水銀は，金属としては，常温で唯一液体であるという性質も利用して，温度測定のほかに気圧測定にも使用されてきた。しかし，水銀は人体にとって有害な環境汚染物質であるため，現在は使用が控えられている（122 頁，脚注3）参照）。
>
> 　最近では，非接触で瞬時（1 秒以下）に計測が可能な**赤外線放射体温計**が多く使われるようになってきた。
>
> 　新型コロナウイルスの感染予防のために，検温において非接触で測定するこ

---

1)　**腋窩温**は，直腸温に比べて 0.8〜0.9℃低く，口腔温は直腸温に比べ 0.4〜0.6℃低い。左側腋窩温は右側腋窩温よりも若干高めになる。

2)　ウサギの耳が長いことは，末梢部分を多くすることによって体外に熱を放出し，体温を下げることに役立つ。暖かい地方のウサギの耳は長く，寒い地方のウサギの耳は短いことが知られている（第3章，64頁，アレンの法則を参照）。

とが多くなり，少し離れていても瞬時に計測可能なこの体温計が急速に普及した。この体温計では，放射された赤外線をレンズで「サーモバイル（熱電対を多数面状に組み合わせたもの）」に集光する。サーモバイルは被検者が放出した赤外線を吸収し，それによって温められ，温度に対応した熱起電力を発生する。この起電力を増幅し放射率補正をほどこし，温度表示する。なお，温度と光に関しての物理法則として，体から発する赤外線が温度によって波長が変化する「ウィーンの変位則」[3]「プランクの法則」がある。

　さらに，1点の温度計測にとどまらず，業務用・研究用として空間的温度分布を色別に2次元の画像表示する**赤外線サーモグラフィー**も使われている。これはどの部位の温度がどの程度高いのかが，一目瞭然でわかる優れものである。

B 身体の熱流モデル

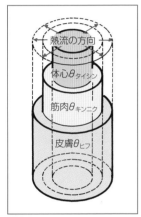

図8-3　身体の熱流モデル

　身体の熱の流れがどうなっているかを，簡単な同心円筒モデルを導入して考えてみよう（図8-3）。身体を3つの部分，すなわち体心（核心）・筋肉・皮膚の3つの同心円筒に分けて考えてみる。それぞれは均一な温度 $\theta_{タイシン}$，$\theta_{キンニク}$，$\theta_{ヒフ}$ とし，熱の流れとして中心軸から半径方向の流れだけを仮定しよう。

　身体の3つの部分の熱流の様子を熱平衡方程式で表してみる。単位時間に流入した熱量と流出した熱量との差 ΔQ は，身体（質量 M，比熱 c）の温度を $\Delta\theta$ だけ変化させる。

$$\Delta Q = M \times c \times \Delta\theta \tag{8-1}$$

　この式を，身体の3つの部分にそれぞれ適用してみる（図8-4）。

(1) 体心：基礎代謝によって熱を発生し，呼吸・排泄によって熱を失い，さらに体心から筋肉と皮膚への熱伝達によって熱を失う。

$$Q_{キソタイシャ} - Q_{コキュウトウ} - q_{a \to b} - q_{a \to c}$$
$$= M_{タイシン} \times c_{タイシン} \times \Delta\theta_{タイシン} \tag{8-2}$$

(2) 筋肉：筋肉運動と筋肉のふるえによって熱を発生し，体心からの熱伝達によって熱をもらい，皮膚への熱伝達によって熱を失う。

$$Q_{ウンドウ} + Q_{フルエ} + q_{a \to b} - q_{b \to c}$$
$$= M_{キンニク} \times c_{キンニク} \times \Delta\theta_{キンニク} \tag{8-3}$$

(3) 皮膚：体心と筋肉から熱伝達によって熱をもらい，蒸発と対流と放射によって熱を失う。

$$-Q_{ジョウハツ} - Q_{タイリュウ} - Q_{ホウシャ} + q_{a \to c} + q_{b \to c}$$
$$= M_{ヒフ} \times c_{ヒフ} \times \Delta\theta_{ヒフ} \tag{8-4}$$

---

3) **ウィーンの変位則**：物体が熱放射する最も強い電磁波の波長は，その物体の絶対温度に反比例する。すなわち，高温になるほど放射する電磁波のピークは短波長に（振動数が多く）なる。よって放射電磁波が可視光線の場合には，高温になるほど青白く見える。温度計測では，放射された光のエネルギー分布（波長ごとの強度）を調べ，エネルギー密度が最大となる波長（温度に対応）を測定する。

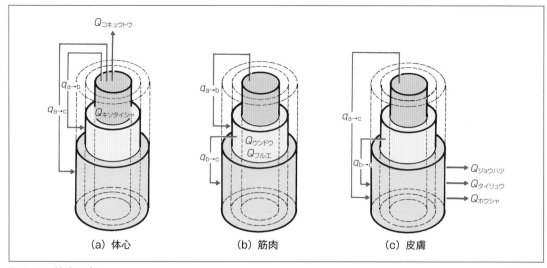

図 8-4 熱流要素

ここで，今までにたくさん登場した記号を整理しておこう。

$Q_{キソタイシャ}$：基礎代謝率(kcal/時)

$Q_{コキュウトウ}$：呼吸などによる熱伝達率(kcal/時)

$Q_{ウンドウ}$：筋肉運動による熱伝達率(kcal/時)

$Q_{フルエ}$：筋肉のふるえによる熱伝達率(kcal/時)

$Q_{ジョウハツ}$：皮膚からの蒸発による熱伝達率(kcal/時)

$Q_{タイリュウ}$：皮膚からの対流による熱伝達率(kcal/時)

$Q_{ホウシャ}$：皮膚からの放射による熱伝達率(kcal/時)

$q_{a \to b}$：体心から筋肉への熱伝達率(kcal/時)

$q_{a \to c}$：体心から皮膚への熱伝達率(kcal/時)

$q_{b \to c}$：筋肉から皮膚への熱伝達率(kcal/時)

$M_{...}$：各部分の質量(kg)

$c_{...}$：各部分の比熱(kcal/kg/℃)

$\varDelta \theta_{...}$：各部分の温度変化(℃)

C 体温調節のための機能

ここで，熱流モデル(8-2)〜(8-4)式の中に登場した体温調節を司る個々
の熱流要素について調べてみよう。

1 基礎代謝率

1時間当たりの基礎代謝率 $Q_{キソタイシャ}$ は，体表面積 1 m² について，男子
36.7 kcal，女子 33.1 kcal といわれている。体表面積 S を計算する近似式は
いくつも考え出されているが(第3章(3-16)式，66頁も参照)，ここでは，

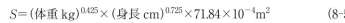

$$S=(\text{体重 kg})^{0.425}\times(\text{身長 cm})^{0.725}\times71.84\times10^{-4}\text{m}^2 \qquad (8\text{-}5)$$

により求めることにする。体重が 50 kg，身長が 160 cm の女子とすると，

$$S=50^{0.425}\times160^{0.725}\times71.84\times10^{-4}=1.5 \text{ m}^2 \qquad (8\text{-}6)$$

畳一畳弱の広さになる。この人の基礎代謝率は

$$Q_{\text{キソタイシャ}}=33.1\times1.5\fallingdotseq50 \quad (\text{kcal/時}) \qquad (8\text{-}7)$$

となる。1 日の基礎代謝量はこれを 24 倍して，1,200 kcal となる。

　もし，核心温度 θ_{core} が設定温度 $\theta_{\text{set}}=37.1$℃よりも低くなると，代謝を活発にして，体内の産熱が増す。ここで，核心温度が設定温度より低い場合は，(8-2)式で $Q_{\text{キソタイシャ}}$ の代わりに，次の $Q_{\text{タイシャ}}$ に置き換える。

$$Q_{\text{タイシャ}}=Q_{\text{キソタイシャ}}+250\times(37.1-\theta_{\text{core}}) \quad (\text{kcal/時}) \qquad (8\text{-}8)$$

② 筋肉運動による代謝率

　筋肉運動による代謝率 $Q_{\text{ウンドウ}}$ は，運動の激しさに応じて基礎代謝率の倍数で表現するものとしよう。運動係数を m とすると

$$Q_{\text{ウンドウ}}=m\times Q_{\text{キソタイシャ}} \quad (\text{kcal/時}) \qquad (8\text{-}9)$$

　ここで，運動係数 m は，最高運動時の酸素消費量が休息時の約 20 倍であることより，$m=0\sim19$ とみなすことができる。

$Q_{\text{ウンドウ}}$：筋肉運動

③ 呼吸などによる熱伝達率

　呼吸または保湿皮膚などから無感覚的に蒸散する水(**不感蒸散**)の量は，1 日あたり約 600 mL であり，これによる熱伝達率 $Q_{\text{コキュウトゥ}}$ は，12〜16 kcal/時である。この量は，発汗のない状態での総放熱量の 20〜25％に相当する量である。

$Q_{\text{コキュウトゥ}}$：呼吸・排泄

④ 筋肉のふるえによる代謝率

　寒い外気にさらされると皮膚に鳥肌がたち，筋肉がふるえる。鳥肌は大昔に体毛におおわれていたときのなごりで，その当時は空気層を増大し断熱効果を高めていた。鳥肌自体は受け身的な防寒効果なので，自身の発熱作用はない。

　筋肉のふるえは発熱の効果をもたらす。ふるえは無意識的な筋肉運動であると考えられる。ふるえは皮膚温度 $\theta_{\text{ヒフ}}$ が 27℃よりも低くなると起こり始め，皮膚温度が低くなるほど激しくなる。その発熱量 $Q_{\text{フルエ}}$ は次式で表される。

$$Q_{\text{フルエ}}=18\times(27-\theta_{\text{ヒフ}}) \quad (\text{kcal/時}) \qquad (8\text{-}10)$$

⑤ 皮膚からの蒸発による熱伝達率

　皮膚温度が 33℃から 39℃のときは，核心温度 θ_{core} が設定温度 $\theta_{\text{set}}=37.1$℃を超えると発汗が起こり，そのとき蒸発によって皮膚から気化熱が奪われる。その放熱量 $Q_{\text{ジョウハッ}}$ は次式で表される。

$$Q_{\text{ジョウハッ}}=700\times(\theta_{\text{core}}-37.1) \quad (\text{kcal/時}) \qquad (8\text{-}11)$$

$Q_{\text{フルエ}}$：筋肉のふるえ

皮膚温度が33℃よりも低いときには，核心温度θ_{core}が設定温度θ_{set}よりもっと高まってはじめて発汗が起こる。

発汗量は，最大で1時間に1Lに達する。真夏の炎天下で運動をしてしっかり汗をかいた後に体重を測ると，1kgほど減量していることがよくある。25℃の水の気化熱は582.8 cal/gであるが，これは1gの水が完全に気化するときに奪われる熱量である。よって，発汗しても汗を拭いたり，湿度や風の影響で気化が不十分な場合は，放熱は効果的には行われない。よって，$Q_{ジョウハツ}$は湿度や風速の関数である。

⑥ 皮膚からの対流による熱伝達率

皮膚からの対流による熱伝達は，皮膚と外気との間の熱伝達係数h，皮膚と外気との接触面積S，そして皮膚温度$\theta_{ヒフ}$と外気温度$\theta_{ガイキ}$との差にそれぞれ比例する。その放熱量$Q_{タイリュウ}$は次式で表される。

$$Q_{タイリュウ}=hS(\theta_{ヒフ}-\theta_{ガイキ})\quad（kcal/時）\tag{8-12}$$

なお，対流による熱伝達も風の影響を受けるので，hは風速の関数[4]。

⑦ 皮膚からの放射による熱伝達率

放射による熱伝達については，「黒体[5]からの輻射エネルギーは**絶対温度**[6]の4乗に比例する」という**シュテファン・ボルツマンの法則**が適用される。温度が高くなるにつれて放射熱（輻射熱）が多く放射される。

ところで，私たちは現実には衣類を調節することによって，$Q_{タイリュウ}$や$Q_{ホウシャ}$の量を適当に調節して，快適に過ごせるようにしている。そこで(8-12)式も一緒にして，一般に$Q_{タイリュウ}+Q_{ホウシャ}$は，皮膚温度$\theta_{ヒフ}$と外気温度$\theta_{ガイキ}$との差に比例すると仮定しても差し支えない。その比例係数をkとすると，$Q_{タイリュウ}+Q_{ホウシャ}$は，次式で表される。

$$Q_{タイリュウ}+Q_{ホウシャ}=k(\theta_{ヒフ}-\theta_{ガイキ})\quad（kcal/時）\tag{8-13}$$

⑧ 各部分間の熱伝達率

寒気（さむけ）がしてふるえているとき，検温したとする。このとき寒いので，ストーブに手をかざしながら検温をしたとすると，体温計が40℃以上を示してびっくりした経験はないだろうか。

これからもわかるように，身体の各部分間で熱伝達をしている主役は循環血液である。つまり熱伝達率qは，循環血流量に大きく依存する。体表面から熱放出を増やしたいときには，血管が拡張して皮膚への血流を増加

$Q_{ジョウハツ}$：皮膚からの蒸発
$Q_{タイリュウ}$：皮膚からの対流
$Q_{ホウシャ}$：皮膚からの放射

---

4) これに関連して，「**リンケの式**」によれば，「**体感温度**は，風速が1m/秒増すごとに約1℃ずつ低くなる」。冬山登山には絶対に必要な知識である。
5) 黒体：すべての波長の放射を完全に吸収する物体をいう。
6) 絶対温度：ケルビン温度。イギリスの物理学者ケルビンがはじめて導入した。単位は「K」。0K＝−273.15℃は，熱運動が完全に停止した最低エネルギー状態で，理論的な最低温度を示す。これ以下の温度はありえない。

させるため，皮膚の色が赤みをおびる。逆に，熱損失を減らしたいときには，血管が収縮して血流を減少させるため，皮膚の色が青っぽくなる。

D 身体の熱収支の計算例

B節の熱平衡方程式(8-2)～(8-4)を全部加算すると，身体全体を1つの熱平衡方程式で表わせる。

$$Q_{キソタイシャ} - Q_{コキュウトウ} + Q_{ウンドウ} + Q_{フルエ} - Q_{ジョウハツ} - Q_{タイリュウ}$$
$$- Q_{ホウシャ} = Mc\Delta\theta \tag{8-14}$$

次に3つの例をあげ，身体の熱収支を概算してみよう。ただし，質量は$M = 50$ kgとし，比熱は人体の平均値$c = 0.83$ kcal/kg/℃を用いることにし，呼吸などによる熱放散$Q_{コキュウトウ} = 14$ kcal/時とする。

1 激しい運動時

体温調節がなく，熱放散がないと仮定したとき，激しい運動($m = 19$)をしていると，当然ながら体温が上昇する。最初36℃だった体温が，限界の40℃まで上昇するのに要する時間tを求める。(8-14)式において，$Q_{フルエ}$と$Q_{ジョウハツ}$と$Q_{タイリュウ}$と$Q_{ホウシャ}$は0であるので，

$$Q_{キソタイシャ} - Q_{コキュウトウ} + Q_{ウンドウ} = Mc\Delta\theta$$
$$(50 - 14 + 19 \times 50) \times t = 50 \times 0.83 \times (40 - 36) \tag{8-15}$$

∴　$t = 0.17$ 時間 ≒ 10 分

もし，このままの調子で運動をしつづけたとすると，体温はさらに上昇してしまう。ウェットスーツを着たときのように，体温調節がなく熱放射もできない場合は，激しい運動は10分程度が限度である。

2 裸で静かに座っているとき

皮膚温度$\theta_{ヒフ} = 32$℃の裸で，軽いそよ風に当たっていると仮定する。筋肉運動による代謝がなく($m = 0$)しかも体温調節がなくても，体温変化が起こらない($\Delta\theta = 0$)ための外気温$\theta_{ガイキ}$を求めてみよう。

(8-13)式において，対流と放射による体熱の放射$Q_{タイリュウ} + Q_{ホウシャ}$の皮膚温度と外気温との差($\theta_{ヒフ} - \theta_{ガイキ}$)に対する比例係数$k$は，軽いそよ風の中の裸体で$k = 25$ kcal/時/℃である。(8-14)式において，$Q_{ウンドウ}$と$Q_{フルエ}$と$Q_{ジョウハツ}$は0であるので，

$$Q_{キソタイシャ} - Q_{コキュウトウ} - Q_{タイリュウ} - Q_{ホウシャ} = Mc\Delta\theta$$
$$50 - 14 - 25 \times (32 - \theta_{ガイキ}) = 50 \times 0.83 \times 0 \tag{8-16}$$

∴　$\theta_{ガイキ} = 30.6$℃

以上の条件では，暑さも寒さも感じず快適に過ごせることになる。

③ 中程度の運動時

　皮膚温度 $\theta_{ヒフ}=35℃$ の薄着で，外気温 $\theta_{ガイキ}=20℃$ の軽いそよ風の中で，少し寒さを感じるので適度な運動をしていると仮定する。体温調節の必要がなく（$Q_{フルエ}=0$, $Q_{ジョウハツ}=0$），体温変化もしない（$\varDelta\theta=0$）ための運動係数 m を求める。(8-14)式において，$Q_{フルエ}$ と $Q_{ジョウハツ}$ は 0 であるので，

$$Q_{キソタイシャ}-Q_{コキュウトウ}+Q_{ウンドウ}-Q_{タイリュウ}-Q_{ホウシャ}=Mc\varDelta\theta$$
$$50-14+m\times50-25\times(35-20)=50\times0.83\times0 \tag{8-17}$$
$$\therefore\quad m=6.8$$

　$m=6.8$ ということは，運動係数は 0〜19 であるので，無理のない軽目の運動をしていれば汗もかかず，寒さも感じず，快適に過ごせる。

E　体温調節のための制御機能

① フィードバック・システム

　人体の皮膚温度は，図8-1 に示したように，環境によって大きな影響を受ける。しかし核心温度は，図8-2 に示したように外気温がかなり変化しても，体温調節機能のはたらきによって 37.0〜37.1℃ のほぼ一定の値に保たれている。すなわち外界の温度変化（**外乱**）による影響を，わずか±0.1℃以内に抑えることができる。爬虫類などの変温動物や，恒温動物でも冬眠を必要とする動物とは異なり，ヒトはこの精密な体温調節機能のおかげで，夏も冬も変わらない生命活動を維持できる。こうしたみごとな体温調節のための制御機能がどのようにできているか，調べてみよう。

　体温調節中枢は，私たちの体温を外界の温度変化や運動などによる体内の代謝量の変化に関係なく，常に一定に保つようにはたらいている。そのために，

　①目標どおりの状態になるように指令を出し，

　②そのように操作をし，

　③その結果をみて目標値と比較照合する。その上で，

　④修正された新たな指令を出す。

　この①から④の手順を繰り返すシステムを**フィードバック・システム**と呼び，精度の高い恒常性を保つことができる。

② 体温調節のフィードバック・システム

　ヒトの体温調節の**設定値**は $\theta_{\mathrm{set}}=37.1℃$ で，この値が体調の最もよい状態を維持できる**目標値**である。また，実際の体温（**フィードバック信号**）が設定値 θ_{set} と一致しているかどうか比較する部分を**比較器**という。比較の結果，両者の温度に差があれば，**制御装置**がその差をなくすための指令を出す。

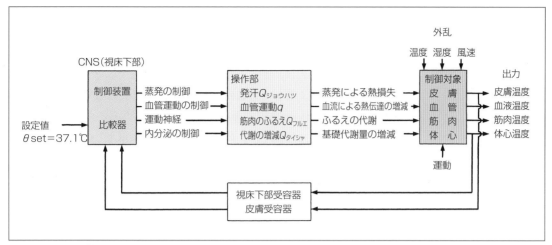

図 8-5　体温調節のための制御機構（フィードバック・システム）

　体温が設定値 θ_{set} に近づくように制御する**操作量**には，次の4つがある。

①発汗による放熱 $Q_{ジョウハツ}$

②血管の収縮・拡張による体内中心部と末梢部間の熱伝達 q の増減

③筋肉のふるえによる発熱 $Q_{フルエ}$

④代謝の増減 $Q_{タイシャ}$

　こうした私たち人体に備わっている体温調節のための制御機構の概略を**図8-5**に示す。オートメーション技術にも，これと同様な基本概念が必ず使われている。

　なお，こうした基準値を堅持し，これと観測値との差異を判断し，基準値に戻す修正の指令を出す臓器は，外界の温度変化や振動などの影響を受けにくい球形頭部の上下・左右・前後からそれぞれ中心位置の**視床下部（下垂体系）**にある。概日リズム（サーカディアンリズム）を刻んで1日の時計の役目を果たす器官もここにある。

3 設定値

　興味深いことに体温調節能力は，意識の力で強められたり弱められたりすることがある。たとえば，スキー場でリフトの長蛇の列に並んで氷点下の外気中で立ちつづけていても，寒さに耐えられる。ところが，自宅でくつろいでいるとき，スキー場と同じくらいの防寒に努めてもまだ寒さにふるえてしまうことがある。夏の暑さに対しても同様で，気持ちの持ちようで我慢できる場合と，へたばって参ってしまう場合がある。これらの適応能力は，そのときの体調にもよるのだろうが，面白いことに我慢できなかった途中からでも，自分の身体にしっかりと言い聞かせると，急に我慢できることがある。

　手術で全身麻酔をかけられた患者は，意識レベルの低下とともに代謝が落ち，体温調節機能が低下し自然に体温が下がってしまう。これを意図的

に活用する場合もある。外科の大手術時に，人工的に低体温の微妙な状態を維持し，代謝を最低限に抑えながら長時間の手術を行うことがある。手術時の患者の体温維持管理は，看護師の大切な任務の1つになっている。

　冬山で遭難した人は，眠ると体温が危険レベルまで低下し凍死することがある。そこで眠くなっても必死で睡魔に耐えなくてはならない。この事例も覚醒していないと体温調節機能が正常にははたらかないためであろう。なお，私たちの睡眠中は，体温設定値が実際に低下し体温を下げる。

　このように意識の強弱によって，体温調節機能が変化することは，図8-5の制御機能の中で，意識の力によって「設定値」を強く確認できたか，あるいは若干の変動を可能にできたといえる。あるいは，「操作部」の能力を高めることができたといえる。

参考 冬眠

　ヒトは恒常性を維持しているので冬眠を必要としないが，冬眠する哺乳動物は体温調節の設定値を6℃前後に設定しなおしているといわれている。冬眠中は低温環境に順応して基礎代謝をできるかぎり抑えることによって，数か月にわたって食べ物を全くとらなくても生きていける。

　なお，体温が0℃以下になって体が完全に凍ってしまい，気温が上がると体が融けて，また動き出す不思議な生物がいることが知られている。この動物の体温調節機能は，一体どうなっているのであろうか？　謎である。

参考 入眠時の体温変動

　入眠前は，自分の体温と環境温度がともに適正で，快適な状態で気持ちよく眠りにつけたとする。しかし入眠とともに暑苦しくなり，汗をかいたり布団を蹴飛ばしたりすることがある。これは，睡眠中は体温設定値が覚醒時よりも若干低い値に置き換わり，無意識のうちに体温を下げる操作が行われるためである。眠くなると睡眠時の準備として，体心部の余分になる体熱を体外に放出しはじめる。末梢血管を広げ，血流が増す。すなわち手足や顔が暖かくなる。そして積極的に放熱を促すため，発汗を起こす。寝汗をそのまま放置しておくと，寝冷えして風邪を引いてしまうことがあるので注意をする。

　エアコンの暖房設定温度には，「おやすみタイマー」のように，夜間の睡眠時生理現象に対応させて，途中から自動的に若干低めの温度に再設定するものがある。

　なお，朝，起床した直後は，体温がまだ低めの睡眠モードなので，体温を上げて昼間の活動モードにしたほうがよい。熱いシャワーを浴び，体を冷やさない服装に整え，温かい飲み物を飲んで，体を芯から暖める。すると体温が活動モードになって元気に動けるようになる。軽い運動をして体熱を発生させるのも効果的である。

4 ダイエットとリバウンド

　本章のテーマである体温とは少し違うが，身体の自動制御の中で設定値が変動する興味深い例として，体重変動について考えてみよう。

　私たちの身体を作るエネルギー源は食事で，そのエネルギーは代謝に

よって消費されていく。大雑把にいって，摂取と消費の収支バランスがとれていれば体重は現状維持ということになるが，摂取のほうが消費よりも恒常的に上回っていると体重の増加・肥満化傾向をもたらす。肥満化したとき，理想状態をめざしトレーニングに励み過食を避け，めでたくダイエットに成功した後に，安心して元の食事量に戻したらリバウンドしてしまったという話を聞くことがある。この原因を，設定値をテーマにして，次の①～⑦の状態ごとに収支バランスで考えていこう。

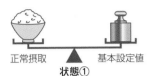

正常摂取　　　基本設定値
状態①

状態①：理想状態維持　　$Meal_{正常摂取}＝Set_{基本}$

体内における代謝機能において，おそらくその人ごとの正常な基本設定値 $Set_{基本}$ があって，それに見合ったバランスのとれた正常な基本摂取 $Meal_{正常摂取}$ と消費 $Exercise_{通常}$ を続けていれば，理想の状態を維持する。

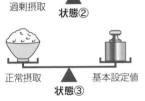

過剰摂取　　　基本設定値
状態②

状態②：過食による肥満傾向　　$Meal_{過剰摂取}＞Set_{基本}$

しかし，過食によって基本の設定値を超えた摂取 $Meal_{過剰摂取}$ をし，消費は従来どおり $Exercise_{通常}$ の場合，摂取過剰になり，余剰分が蓄積されて肥満傾向となる。

正常摂取　　　基本設定値
状態③

状態③：偽のダイエットによる肥満の現状維持　　$Meal_{正常摂取}＝Set_{基本}$

この肥満時点で減量を決意し，ダイエットに励んだとする。過食を避けて元の基本の設定値 $Meal_{正常摂取}$ を目標にして摂取しつづけたとする。しかしこのとき摂取と消費のバランスがとれているので減量はせず「**肥満の現状維持（肥満のまま）**」となる。

ダイエット　　　　　基本設定値
摂取
状態④

状態④：真のダイエットによる減量傾向　　$Meal_{ダイエット摂取}＜Set_{基本}$

真実の減量のためには，基本の設定値 $Set_{基本}$ よりもさらに低いレベルのダイエット摂取 $Meal_{ダイエット摂取}$ を目標にして，同時に活動量も増やして通常以上の消費 $Exercise_{ハード}$ に努める。こうしてついに真実の減量に成功したとする。

基本設定値　　　ダイエット
　　　　　　　　　設定値
状態⑤

状態⑤：設定値の置き換わり　　$Set_{基本}⇒Set_{ダイエット}$

この努力を続けていけば，肥満が解消したうえで理想状態を維持できる。おそらくこの間に代謝の設定値が，最初の基本設定値 $Set_{基本}$ からダイエット設定値 $Set_{ダイエット}$ への置き換わりが起こるのであろう。

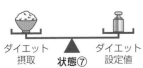

正常摂取　　　ダイエット
　　　　　　　　設定値
状態⑥

状態⑥：元の正常摂取による肥満傾向　　$Meal_{正常摂取}＞Set_{ダイエット}$

減量に成功した後，安心して元の正常な摂取 $Meal_{正常摂取}$ に戻したとする。すると何と！再び肥満化傾向になることがある（**リバウンド**）。これはおそらく，状態⑤の設定値の置き換わりによる影響であろう。この新しいダイエット設定値 $Set_{ダイエット}$ の基準からすると，元の正常摂取 $Meal_{正常摂取}$ に戻したのでは摂取過剰となっているので，再び肥満化することになる。

ダイエット　　　ダイエット
摂取　　　　　　設定値
状態⑦

状態⑦：ダイエット摂取による理想状態　　$Meal_{ダイエット摂取}＝Set_{ダイエット}$

新しいダイエット設定値 $Set_{ダイエット}$ に置き換わった段階以降は，ダイエット摂取 $Meal_{ダイエット摂取}$ で収支バランスがとれた体質に変化している。このダイエット設定値 $Set_{ダイエット}$ を基準にした新しい食生活を維持していけば，理想の体型・体重を維持できる。

　もちろん過度のダイエットを避け，栄養バランスにも留意しなければならない。また，この①〜⑦の努力の中で，適度の活動に努め，消費 *Exercise* を高めることも肥満防止に効果がある。

　このように身体の状態が，設定値を基準に自動制御され，ときにはその設定値自体が変動することは興味深い現象である。

F　体温異常のメカニズム

　体温の上昇は，発熱によるものとうつ熱(鬱熱)によるものがある。これらは全く違ったメカニズムなので，まずこの2つを区別しておこう。

① 発熱とうつ熱の違い

発熱

　発熱とは，体温調節中枢のはたらきに異常が発生し，そのために体温が異常に高められた状態をいう。異常の原因としては，視床下部の体温調節中枢を機械的に圧迫した場合や，細菌または細菌の代謝物が血液中に入り，それが視床下部に流れ込み体温調節中枢を刺激した場合，白血球が細菌を取り込む(食作用)ときに放出する**発熱物質**が体温調節中枢に作用した場合などが考えられる。発熱は病的な異常であり，その原因は複雑で深刻な場合もあるので，処置も素人判断は危険である。

うつ熱

　うつ熱とは，体温調節中枢のはたらきは正常であっても，熱の産生に対して皮膚からの熱の放散が追いつかず，体温が上がったままになる状態をいう。炎天下でのマラソンや激しい運動により，うつ熱状態になることがある。

　高齢者は体温調節機能が低下して汗が出にくくなり，体温がすでに異常に上昇していても気づくのが遅れ，うつ熱の一種の**熱中症**になりやすい。熱中症のうち最も重症な**熱射病**は，体温調節を司る脳の機能そのものが障害を受けて除熱制御機能が作用せず，汗が出にくく，意識障害が起こる重篤な状態をさす。激しい発汗により，血中の電解質バランスが崩れた場合には，**熱痙攣**(ねつけいれん)と呼ばれる筋肉の収縮を起こす。

　うつ熱のときには，涼しい日陰に休ませ，風を送るとか，濡れたタオルで冷やすといった物理的な除熱処理をし，さらに水分補給と塩分補給が効果的である。

> **参考　危険な高体温と低体温**
>
> 　体温が41℃を超えると，脳神経細胞が障害を受けやすくなる。43℃を超える**高体温**になると，機能が正常にはたらかなくなり，タンパク質に復元不可能な変性が起こり，生体組織が危険な状態となる。脊椎動物では致死温度は45℃といわれる。
>
> 　**低体温**では，末梢はかなり低温になっても耐えられるが，核心温度が33〜34℃まで低下すると，心拍数や呼吸数が減り，脳への血行が減少し，意識が乱

れ，25〜30℃では心筋に細動が生じ危険な状態となる。

　とくに危険な低体温とはいえないものの，現代人に35℃台の**低体温気味**の人が増えているといわれる。体温が下がると，代謝が滞り，組織の若返りが遅れる。顔色が優れず皮膚の若さが失われる。筋肉の収縮速度が下がり，動作が不活発になる。血行障害も起きやすくなる。さらに，酵素活性が低下し免疫力が低下するといわれる。昔からの経験則で「冷えは万病の元」という諺がある。長年の低体温状態は，何らかの健康上の不都合が蓄積され，将来深刻な障害を生ずる恐れも考えられる。原因はおそらく，日頃の運動量が不足して筋肉量が減少し血流が衰え，よって発熱量が少な目になっている。適度な運動をして筋肉量を増やし，代謝能力を高め体熱の発生を増やすことによって，正常体温を維持していこう。

② 発熱と解熱のメカニズムの仮説

　風邪を引くような体調ではなかったのに，つい"うたた寝"をして体の芯まで冷やしてしまい熱が出てしまった，という経験はないだろうか。あるいは，風邪を引いて発熱中に，暑くても布団の中にもぐって汗をかきながら体を暖めつづけていたら熱が下がった，といった経験はないだろうか。こうした経験を踏まえて，さらに前節の体温調節のための制御機能と関連させて，次に「恒常的であるはずの体温設定値そのものが変動する」ことによって，「発熱や解熱が起こるメカニズムの仮説」を紹介しよう。

　まず，図8-6の時間経過の中で起こる状態①〜⑥における体温変化と体調ついて説明する。

　状態①：正常　核心温度θ_{core}が設定温度θ_{set}（正常値は37.1℃）と一致していれば，体温調節機能がはたらく必要はない。正常で快適な状態である。

　状態②：設定値の上昇　"うたた寝"をして体温調節機能が低下した状態

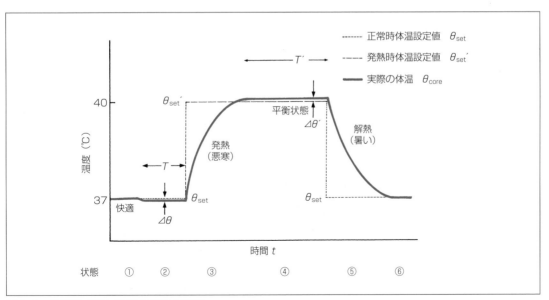

図8-6　体温設定値と実際の体温の関係

で保温もしないで長時間寝過ごしたとか，長時間寒いところにいて体の芯まで冷えてしまったとする（$\theta_{core} < \theta_{set}$）。すなわち，核心温度 θ_{core} が設定温度 θ_{set} よりも若干 $\varDelta\theta$ だけ低い状態が，かなり長い時間 T 続いたとする。（$\varDelta\theta \times T$）の値がある極限値を超えると，核心温度 θ_{core} を設定温度 θ_{set} に回復させるための防御的反応として，体温調節中枢の設定値が θ_{set} からそれよりも高い θ_{set}'（たとえば 40℃）に変動し，体の芯を暖めようとする。発熱性の病気のときにも，このような設定値の変動が起こる（$\theta_{set} < \theta_{set}'$）。

状態③：発熱時の悪寒

状態③：発熱　体温調節機能の操作部が，新たな設定値 θ_{set}' に向けてはたらき出す。このとき，核心温度 θ_{core} は設定温度 θ_{set}' よりも低いので（$\theta_{core} < \theta_{set}'$），感覚的に寒さを感じる（**悪寒**）。すると，熱損失を防ぐために皮膚の細動脈が収縮して，末梢への血流が制限されるために，顔面が**青ざめ**，手足が冷たくなる。さらに立毛（鳥肌）によって熱の発散を防ぎ（過去のなごり），アドレナリン分泌によって代謝を活発にし，**シバリング（ふるえ）**によって体熱の産生を増大させる。こうした作用によって体温はしだいに上昇していき，ついに**発熱状態**となる。

状態④：高温状態継続と設定値の正常化　核心温度 θ_{core} がついに設定温度 θ_{set}' まで上昇すると（$\theta_{core} = \theta_{set}'$），平衡状態になるので悪寒はおさまり，高熱にもかかわらず気分が落ち着く。このまま保温に努め，θ_{core} が θ_{set}' よりも若干 $\varDelta\theta'$ 高い状態を，ある時間 T' 継続したとする。（$\varDelta\theta' \times T'$）の値がある極限値を超えると（あるいは発熱の原因が除去されたとすると），核心温度 θ_{core} を下げるために設定温度の変動が起こり，θ_{set}' から再び正常値 θ_{set} に変動する。

状態⑤：解熱　体温設定温度が正常値に戻ると，$\theta_{core} > \theta_{set}$ になっているので，今度は感覚的に暑さを感じる。すると，熱の放散を促すための**解熱**作用がはじまる。血管が拡張し，皮膚が赤みを帯び顔色が回復し，さらに**発汗作用**も起きる。

状態⑤：解熱時の暑さ

状態⑥：正常化　解熱作用により θ_{core} の温度が下がり，ついに $\theta_{core} = \theta_{set}$ の平衡状態になると，もはや体温調節をする必要がなくなり，正常で快適な状態となる。

　以上の発熱と解熱のメカニズムにおいて，$\varDelta\theta$ と $\varDelta\theta'$ はいずれも 1℃以下の狭い温度幅であり，T と T' は数時間の遅い反応であると考えられる。もし，この $\varDelta\theta$ がごく小さく，また T がかなり短い時間だと仮定すると，より敏感に調節機能がはたらくことになるが，しばしば発熱を起こしすぎ，かえって不都合であろう。逆にあまり鈍感すぎるのも，生命を危うくする。解熱前の T' の長さについても，慎重を期し確認の時間をかけていると考えられる。

　ここで断っておくが，以上の記述の中で，発熱と解熱のメカニズムを体温設定値の置き換えによって説明した例は，多くのテキストでみられる。本書では，さらに $\varDelta\theta$ と $\varDelta\theta'$ および T と T' の観点を新たに導入した。システムが何らかの変動を起こすときには，必ず何らかの根拠があるはずで

ある。その**判断基準になるサイン**が，発熱の際には$(\Delta\theta\times T)$の値，解熱の際には$(\Delta\theta'\times T')$の値で，これらの値がある定まった極限値を超えると**設定値の置き換え**が行われるのであろう。従来の医学書にはこの設定値が置き換えられる根拠が記されておらず，ここでは筆者の体験に照らして，積分概念を加え，物理的に考察した仮説を記載した。

③ 発熱の意味は

　私たちの体温の正常値は，どのような理由から決められているのであろうか。体温は，生化学的反応における**酵素活性**が最も有利にはたらく温度に保たれるといわれる。その意味で，体温設定値θ_{set}の正常値が37.1℃であることは理解できるとして，異常の場合には，なぜもっと高い設定値θ_{set}'に置き換わる必要があるのだろうか。上の仮説では，体の芯まで冷えてしまったときに，体を暖める防御的反応のためであるとした。しかし一般に病的な発熱とは，生物にとってどのような意味を持つ現象なのだろうか。

　発熱は，体内に侵入してきた微生物に対する生体防御的反応の1つと考えられる。高体温となれば，身体の機能が全般的に活発にはたらき，微生物に対する免疫作用を活発化するといった，ヒトにとって有利なことも認められる。しかし逆に体温の上昇は，微生物の活動や増殖にも有利にはたらくとも考えられる。おそらく微生物の増殖最適温度以上に体温を上げ，免疫効果を優位に保ちつつ微生物の増殖を抑制し，殺菌効果を期待するためであろう。最近，悪性腫瘍の治療に，**温熱療法(高周波ハイパーサーミア療法)**が注目されている。これは，がん細胞は血流が悪いために熱拡散が滞り，加熱に弱いことが示され，適度な加温が治療に効果的であることがわかったためである。

　免疫系からいうと，38℃前後の体温が最も効果的に免疫作用がはたらくといわれている。しかし，体調不良の際，それ以上の高温に体温設定値がセットされるのは，なぜであろうか。発熱はとても苦しい病態だが，それでもこれは何らかの防御反応によるものではないかとも推察できる。発熱の有意な理由は，まだよくわかっていないのが実情である。いずれの因果関係があるにせよ，発熱は"体調正常化に向けての有利な反応"であるとすれば，発熱がかなり不都合な症状を伴わない限りは，急いで解熱するより，発熱を引き起こしている根本原因の除去に努めながらしばらく安静にし，様子をうかがうのがよいといわれる。無理に発熱を抑え込んでしまうと，かえって体調不良を長引かせる場合もある。しかし，極端な高熱は，痙攣や脳障害を起こす可能性もあるので，体温の高温化現象には注意深くキメ細かで慎重な対処が必要となる。体温調節機能は身近な機能ではあるが，依然として未知の部分が多い重要なテーマである。

G　熱温存のための巧妙な仕組み

　環境の温度が低下したとき，体熱の放散を防ぐために末梢への血流が減少するが，あまり極端に血流が減少すると酸素や栄養分の供給が不足し，二酸化炭素や老廃物の排除にも支障をきたす。そのため，ある程度の血流を保ちながらも，体心の体熱は末梢へ行かない**熱交換システム**が備わっている。すなわち，体熱の喪失をできるだけ防ぎながら，必要な血液循環を確保する巧妙な方法がとられている。この熱交換システムのおかげで，たとえばクジラは氷の海の中でも体温を維持しながら泳ぎ回ることができ，ツルは氷原で凍傷にならずに片足で立って休んでいられる。ヒトの四肢の血管系にも同様な構造がみられる。

1 対向流

　ヒトの手足の深部には筋性動脈と細静脈が収束した静脈が並んで走っており（伴行），末梢に流れつつある動脈血の持つ体熱を，体心に戻りつつある静脈血が受け取る**対向流**という仕組みがある（図8-7）。体熱が末梢に行き着く手前で静脈に体熱を受け渡す。対向流を経た動脈血はすでに冷たくなっているので，末梢に流れていっても体熱が外界に奪われない。低温環境における無駄な放熱を防いでいる。また，末梢からの冷たい静脈血は，途中の対向流で暖められて体心に戻っていく。そのため体心の体温を維持することができる。もしこのシステムが存在しないと，体心の温度恒常性が損なわれ，心臓が冷え切って生体は正常に機能しなくなるであろう。このシステムは，体熱の放散を最小限に抑えつつも，末梢には必要な酸素や栄養分を送り届けるという巧妙な役割を果たしている。

　なお，血管の対向流と同じような熱交換の役目を果たす部位として，**鼻腔**がある。鼻腔の空間の大きさはなかなか確認しにくいが，口腔よりもはるかに大きな空間を持っている。冷たい空気を吸うときは，鼻腔で暖められてから肺に送られる。このとき鼻腔は，外気に熱を与えたので冷やされる。冷やされた鼻腔は，次に息を吐くときに肺からの温かい息で暖められる。吐く息はそのため熱を失い，冷たくなって外に吐き出される。体熱は外界に捨てられずに体内に温存されることになる。

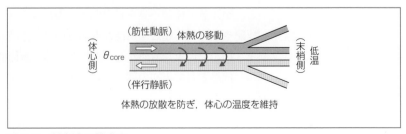

図8-7　対向流の模式図

　もし，冷たい空気の中で口を開いて，「口呼吸」をしていたらどうなるであろうか。急速に体熱を失うことになる。さらに冷たいままの空気が直接肺に入っていき，肺炎になる危険性もある。鼻腔が2つに分かれて存在するのは，体熱温存効果を倍増するためだとする説がある。

　寒冷時の体熱温存の仕組みとは逆に，暑熱時に体熱を積極的に放散する仕組みも存在する。寒冷時には動脈と静脈が伴行して対向流(図8-7)によって体熱を積極的に保持していたが，暑熱時にはその伴行静脈の機能を弱め，寒冷時に閉ざしていた表在静脈を全開させて，体熱を外気に放散しやすくしている。こうして伴行静脈と表在静脈の役割分担に基づく，巧妙な使い分けがなされ，有効な体熱調節がなされている。その影響で皮膚の色は，寒い時には青っぽく，暑い時には赤っぽく見える。

　こうした熱の有効なやりとりを目的とした対向流と熱交換の考え方は工業的にも応用されて，省エネルギーに貢献した**熱交換機**が多数開発されている。

② **動静脈吻合血管**

　普通ならば血液は，→｜細動脈｜→｜毛細血管｜→｜細静脈｜→と順番に流れるが，末梢が極端に低温化した場合，熱損失を防ぎ，体心の冷却化を防ぐためのもう1つの巧妙は仕掛けがある。細動脈と細静脈は並んで走っていて，その両者の間の各所に短絡路(シャント)がある。この短絡路は通常は閉じられているが，緊急事態では**図8-8**のようにこの短絡路が開通し，血流の一部は毛細血管をショートカットして→｜細動脈｜→・→｜細静脈｜→へと流れる。こうして毛細血管に流れる血液量の一部を減らして，体熱の損失を防ぐ。これを，**動静脈吻合(AVA)**という。この構造は，ヒトの四肢末梢部(指先)や顔面の耳たぶや唇などにみられ，寒い時に唇が紫色になることがある。

　また，体温より高い温度の暑熱刺激に対しても，この動静脈吻合が作用し，外界から体内への熱量の過剰な流入を制限して，生体を守る巧妙な制御反応がみられる。

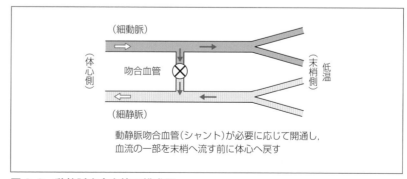

図8-8　動静脈吻合血管の模式図

問1　身体の制御機能には，体温調節機能のほかに，どのような機能があるだろうか。できるだけ多くの項目あげなさい。また，そのうちの1つについて，情報の内容・操作内容・制御対象・感覚器などを具体的にあげ，どのような方法で調節が行われ，恒常性が保たれているかを説明してみよう。

問2　気温30℃の大気中にいると暑く感じられ，水温30℃の風呂に入ると冷たく感じる。同じ温度なのに，どうしてこのように違いを感ずることになるのだろうか。その理由を説明しなさい。

問3　真夏の炎天下にあった木には触れるが，石や金属には熱くて火傷しそうになり触れない。真冬の北国で，氷点下の冷気に皮膚を曝してもすぐには凍傷にならないが，氷点下の中にあった石や金属に素手で触ると，手が貼りついて離れなくなりひどい凍傷になってしまう。問2と同じように，やはり同じ温度なのに，どうしてこのように違いを生ずることになるのだろうか，説明しなさい。

看護学生の声

◆ 身体の構造ってフクザツなのね…

　私は単純な人間なので，その作りもわりに単純にできているのではないかと思っていました。しかし，人間のメカニズムや細かい動きをよく見ていると，人間の体は実に複雑でよくできているんだと，びっくりしました。そして，自分の体の中身がなんだか自分のものでない気がしています。あたかも体の中に神様が住んでいるような気分で，この体がとてもいとおしいものに感じられてきました。

教師の声 ……………………………………………………………

　私達の命の営みは，まさに「この世の奇跡」ですね。皆さんがそう思うのと同様に，患者さんも神様が住んでいるご自分の体をいとおしく思ってみえることでしょう。患者さんはそうした崇高なお体に不調をきたして，いま懸命に治ろうと努力してみえるわけですから，皆さんは大事にお世話をして，回復の手助けをしてあげてください。

◆ わが子の発熱

　私は子どもを育てながら看護学生をしています。この子どもがときどき急に熱を出してしまい，授業は休めないし困ってしまいます。子どもは寝付くと，まもなく暑くなるらしくて布団から飛び出します。布団から出ても大丈夫なように厚着をさせて寝かせると，汗をかき，その汗で体を冷やしてしまいます。子どもの幸せそうな寝顔を見るとホッ！として，疲れている私も熟睡してしまうので，いつも子どもに寝冷えをさせてしまうのです。眠りによって体温が自動的に変わるのではないかという実感です。寒すぎ・暑すぎの抵抗力の幅が子どもは大人よりもずっと小さいのだということを，子どもが元気なときは安心していつも忘れてしまい，しょっちゅう後悔しています。ゴメンなさいね。

◆ 災難のおかげで看護師の道へ…

　中学のときに左腕を骨折しました。剝離骨折に加えて靭帯も切れていたので，1週間の入院と，手術，リハビリで完全に治るのに6か月もかかりました。このことは災難でしたが，人生の転換期だったと思います。おかげさま

で，看護師になりたいという夢を見つけることができました。とても貴重な体験で，そこでの入院生活にはさまざまな物理学が潜んでいたことが思い出されます。看護と物理の関係の多さに，今さらながら感嘆しています。

教師の声 ……………………………………………………………………………………

　あなたは辛い体験をされましたがそれを不幸とは思わずに，その中で貴重な人生の方向性を得られましたね。きっと，すばらしい病院関係者とくに看護師さんに出会われたのが幸いしたのだと思います。あなたがこれから出会われる患者さんにも，そうした気持ちになってもらえるように立派な看護師を目指していってください。

◆ 物理の授業と聞いて"目が点に"…

　高校のコース選択のときに，先生に「看護師になりたいのなら理系のほうがいいだろう」と言われましたが，物理がどうしても嫌いだったので，あきらめて文系にしました。物理を選択した友だちのほとんどは苦労していて，それを見て「私は理系に行かなくて本当に良かったな！」と思っていました。一時は「看護師になるのはやはり無理だわ」とあきらめかけていました。しかし，物理１科目のために自分が以前から抱いていた「看護師になりたい」という将来の夢を捨て切ることはできませんでした。幸いなことにこの学校に入学でき，もう物理とは出会わなくてすむと喜んでいたとき，物理の授業が必修であることがわかってショックで目の前が真っ暗になりました。「看護にどうして物理が必要なのか」と強い怒りを覚えました。でも今は，人体や看護はあちこちで物理と深く関係していることがわかりました。そして，「あのとき看護師になる夢を捨てないで本当によかったな」と思っています。

教師の声 ……………………………………………………………………………………

　病院では多くの患者さんが，皆さんの活躍を待ち望んでいます。この物理学をはじめすべての教科で看護的センス・知識・技術をしっかりと修め，期待に応えられるような立派な看護師になって，皆さんを必要としている人たちの元に行ってあげてください。

<table>
<tr><td>付録</td></tr>
</table>

観察と思考の物理

① 看護師はきつい!?

　学生時代の教室での雰囲気に比較して社会に出てからの職場での雰囲気はとても厳しいもののようである。臨床の現場では，患者の生命に直接関わっているので，とりわけ厳しく先輩たちから鍛えられるようである。ある病院に就職した卒業生から聞いた話によると，先輩の看護師の多くはとても教育熱心？で，新人の看護師を次の例のように質問攻めにし，きめ細かい突っ込んだ指導？をするのだそうである。

　「持続吸引の原理は何か言ってごらんなさい」

　「え～と，胸腔の陰圧に対してぇ，そのぉ，大気圧がぁ…」

　「えっ！　そんなことも知らないの。それは，"落差の原理"でしょっ。しっかり覚えときなさあいっ！」

　「はあ～い…わかりましたぁ」

　ここで"落差の原理"が，物理学的にいったい何を意味するのか理解に苦しむところだが，たとえそれが言葉として正しくても，1つの現象を説明するのに「○○の現象は○○の法則による」だけの表現で満足しているとすれば，それはいかがなものであろうか。当人がその意味する内容を正しく理解していればまだ救いがあるが，もし言葉だけを機械的に丸暗記して唱えているだけとすると，その知識は威厳を誇示しようとする自己満足以外には何の役にも立たない。形式や権威によりかかる教条主義的傾向は，本来の"看護の心"とは違うものであろう。大切なのは，その中身が伴っているかどうかであろう。

② まずよく観察する

　私たちはとかく，"正解"という形式が与えられるとそれに寄りかかり，安心してそれ以上は考えなくなる傾向がある。また，私たちは，日常見られる自然現象も当たり前のこととして眺め，物事を掘り下げて考えようとしない。言葉の表現でも，直感的に頭に浮かんだ単語を散発的に羅列するだけですませてしまう。こうした思考や，豊かに自己表現する能力が乏しい風潮から，私たちは抜け出さなければならない。

　「看護の基本は，まず**患者をよく観察することから**」，そして「**どんな些細なサインも見落としてはならない**」とよくいわれる。まず患者の状態と医療行為による現象の正確な把握が第一歩で，そして今後推移していくであろう状態の予測が求められる。次には，それに対応した適切な判断と行動

が求められる。

　いくら豊富な知識を持っていても言葉の丸暗記だけで，深く考えないですぐに行動に移ることは，とても危ういことである。豊富な知識を持っているだけで安心してしまわないで，詳細な観察に基づいて必要な知識を何重にも組み変えて，理性的な思考をし，当面の最善の行動指針を導き出そう。

　「見守る力」（皆さんには「看守る力」のほうが似つかわしい），その中から「感じる力」，さらに真実に「気づく力」を磨いていってください。

③ 思考する愉しみ

途中でも
いろいろ
学んで
楽しんで

目的地

出発地

　「看護に物理学は必要ではないのではないか？」という大多数の皆さん方の強い想いの中で，皆さんは貴重な時間を使ってあえて物理学を勉強してきた。"後悔の念"が残ったであろうか，それとも"勉強して良かった"と思ったであろうか。これまでに学んだ個々の物理的知識は，皆さんのこれからの看護の実務の中で幾分かはすぐに役立つかもしれないが，多くは無理であろう。当面はムダと思われるような道草的思考もあえてたくさんしてきた。思考の上では間違いを恐れる必要はない。こうしたムダは必ず何かの役に立って，将来きっと実を結ぶはずである。

　知識は，忘れてしまったり，時とともに中身が古く使い物にならなくなったりする。学問をすることの目的は，個々の知識の蓄積ではなく，自分で考える力・真実を見出す力を身につけることである。すなわち総合的判断力を少しずつ前進させていくことである。これまで本書で繰り返し述べてきたことは，看護においては単独の知識の蓄積だけで終わらせるのではなく，それでもまだ疑問を持って，何重にも別の角度からの知識で検討してもらいたい。確信の拠り所が1点だけでは，実に心許ない。ムダと思われても思考の中では大いに道草をして，むしろそれを楽しんでもらいたい。

　何事も楽しくないと長続きしない。知的好奇心を持つと，毎日の楽しみが増え，心が豊かになる。**"知的好奇心は心の栄養"**という格言がある。楽しいと，頭も心も体も，活性化し若返ってくる。皆さんには，論理的に考える愉しみを持ち，森羅万象のあらゆる自然の不思議への憧憬を持ち，生命の偉大さと崇高さへの畏敬をたくさん感じながら，患者に接し看護に当たってもらいたい。皆さんが，**知的な遊び心**を忘れないで，**暖かな人間愛**で接していけば，患者に対して限りない幸せをもたらしていくにちがいない。

④ 事実を他人に正しく伝える

　皆さんは次のような文章を読んだとしたら，どう思われるだろうか。
①難解な用語が多用されている文。
②複雑に入り組んだ言い回しで，何度も読み返さないと書き手の真意が読

み解けない文。

③一文が数行にわたるほどの長文。

④長文の最後まで，肯定しているのか否定しているのかどちらともつかず不明で，惑わされる文。

⑤途中から主語が入れ替わって，話が別の方向へ逸（そ）れていく文。

　このように内容をすぐに汲み取りにくい文章は，たとえ中身がどんなに立派であっても，情報が氾濫した忙しい現代においては敬遠され，見捨てられてしまう。

　看護の業務はチームワークで進められ，自分もその責任の一端を担っているので，自分が得た情報・自分が気づいた事実はチーム全体に正確に伝え共有しなければならない。最近は，病院内の患者データを電子カルテで管理しており，定まったフォーマットに沿って必要事項を入力し，病院全体でデータを共有している。これはとても能率がよく好都合なものだが，しかし現実には，この形式におさまらない事態もさまざまに発生する。そうした場合に，他人に対し迅速に正しく伝える技能が必要となる。

　理系分野では，「伝えたい内容自体に真の価値があり，表現技術は副次的である」として，文章表現上の諸問題を軽視する風潮がある。たとえば，苦心の結果ノーベル賞級の大発見をしたとしても，適切な発表技術を持たず，その成果を他人にしっかりと伝えることができなければ，何もしなかったと同じことになり，そのうちに他人に追いつかれ，その他人にすべての栄誉を手渡してしまうこともありうる。看護の世界で事実を適切に伝えられずに手遅れになってしまったら，怠慢を疑われ責任を問われるかもしれない。理系の仕事上の文章では，美辞麗句や味わい深い名文は必要ないので，とにかく知りえた事実を武骨な表現法であっても他人に迅速に正確に伝えなくてはならない。

⑤ 理系の表現

　看護界で使う表現法は，こうした「**理系の表現**」である。ここでは理系の表現について理系学生によくいわれている注意点の一部を記す。

ⓐ 客観的な記述

　あらゆる事実をもらさず正確に客観的に記述する。事実の記述には，主観的な判断や心情的な表現をしない。自分の感想や自分の考えを書く場合は，事実の記述とは別にして，はっきり分離して書く。事実の記述に，脚色を加えることにより「あいまいさ」が導入されることを避けるためである。

ⓑ 簡潔な文章

　できるだけ短く，簡潔な文章を書く。長い込み入った文章は，間違った解釈をされる場合がある。1つの文章の中で，あれこれ複数のことをいわない。1つ文では，1つのことだけをいう。これを，**一文一義主義**という。そのためには，主語・述語が1つずつの，**単文**にする。理系の文章では原則的に重文や複文を避ける。

ⓒ 読みやすい文章

スルスルと読めて，すぐに意味が率直に読み取れる文章にする。何度も読み返し，考えてみないと意味がわかりにくいような難解な文章はよくない。

ⓓ 誤解されない文章表現

幾通りもの意味に読み取れるような文章はよくない。どのように意地悪く読んでも別の意味には取れない，1つの意味にしか取れない文章にする。

同じ内容の事柄を，わざわざ別な単語に置き換えたりしない。最も適切な1つの単語を一貫して使う。院内の統一用語があれば，それに従う。

ⓔ 飾りは不要

理系の文章には，よくみせようとする飾りは不用である。行間の含蓄や文学的な名文・美文は必要ない。普段使わない難解な用語をわざわざ勿体ぶって使う必要はない。見通しのよい明快な文章を書く。

ⓕ 論理の環を省かない

自分には自明なことでも，他人にはそうではない事柄も多い。論理の鎖の環が1か所でも途切れて話が飛躍していくと，それ以降の記述は根拠が曖昧となり，文章全体の信頼性が失われる。こうした文章は，強引な誘導，独りよがりな文章，都合のよい結論の押しつけと，受け取られる危険性がある。1つ1つの論理が次に確実につながって進んでいくように表現する。

ⓖ 重点先行主義

最初に結論を示し，あとから詳細な説明を加える文章形式で，最初に全体像を提示してから，次にそれを裏づける細かい事実を積み重ねる。これを「トップダウン形式」という。これは理系文章の基本で，新聞記事も重点先行主義である。

これと逆の形式を「ボトムアップ形式」という。最初にあれこれ根拠を並べておいてから，最後に結論をいう文章形式である。枝葉をたくさん並べてから最後に幹にたどり着くので，「逆茂木型の文章」ともいわれる。主張の本筋がみえないまま話があちこちに飛ぶので，煩わしい印象を与える。必然的に冗長な文章になる。

6 文章を仕上げる秘訣

文章は他人に読んでもらい理解してもらうために書いているのだから，自分が内容を熟知していない他人になったつもりで，自分の文章を意地悪く批判的に読んでみる。他人が，「わかりにくいところも好意的に解釈してくれ，自分以上に理解を深めてくれるだろう」というような都合のよいこ

とを期待してはならない。少しでも不明確な点はないか，論理の筋道をスムーズに理解できるか，などを検討し，修正を加える。

　自分の書いた文章を，声を出して読んでみる。少しでも口ごもり読みつかえるところがあれば修正し，自分でも流暢に気持ちよく読めるようにすると，内容が伝わりやすいよい文章となる。文章はこうしてよく考えて慎重に書いたつもりでも，一度書いたままでは，なかなかうまく書けていないものである。書いた文章をしばらく寝かせておき，一定期間を置いてから冷静な気持ちで読み直してみる。こうして気づいた点を何度も修正する（推敲を重ねる）。

　理系の文章を的確に書く留意点は，この他にまだまだたくさんある。ここでは，ごく一部の指摘に留めた。書店には『理系文章表現』に関する書籍がたくさん並んでいる。1冊でも手に取って通読し，その内容を心に留めておくと，看護の仕事をする上でも有益である。

7 寺田寅彦の科学随筆

　物理学の学習の最後として，寺田寅彦[1]が残した珠玉の科学随筆集の中から，ご遺族ならびに岩波書店のご厚意により許可を得た3編『線香花火』『夏』『涼味』を掲載する。寺田寅彦は「天災は忘れた頃にやって来る」「文明が発達すればするほど，自然災害の被害は甚大となる」という趣旨の有名な格言を残したことで知られ，現代の社会にも科学界のあり方にも大きな影響を与え続けている偉大な物理学者である。

　この寺田寅彦の科学随筆を読むことによって，身近な事柄に対して暖かな視線で仔細に観察して，そして，真実に鋭く迫っていく姿勢を学んでもらいたい。これぞまさに21世紀の看護師に求められる大事な物理学的な視点であり，センスではないかと思われる。

　なお，この3編のほかにも，みなさんに推薦したい寺田寅彦の随筆に，『団栗』『金平糖』『茶碗の湯』『病中記』『病室の夜明けの物音』『病室の花』など多数ある。

---

1) 寺田寅彦（1878〜1935）：東京帝国大学教授（実験物理学）。理化学研究所主任研究員，地震研究所員などを兼任。

　日常身近な自然や社会現象を温かく見つめ，きめ細かく正確に記述し，思考の枠を広げる楽しさをわかりやすい文章で伝えた。自然に対する謙虚な畏敬の念と，自然とともに生きる姿勢にあふれていた。着眼点が先見性に満ちており「寺田物理学」といわれ，21世紀科学の源流，複雑系科学の出発点となっている。

　18歳のとき熊本の第五高等学校で夏目金之助先生（夏目漱石）に英語を学んだ。以後，生涯にわたって漱石と深い親交を結んでいた。漱石の小説の登場人物の中に，寺田寅彦がモデルといわれるものがある。『吾輩は猫である』の水島寒月くんや，『三四郎』の野々宮宗八くんなど。

" 看護学生の声 "

◆子どもの目って大切…

巻末の随筆を書いた寺田寅彦は，実に細かな点にまで目を向け，些細な現象にも興味を示している。随筆を読んで得た寺田寅彦さんのイメージは，世の中に起こるすべてのものが珍しくて目を輝かしている子どものような感性を持ち続けた人である。寺田さんの目を通して見えた世界は，きっと不思議に満ちた世界なのだろうと思う。私も寺田さんのように，自分で見る視点と遊び心を持ちたい。

◆遊びも学びのうち…

先生が毎回，講義に何か1つは簡単なオモチャ類（失礼しました，実験道具でした）を持ってきて，「こうかな？」とか言いながら楽しそうにいじくり回してくれて，緊張していた私たちをなごませてくれました。物理学をそんなにむずかしく高尚に考える必要はなく，「遊び心」で楽しみながら学んでいけばいいのだと気づかせてもらいました。おかげで，私たちのふだんの生活の中や自分の体の中にもたくさんの物理現象が潜んでいることを知り，物理をとっても身近に感じるようになりました。

ちょっとした心がけによって，物理の作用を利用することができ，大きな効果をもたらしてくれるものだと実際に感じることができ感動しました。なにより，私の夢である看護の仕事にも深くかかわっているのだと感じ，物理を少し楽しく思うようになりました。楽しく学んだことを生かしてこれから，患者さんにも自分自身にもためになる安全・安楽な看護をしたいです。

◆変わっていった私…

入学した後に物理学の授業があることを知ったときは，進学する学校の選択を誤ってしまったと，心底落ち込みました。私は「物理学が看護の一体何に役立つのか」と大いに疑問に思って，憂うつな気持ちでいました。でも実際に看護に携わっていくと，物理学に関係する場面が随所に現われ，「物理を考慮したり応用すると，こんなにも物事がうまく運ぶのか」と驚いてしまいました。今は，物理学を活用することで看護の援助がよりよく安全・安楽に（看護師と患者さんの両者にとって）行われる必須のことだと気づき，これを勉強する機会があってよかったと思っています。

この頃は物理学が面白くなって，電車の中で教科書を読みながら帰宅したこともありました。家に帰って先のほうを興味津々で読んだこともあります。そんなに勉強熱心ではない私（本当です）としては，他の教科も含めこんなことは初めてで，とても信じられない変わりようです。

寺田寅彦全集より

寺田寅彦：寺田寅彦全集　第4巻『備忘録』．岩波書店，1961．より引用転載

線香花火

　夏の夜に小庭の縁台で子供らのもてあそぶ線香花火にはおとなの自分にも強い誘惑を感じる。これによって自分の子供の時代の夢がよみがえって来る。今はこの世にない親しかった人々の記憶がよび返される。

　はじめ先端に点火されて　ただかすかにくすぶっている間の沈黙が，これを見守る人々の心をまさにきたるべき現象の期待によって緊張させるにちょうど適当な時間だけ継続する。次には火薬の燃焼がはじまって小さな焔が牡丹の花弁のように放出され，その反動で全体は振り子のように揺動する。同時に灼熱された熔融塊の球がだんだんに生長して行く。炎がやんで次の火花のフェーズに移るまでの短い休止期がまた名状し難い心持ちを与えるものである。火の球は，かすかな，ものの沸えたぎるような音を立てながら細かく震動している。それは今にもほとばしり出ようとする勢力が内部に渦巻いている事を感じさせる。突然火花の放出が始まる。目に止まらぬ速度で発射される微細な火弾が，目に見えぬ空中の何物かに衝突して砕けでもするように，無数の光の矢束となって放散する，その中の一片はまたさらに砕けて第二の松葉第三第四の松葉を展開する。この火花の時間的ならびに空間的の分布が，あれよりもっと疎であってもあるいは密であってもいけないであろう。実に適当な歩調と配置で，しかも充分な変化をもって火花の音楽が進行する。この音楽のテンポはだんだんに早くなり，密度は増加し，同時に一つ一つの火花は短くなり，火の矢の先端は力弱くたれ曲がる。もはや爆裂するだけの勢力のない火弾が，空気の抵抗のためにその速度を失って，重力のために放物線を描いてたれ落ちるのである。荘重なラルゴで始まったのが，アンダンテ，アレグロを経て，プレスティシモになったと思うと，急激なデクレスセンドで，哀れにさびしいフィナーレに移って行く。私の母はこの最後のフェーズを「散り菊」と名づけていた。ほんとうに単弁の菊のしおれ

かかったような形である。「チリギクチリギクー」こう言ってはやして聞かせた母の声を思い出すと，自分の故郷における幼時の追懐が鮮明によび返されるのである。あらゆる火花のエネルギーを吐き尽くした火球は，もろく力なくポトリと落ちる。そしてこの火花のソナタの一曲が終わるのである。あとに残されるものは淡くはかない夏の宵闇である。私はなんとなくチャイコフスキーのパセティクシンフォニーを思い出す。

　実際この線香花火の一本の燃え方には，「序破急」があり「起承転結」があり，詩があり音楽がある。

　ところが近代になって流行り出した電気花火とかなんとか花火とか称するものはどうであろう。なるほどアルミニウムだかマグネシウムだかの閃光は光度において大きく，ストロンチウムだかリチウムだかの炎の色は美しいかもしれないが，始めからおしまいまでただぼうぼうと無作法に燃えるばかりで，タクトもなければリズムもない。それでまたあの燃え終わりのきたなさ，曲のなさはどうであろう。線香花火がベートーヴェンのソナタであれば，これはじゃかじゃかのジャズ音楽である。これも日本固有文化の精粋がアメリカの香のする近代文化に押しのけられて行く世相の一つであるとも言いたくなるくらいのものである。

　線香花火の灼熱した球の中から火花が飛び出し，それがまた二段三段に破裂する，あの現象がいかなる作用によるものであるかという事は興味ある物理学上ならびに化学上の問題であって，もし詳しくこ

れを研究すればその結果は自然にこれらの科学の最も重要な基礎問題に触れて，その解釈はなんらかの有益な貢献となりうる見込みがかなりに多くあるだろうと考えられる。それで私は十余年前の昔から多くの人にこれの研究を勧誘して来た。特に地方の学校にでも奉職していて充分な研究設備をもたない人で，何かしらオリジナルな仕事がしてみたいというような人には，いつでもこの線香花火の問題を提供した。しかし今日までまだだれもこの仕事に着手したという報告に接しない。結局自分の手もとでやるほかはないと思って二年ばかり前に少しばかり手を着けはじめてみた。ほんの少しやってみただけで得られたわずかな結果でも，それははなはだ不思議なものである。少なくもこれが将来一つの重要な研究題目になりうるであろうという事を認めさせるには充分であった。

このおもしろく有益な問題が従来だれも手を着けずに放棄されてある理由が自分にはわかりかねる。おそらく「文献中に見当たらない」，すなわちだれもまだ手を着けなかったという事自身以外に理由は見当たらないように思われる。しかし人が顧みなかっ

たという事はこの問題のつまらないという事には決してならない。

もし西洋の物理学者の間にわれわれの線香花火というものが普通に知られていたら，おそらくとうの昔にだれか一人や二人はこれを研究したものがあったろうと想像される。そしてその結果がもし何か面白いものを生み出していたら，わが国でも今ごろ線香花火に関する学位論文の一つや二つはできたであろう。こういう自分自身も今日まで棄ててはおかなかったであろう。

近ごろフランス人で刃物を丸砥石でとぐ時に出る火花を研究して，その火花の形状からその刃物の鋼鉄の種類を見分ける事を考えたものがある。この人にでも提出したら線香花火の問題も案外早く進行するかもしれない。しかしできる事なら線香花火はやはり日本人の手で研究したいものだと思う。

西洋の学者の掘り散らした跡へはるばる後ればせに鉱石の欠けらを捜しに行くもいいが，われわれの足元に埋もれている宝をも忘れてはならないと思う。しかしそれを掘り出すには人から笑われ狂人扱いにされる事を覚悟するだけの勇気が入用である。

夏

近年になって，たぶん大正八年の病気以来の事と思うが，毎年夏の来るのが一年じゅうのいちばんの楽しみである。朝起きると寒暖計が八十度[注]近くに来ているようになると，もう水で顔や頭髪を洗っても悪寒を感ぜず，足袋をはかなくても足が冷えない。これだけでもありがたい事である。自分のからだじゅうの血液ははじめてどこにも停滞する事なしに毛細管の末梢までも自由に循環する。たぶんそのためであろう，脳のほうが軽い貧血を起こして頭が少しぼんやりする。聴覚も平生よりいっそう鈍感になる。この上もなく静寂で平和な心持ちである。

昼間暑い盛りに軽い機械的な調べ仕事をするのも気持ちがいい。あまり頭を使わないで，そしてすればするだけ少しずつ結果があがって行くから知らず知らず時を忘れ暑さを忘れる。

陶然として酔うという心持ちはどんなものだか下戸の自分にはよくわからない。少なくも酒によっては味わえない。しかし暑い盛りに軽い仕事をして頭のぼうっとした時の快感がちょうどこの陶然たる微酔の感と同様なものではないかと思われる。そんなとき蝉でもたくさん来て鳴いてくれるといいのであろうが，このへんにはこの夏のオーケストラがいないで残念である。

喫茶店の清潔なテーブルへすわって熱いコーヒーを飲むのも盛夏の候にしくものはない。銀器の光，ガラス器のきらめき，一輪ざしの草花，それに蜜蜂のうなりに似たファンの楽音，ちょうどそれは「フォーヌの午後」に表わされた心持ちである。ドビュッシーはおそらく貧血性の冷え症ではないかと想像される。

夜も夏は楽しい。中庭へ藤椅子を出して星をながめる。スコルピオン座や蟹座が隣の栗のこずえに輝く。ことしは花壇の向日葵が途方もなく生長して軒よりも高くなった。夜目にも明るい大きな花が涼風

注）華氏 80 度（80°F）＝摂氏 27 度（27℃）

にうなずく。

　人のいやがる蚊も自分にはあまり苦にならない。中学時代にひと夏裏の離れ屋の椅子に腰かけて読書にふけり両足を言葉どおりにすきまなく蚊に食わせてから以来蚊の毒に免疫となったせいか，涼み台で手足を少しぐらい食われてもほとんど無感覚である。蚊のいない夏は山葵のつかない鯛の刺身のようなものかもしれない。

　夕立の来そうな晩ひとり二階の窓に腰かけて雲の変化を見るのも楽しいものである。そういう時の雲の運動はきわめて複雑である。方向も速度も急激に変化する。稲妻でもすればさらにおもしろい。いかなる花火もこの天工のものには及ばない。

　来そうな夕立がいつまでも来ない。十二時も過ぎて床にはいって眠る。夜中に沛然たる雨の音で目がさめる。およそこの人生に一文も金がかからず，無条件に理屈なしに楽しいものがあるとすれば，おそらくこの時の雨の音などがその一つでなければならない。これは夏のきらいな人にとってもたぶん同じであろうと思う。

　冬を享楽するのには健康な金持ちでなければできない，それに文化的の設備が入用である。これに反して夏は貧血症の貧乏人の楽園であり自然の子の天地である。

· ·

涼　味

　涼しいという言葉の意味は存外複雑である。もちろん単に気温の低い事を意味するのではない。継続する暑さが短時間減退する場合の感覚をさして言うものとも一応は解釈される。しかし盛夏の候に涼味として享楽されるものはむしろ高温度と低温度の急激な交錯であるように見える。たとえば暑中氷倉の中に一時間もはいっているのは涼しさでなくて無気味な寒さである。扇風機の間断なき風は決して涼しいものではない。

　夏の山路を歩いていると暑い空気のかたまりと冷たい空気のかたまりとが複雑に混合しているのを感じる。そのかたまりの一つ一つの粒が大きい事もあるし小さい事もある。この粒の大きさの適当である時に最大の涼味を感じさせるようである。しかしまだこの意味での涼味の定量的研究をした学者はない。これは気象学者と生理学者の共同研究題目として興味あるものであろう。

　倉庫や地下室の中の空気は温度がほとんど均等でこのような寒暑の粒の交錯がない，つまり空気が死んでいる。これに反して山中の空気は生きている。温度の不均等から複雑な熱の交換が行なわれている。われわれの皮膚の神経は時間的にも空間的にも複雑な刺激を受ける。その刺激のために生ずる特殊の感覚がいわゆる涼しさであろう。

　暑中に灸をすえる感覚には涼しさに似たものがある。暑い盛りに熱い湯を背中へかける感じも同様である。これから考えられる一つの科学的の納涼法は，皮膚のうちの若干の選ばれた局部に適当な高温度と低温度とを同時に与えればわれわれはそれだけで涼味の最大なるものを感じうるのではないか。あるいは一局部に適当な週期で交互に熱さと寒さを与えるのがいいかもしれない。これは実験生理学者にとって好箇の研究題目となりそうなものである。

　この仮説を敷衍注）すれば，熱い酒に冷たい豆腐のひややっこ，アイスクリームの直後のホットカフェーの賞美されるのもやはり一種の涼味の享楽だという事になる。

　皮膚の感覚についてのみ言われるこの涼味の解釈を移して精神的の涼味の感じに転用する事はできないか，これもまた心理学者の一問題となりうるであろう。

注）敷衍：おし広めて説明をする。

📖 参考図書

1. 臨床現場に立って物理的思考が養える図書

1) 阿曽洋子，他著：基礎看護技術，第 8 版．医学書院，2019

2) 任 和子，他編集：根拠と事故防止からみた基礎・臨床看護技術，第 2 版．医学書院，2017.

3) 平田雅子著：［完全版］ベッドサイドを科学する，改訂第 3 版．学研メディカル秀潤社，2018.

4) 竹尾惠子監修：看護技術プラクティス，第 4 版．学研メディカル秀潤社，2019.

5) 坂本すが，井手尾千代美監修：完全版ビジュアル臨床看護技術ガイド．照林社，2015.

6) 医療情報科学研究所編集：看護がみえる vol. 1 基礎看護技術．メディックメディア，2018.

7) 医療情報科学研究所編集：看護がみえる vol. 2 臨床看護技術．メディックメディア，2018.

8) 窪田敬一編集：ドレーン　カテーテル　チューブ管理完全ガイド．照林社，2015.

9) 佐藤智寛著：看護の現場ですぐに役立つ 注射・採血のキホン．秀和システム，2017.

2. 身体の仕組みと働きをわかりやすい正確な図で解説した図書

1) 坂井建雄，河原克雅編集：カラー図解 人体の正常構造と機能，全 10 巻縮刷版．日本医事新報社，2017.

3. 文章表現を学ぶために理系学生が一度は目を通すバイブル的存在の名著

1) 木下是雄著：理科系の作文技術（中公新書）．中央公論社，1981.

4. 自然に向き合う科学的姿勢を学ぶ図書

1) 寺田寅彦著：寺田寅彦随筆集（岩波文庫）．全 5 冊，岩波書店，2003.

2) 池内 了著：寺田寅彦の科学エッセイを読む（祥伝社黄金文庫），祥伝社，2012.

3) 池内 了著：ふだん着の寺田寅彦．平凡社，2020.

4) マイケル・ファラデー著，竹内敬人訳：ロウソクの科学（岩波文庫）．岩波書店，2010.

5) 中谷宇吉郎著：中谷宇吉郎随筆集（岩波文庫）．岩波書店，1988.

6) 福岡伸一著：動的平衡―生命はなぜそこに宿るのか．木楽舎，2009.

7) 福岡伸一著：動的平衡 2―生命は自由になれるのか．木楽舎，2011.

8) 福岡伸一著：動的平衡 3―チャンスは準備された心にのみ降り立つ．木楽舎，2017.

✏ 練習問題の解答例

▶**第1章**

問1　図1-13のように患者の頭側を支える力をF_1，脚部側を支える力をF_2とする。脚部を支える点を中心とした力のモーメントはつりあっているので，

$$F_1 \times 170 - 60 \times 100 = 0$$

鉛直方向の力はつりあっているので，

$$F_1 + F_2 - 60 = 0$$

この2式より，$F_1 = 35.3$ kg重，$F_2 = 24.7$ kg重となる。

担架の重さも考慮した場合は，

$$F_1' \times 170 - 60 \times 100 - 8 \times 85 = 0$$
$$F_1' + F_2' - 60 - 8 = 0$$

よって，$F_1' = 39.3$ kg重，$F_2' = 28.7$ kg重

問2　赤ちゃんは，覚醒中は母親の背中にしっかりと張りついている。入眠すると筋肉が弛緩し，身体各部の重量による力学的腕の長さが増加するため，力のモーメントが増加する。この状態において赤ちゃんを支えておくために，母親はより大きな力が必要となる。

問3　第1種のてこの原理。ティッピングレバー後端が力点，車椅子後輪の接地点が支点，車椅子搭乗者の重量と車椅子前半分の重量の合力がかかる座面が作用点となっている。

遊び心の演習「どっちが重い？」　の答えは，「①頭側の方が重い」が正解。

▶**第2章**

問1　重力線が支持面の中に入るような①か②のどちらかの姿勢になると，倒れずに立ち上がることができる。

問2　踵が壁に接している状態で上体を前屈させていくと，重力線が次第に前方に移動し，ついにつま先より前に出てしまう。すると，支えを失って身体は前に倒れてしまう。

問4　三半規管内の内リンパ液が，「慣性の法則」によって平衡位置から変化した状態になると，その変位の大きさに比例して加速の大きさを感知する。速度変化や回転などをやめても，内リンパ液がすぐには定位置に戻らず移動したままであると，いつまでも運動が継続しているような感覚が残る。

▶**第3章**

問1　標準タイヤ空気圧を単位変換すると，

$P_{\text{タイヤ}} = 230$ kPa $\fallingdotseq 2.3$ kg重/cm$^2 \fallingdotseq 2.3 \times 10^4$ kg重/m$^2 \fallingdotseq 2.3$ 気圧。

$P_{\text{タイヤ}}$は，$P_{\text{スニーカー}}$の9.2倍，$P_{\text{ハイヒール}}$の0.46倍，$P_{\text{ゾウ}}$の1.5倍。

問2　同じ大きさの力のやりとりでも，その力を伝える面積が変わると圧力が変わる。面積に反比例して圧力は変わる。生体は圧力で影響を受けるので，

その圧力の大きさが快適感を与え効果的範囲内であるか，不快や損傷を与えてはいないか，配慮する必要がある。

問5　体重比，脚の筋肉断面比，ジャンプ力比，ジャンプ初速度比，到達高度比，そして体長比などを順番に比較する。途中でジャンプ継続時間など未知の要素もでてきて正確な議論は困難だが，幾多の物理法則を駆使することにより両者の差異のおおよその傾向をつかむことができ，一見意外な現象が説明できることを知ってもらいたい。

おおよその傾向としては，単位面積当たりの筋力はどの生物をとっても同じであり，よって筋力は筋肉の断面積に比例する。すなわち，太い筋肉ほど大きな力を出しうる。筋肉の断面積は二次元数で，体重は三次元数である。この次元の相違によって，サイズの大きな生物では筋肉の単位面積当たりの体重が予想外に過負荷になり，身長比でみると高くは跳び上がれない。逆にサイズの小さい生物では体重が極端に減少するので，身長比でみて高いジャンプが可能となる。

問6　細胞は，栄養素を取り入れる必要があり，老廃物を排出しなければならない。その出し入れの必要量は細胞**体積**に比例するが，それらは細胞表面を通過するので，出し入れ可能な量は**表面積**に比例する。ヒトの細胞の平均的大きさは直径約 $20\,\mu$（0.02 mm）なので，これを一辺 $20\,\mu$ の立方体だと仮定する。外界に接する表面積は，上下前後左右の6面あるので $6 \times 20^2\,\mu^2$。この一辺が2倍に大きくなったとすると，表面積は $6 \times 40^2\,\mu^2$ となり，4倍に増加する。体積は，$20^3\,\mu^3$ から $40^3\,\mu^3$ となり，8倍に増加する。

栄養素や老廃物の通り道である表面積は4倍に増加するが，通過する量は8倍に増加するので，通過面積が不足して支障が生ずる。よって，細胞はどこまでも大きく成長することは不可能で，必ず「細胞分裂」を起こして物質交換に必要な最適表面積を確保する必要がある。

遊び心の演習「靴が床に及ぼす圧力」　の考え方は問1の解説参照。

▶**第4章**

問1　脳室ドレナージは，設定値が10〜15 cm と絶対値が小さめの数値（重力式胸腔ドレナージの場合の設定値約1 m などに比較して）であるので許容範囲が狭く，少々の変動でも影響が大きく出て支障をきたすことがある。誤差の大きさ（絶対誤差）も重要な視点であるが，それ以上に，基本の値に対する変動幅の比（相対誤差）のほうがより重要になることもある。脳室ドレナージにおいては基本の値が小さいだけに，高さの設定をより厳密に行い，患者の体動による高さの変化にも細心の注意をはらう必要がある。

問2　お腹の中で腸がサイフォンの役割を果たしていて，流動物が勝手に動き回っている状態。

問3　お茶を8分目ほど注ぐと，茶碗の中央に立ててある「逆置きU字管」の最上部Pの手前までお茶で満たされる。お茶をさらに注ぐと，Pより上に液面が上昇し，お茶は逆置きU字管の内部を通って外へ流れ出す。ところが，液面がPよりも下がってきても，逆置きU字管の内部全体はお茶で満たされ連続性が保たれており，しかもその出口Qは液面よりも下部にあるので，サ

イフォンの条件が成り立っており，茶碗の中のお茶が空になるまで流出する。なお，越後の長岡地方には，教訓茶碗と同じ仕掛けで「十分盃（じゅうぶんはい）」という 杯（さかずき）が伝わっている。銘酒処にふさわしいネーミングである。

▶第5章

問1　点滴筒を使用せず，輸液を連続的に流した場合，チューブを透明にして中の輸液が見えたとしてもその動きはわからないので，その流量の多少を判断できない。流れを途中で中断して間歇流にして初めて，流量の多少を判断できる。すなわち，その間歇の周期（滴下の頻度）によって流量の多少が判断できるようになる。

　これと同じ原理を応用したしつらえとして，日本庭園にある鹿おどし（そうず），水琴窟（すいきんくつ）の音などがある。

問2　ポンピングをしないで点滴筒内が空洞のまま，あるいは輸液残量がきわめて微量であると，チューブに流出していくものが輸液でなく，空気が下りていく可能性が大きくなる。こうした危険を防ぐために，点滴筒内には約1/2の輸液を溜めて，点滴筒下部から流れ出るものは絶対に輸液だけにしておかなければならない。

問3　点滴筒を指で押し潰したときに，点滴筒内の空気が輸液バッグのほうに行かずに輸液ルートを伝わって静脈針のほうに進む。指を離すと輸液を吸い込むのではなく，静脈針側から空気を吸い込んでしまう。何も事態は進展せず，無駄な行為の繰り返しになってしまう。点滴筒の下方をクレンメで閉鎖しておいて点滴筒を押し潰すと，中の空気が輸液バッグのほうに移動し，指を離すと輸液が移動して入ってくる。そのためにポンピングの際には，点滴筒の片方（下方）は必ず閉じておかなければならない。

問4　1滴の体積は，1/60 mL。100 mLの全滴下数＝6,000滴となる。これを1時間かけて滴下するので1分間の滴下数は6,000滴/60分＝100滴/分となる。アレグレットほどのテンポ（やや速い）になる。

問5　もし動脈血管に傷をつけると，動脈血が勢いよく噴き出してくるので，現実的に実施不可能である。それでもなお動脈血管に針を刺そうと仮定すると，静脈血管に刺すよりもはるかに難しい。その理由は，血管が奥深い中心部（骨に近く）にあり，まず見つけにくい。血管壁が分厚く弾力に富んでいて針先が通りにくい。動脈血圧は高いので針刺と同時に血が噴き出る。さらに，輸液バッグを保持する高さは天井の高さを超える。また，抜針後の止血も大変困難。よって，点滴動脈内注射は絶対に不可能であり，静脈の役割は大変ありがたい。

▶第6章

問　本文（6章115頁）を参照し自分の言葉で記してみよう。

▶第7章

問1　できるだけあらゆる大きさの刺激を感知できるように，感覚器の感知範囲を広げるために，このように進化してきた。感覚器の感覚能力だけでな

く，生存に必要なあらゆる対応能力も，おそらく対数目盛化した能力を備えているのではないだろうか。たとえば，ウイルスに対する免疫能力や，さらに極端に考えれば，生命力自体も対数目盛化しているように思われる。人智ではとてもはかり知れない生命現象の奥深さである。

問2　18 Gの断面積Sは(± 0.03は省略する)，$S = \pi (R/2)^2 = \pi (0.94/2)^2 \fallingdotseq 0.694$ mm^2 となる。同様に，他のゲージの断面積も求めよう。これらの結果をグラフに描くと，(a)では減衰曲線，(b)では直線のグラフが描けるだろう。

▶第8章

問1　身体の制御機能は，あらゆるところに無数にあることを，皆さんは学んで詳しく知っていることでしょう。興味ある事柄について，その体系を自分で構築してみましょう。

問2, 3　熱の移動には，伝導，対流，放射の3種類があるが，この場合は伝導に関係する。同じ温度差であっても，伝導による熱の移動量に違いがあると，身体が感じる寒暑感覚には，違いを生ずる。生体内のホメオスタシスのはたらきにより，代謝活動の強度の調節をはじめとして，諸体温調節機能を総動員して外的影響を自動的に正常に戻そうとする。このとき外界の温度を客観的値で感じているのではなく，身体と外との温度差ならびに，身体と外界との熱の移動速度(単位時間に出入りする熱の量)によって，寒暖の主観的な感じ方が変わってくる。よって，**温度勾配**と接触点の**熱伝導率**と熱伝導する**接触面積**などに関係する。

　問2では，身体と外界は同じ温度差であるが，両者の接触部分での熱伝導率は違っている。気体の大気への熱伝導と液体の水への熱伝導では，後者のほうがはるかに多くの熱量が移動する。30℃の大気中では体熱はほとんど失われないのに対し，水温30℃の風呂に入ると急速に体熱が奪われ，とても冷たく感じられる。「サウナにおいて80℃の中で快適に過ごせることや，水蒸気を立たせるとさらに高温に感じるようになる」という理由も，気体の熱伝導や状態変化に伴う熱量の出入りに関係する物理現象である。

　問3では，石や金属の熱伝導率と空気の熱伝導率とでは随分違うので，石や金属では急速に，大量の体熱を奪われたり，逆に大量の熱量が流入したりして，生体組織に重大な損傷を与えることもある。

🔍 索引

数値・欧文

1 心房 1 心室　116
2 乗 3 乗の法則　62
2 心房 1 心室　116
2 心房 2 心室　115
2 点識別閾値　149
3 連ボトルシステム　84
90 度ルール　60
AM 変化　149
AVA(動静脈吻合)　177
cmH$_2$O　65
CVC(中心静脈カテーテル)　108
CVP(中心静脈圧)　108
dB(デシベル)　**141**, 143
DVT(深部静脈血栓症)　132
EBN(根拠のある看護)　89
FM 変化　149
hPa(ヘクトパスカル)　65
kg 重　10
mmHg　65
Pa(パスカル)　65, 73
PTE(肺血栓塞栓症)　133
RICE 処置　121
rlx(ラドルックス)　151
SI(国際単位系)　65
SN 比　145
SpO$_2$　89
TPN(中心静脈栄養法)　108

あ

アイソトニック収縮　38
アイソメトリック収縮　39
アキレス腱　12
足抜き　60
圧迫応力　59
圧力　53
—— と力の違い　53
—— の単位　65, 77
—— 変化, 耳の　69
圧力トランスデューサー　109
アネロイド血圧計　125
アレンの法則　64
暗順応　**151**, 155
—— の寄せ集め機能　152
安全装置つき誤穿刺防止翼状針
　　　　　　　　　　101

アンプル　4
アンプルカット　4

い

閾値　141
胃洗浄　90, **92**
一文一義主義　183
色　144
—— による比視感度　144, 154
陰圧　81
陰圧室　69
陰性残像　155

う

ウィーンの変位則　163
ウェーバー・フェヒナーの法則
　　　　　　　　　　141
ウォーターベッド　73
右心室　115
うっ血　123
うつ熱　172
運動係数　165
運動の法則　46

え

エア針　101
エアリーク　87
腋窩温　162
液体　67
エコノミークラス症候群　132
エビデンス　89
円運動の向心力　46

お

横隔膜　80
横突起　8
横紋筋　57
応力　59
オージオメータ　144
オームの法則　118
悪寒　174
起き上がり小法師　35
オクターブ　146
オシロメトリック法　126
音　141
—— の大きさ　141
—— の高さ　142

重いもの
—— を動かす方法　36
—— を持つときの基本　19
温罨法　159
音叉　142
音程　146
温度(身体各部の)　161
温熱療法　175

か

外気温と体温　162
解像力　154
外側半規管　47
階段関数　150
回転
—— 運動　4
—— の作用　2
外反母趾　35
外乱　161, 168
外力　11
外肋間筋　80
化学反応熱　161
拡散　101
—— 現象　111
核心温度　162
拡張期血圧　124
下肢挙上　59
下腿マッサージ　133
下垂体系　169
ガス交換　121
ガラス製ボトル　101
加齢性難聴　143, 144
感覚
—— 上の音の大きさ　141
—— の大きさ　139
—— の変化量　140
感覚器　139
感覚量　140
観血法(血圧測定の)　122
看護ボディメカニクス　27, 32
観察　181
鉗子　9
患者を小さくまとめる　30, 43
管状骨　62
眼振　155
慣性　40
—— の法則　40, 46

関節　2
　── にはたらく力　10
間接法(血圧測定の)　122
杆体細胞　151, 152

き

気圧　65
気化熱　159
気管吸引　88
気胸　83
基礎代謝率　164
気体　67
ギックリ腰　16
拮抗筋　39
基底面　28, 33
気導　144
気泡　100
客観的
　── な記述　183
　── な刺激の変化量　140
ギャッジアップベッド　33
吸引　83
吸引圧調整室　87, 88
吸引圧調整ボトル　84
救急車のサイレン　149
球形　67
球形嚢　47
吸息　80
吸入　89
急発進　46
急ハンドル　46
急ブレーキ　46
仰臥位　29
胸郭　79
胸腔　79
　── の模式図　80
胸腔ドレナージ　83
胸腔内圧　79, 81, 82
胸骨圧迫　44
凝固熱　159
凝縮熱　159
胸水　83
胸膜腔　79
恐竜の血圧　133
強力な筋肉群　44
棘突起　7
魚類の心臓　116
起立性低血圧　130
キリンの血圧　133
緊急応急処置　121
筋節の伸縮　38
金属疲労　32

筋肉　10, 163
　── 温度　162
　── 運動による代謝率　165
　── の張力　10
　── のふるえによる代謝率
　　　　　　　　　　　165
筋肉ポンプ　131

く

空間的分解能　154
空間的寄せ集め機能　152
空気感染隔離室　69
空気針　101
空気塞栓症　68
空気の混入(体内への)　111
屈筋　39
クリーンルーム　69
繰り返し頻度(負担の)　60
車椅子　60
クレンメ　104

け

ケイソン病　68
ゲージ　156
ゲージ圧単位系　81
血圧　117, 122
　──，キリンと恐竜の　133
　──，重力による影響　129
　──，入浴時の　71
血圧測定
　──，姿勢による影響　130
　── の歴史　122
血液
　── 循環　117
　── 抵抗　118
　── の粘性　118
　── の密度　127
血管収縮神経　120
血漿　121
血流抵抗　117
解熱　173, 174
ケルビン温度　166
減圧症　68
牽引　2
検温　161

こ

コアリング　98
高圧力　67
口腔温　162
後傾姿勢　41
高血圧症　118, 120

　── の原因　119
高周波ハイパーサーミア療法
　　　　　　　　　　　175
抗重力筋　44
拘縮　2
恒常性　161
酵素活性　175
高体温　172
後半規管　47
高反発マットレス　74
声かけ　30, 31
呼吸運動　79
呼吸性移動　86
呼吸による熱伝達率　165
呼吸ポンプ　132
黒体　166
腰
　── にかかる力　16
　── を落とした姿勢　36
呼息　81
固体　67
骨格筋　57
　── の張力　45
骨髄腔　62
骨導　144
コロトコフ音　124, 128
根拠のある看護　89

さ

差　145
サーファクタント　82
採血　93
最高血圧　124
最小目盛　144
最低血圧　124
サイフォン　90
　── の原理　91
座屈　18
左心室　115
作動筋　39
作用点　9
酸化　159
算術目盛　144
酸素吸入　89
三半規管　47
三方活栓　103
3連ボトルシステム　84

し

子音　143
ジェットネブライザー　89
視覚の機能　151

嘴管　89
耳管　70
時間的分解能　154
時間的寄せ集め機能　152
しきい値　141
色感　152
──，錐体細胞の　152
死腔量　134
刺激　140
──の全量　140
──の変化量　140
思考　181
支持面　28, 33
視床下部　169
指数関数　151
姿勢　21
耳石　47
耳石器　47
自然の経路　45
支点　9
自動電子血圧計　125
シバリング　174
時報　147
シャント　177
収縮期血圧　124
重心　33
──を下げた姿勢　35
自由電子　160
重点先行主義　184
重力式ドレナージ　90
重力線　33
主観的感覚量　140
粥腫　119
手術室のユニホーム　155
シュテファン・ボルツマンの法則
　　　　　　　　　　　166
主動筋　39
純音　142
──の等感覚曲線　143
順化　150, 155
循環器　115
瞬間冷却スプレー　159
純正律長音階　147
順応　150
準備運動　21
昇華　69
踵骨　9
小循環　115
状態の変化　159
小転子　9
小動脈　119
静脈還流　71

静脈血圧　108
静脈針　100, 101
静脈弁　131
静脈瘤　132
静脈留置針　101
上腕二頭筋　14
──の張力　14
触診法（血圧測定）　122
褥瘡　59
──予防　59
シリンジポンプ　103, 106
皺
──，シーツの　59
──，体内の　64
進化　137
伸筋　39
真空採血管　93, 94
神経系の再編成　153
心室　115
心臓　115
──，魚類と両生類の　116
──，哺乳類と鳥類の　115
心臓マッサージ　44
身体各部の温度　161
振動数　142
深部静脈血栓症　132
心房　115

す

水圧効果（入浴の）　70
随意筋　57
髄核　18
水銀気圧計　65
水銀血圧計　123
推敲　185
錐体細胞　151
──の色感　152
水柱圧　67
水柱圧単位系　67
水封　85
水封細管水位の見方　86
水封室　87, 88
水封ボトル　85
スクワット　22
スケーリング効果　64
スケーリング則　62
スケールアウト　144
ストレッチ体操　21, 40
スピッツ　93, 94
スプリングベッド　72
すべりマット　37
スライディングシート　38

スライディングボード　38
ずれ応力　37, 59, 60

せ

正圧　82
制御装置　168
静止最大摩擦力　37
生成熱　160
生体内力　11
生体のゆらぎ　137
生物の進化　137
赤外線サーモグラフィー　163
赤外線放射体温計　162
脊髄神経　18
脊柱　18
──の関節構造　18
脊柱管　18
脊柱挙筋　16
脊柱起立筋　16
──にはたらく力　16
積分的足し合わせ機能　155
赤血球　121
接線応力　59
絶対温度　166
設定値（体温調節の）　168, 169
背抜き　60
背伸び姿勢　19
全音　146
前傾姿勢　41
前順応　151
全身浴　71
潜水の記録　67
潜水病　68
せん断応力　37, 59, 60
前半規管　47

そ

造血作用　62
臓側胸膜　79
僧帽筋　11
──の張力　11
側臥位　29
側抑制　154
側管点滴　103
ソフト・プラスチック製ボトル
　　　　　　　　　　　103
ソフト・プラスチックバッグ　98

た

第5腰椎にはたらく力　16
体位変換　29
ダイエット　170

体温　161
── 異常　172
── 制御　161
── 測定　161
── 調節　164
── 調節のための制御機能　168
── 変動(入眠時の)　170
体感温度　166
大気圧　66
対向流　132, **176**
胎児　74
── の羊水効果　74
代謝率
── , 筋肉運動による　165
── , 筋肉のふるえによる　165
体循環　115
大循環　115
体心　163
対数　140, 155
対数化　141
対数目盛　145
体積
── , 生体における　63
── に関与する量　64
大腿骨　8
大転子　9
大動脈瘤　83
体内温度　162
体熱の放散量　63
正しい姿勢　21
立ちくらみ　130
立つ姿勢　21
脱水症状　72
多様性　137
単位面積あたりの力　53
弾性　38
弾性ストッキング　133
弾性包帯　133
断続音　149
胆道ドレナージ　90
単文　183
短絡路　177

ち

チェスト・ドレーン・バッグ　84, **87**
力　1
── と圧力の違い　53
── の節約　40, 42
── の分力　44
── のモーメント　1, 2

窒素酔い　68
知的好奇心　182
中間チューブ　99
中空構造の骨　62
注射　56
── の痛みの緩和　58
注射針
── の先端が皮膚に及ぼす圧力　55
── の先端の作り方　56
── の太さ　156
中心静脈圧　108
中心静脈栄養法　108
中心静脈カテーテル　108
チューニング　147
超音波ネブライザー　90
聴覚　141
── 検査　144
── の大きさ　141
長骨　61, 62
長全音　146
調律　147
張力　10
── , 筋肉の　10
── , 骨格筋の　45
── , 上腕二頭筋の　14
── , 腓腹筋の　12
鳥類の心臓　115
直接法(血圧測定の)　122
直腸温　162
治療体操　2

つ

椎間板ヘルニア　18
椎孔　18
椎骨　7
通気孔つきびん針　103
使い捨てカイロ　159

て

低圧力　68
低温沸騰　69
低血圧症　120
定常流　104
低体温　172
低反発マットレス　74
滴下数　105
滴下数制御タイプ　106
滴下装置　99
てこ　9
てこの原理　9
── , 第1種の　9, 11, 42

── , 第2種の　9, 12
── , 第3種の　9, 14
── の人体への応用　10
デシベル　141, 143
点字　149
点滴静脈内注射　97
── のセッティング　98
点滴所要時間　105
点滴速度　104, 105
点滴筒　99

と

等感覚曲線　142
凍結乾燥法　69
動作の経済性　45
等差目盛　145
等尺性収縮　39
動静脈吻合　177
等張性収縮　38
等比目盛　145
動摩擦力　37
動脈血酸素飽和度　89
動脈硬化　119
動脈拍動　132
冬眠　170
特殊浴槽　72
ト形混入口　103
トップダウン形式　184
ドップラー効果　149
トルク　2
ドレナージ　83

な

ナースシューズ　34, 38
内リンパ液　47
内肋間筋　81
波の重ね合わせの原理　143
難聴　143

に

二の腕　14
ニュートンの第1法則　40
入眠時の体温変動　170
入浴　70
── 介助　72
妊婦の腰痛対策　19

ね

熱　161
熱温存　176
熱痙攣　172
熱交換システム　176

熱射病　172
熱収支(身体の)　167
熱傷　159
熱中症　172
熱伝達率　166
熱伝導　160
熱伝導率　165, 166
熱容量　160
熱流モデル(身体の)　163
ネフロン　64
粘性係数　118

の

脳　67
脳圧　67
脳梗塞　118
脳室ドレナージ　90
脳脊髄液　74

は

ハード・プラスチック製ボトル
　　　　102
肺　79
──，高圧力の環境　68
バイアル　113, 114
倍音　143, 146
排液室　87, 88
排液ボトル　87
肺血栓塞栓症　133
肺循環　115
肺胞　64, **79**
── の総表面積　81
肺胞内圧　81, 82
廃用症候群　2
ハザードボックス　101
パスカル　65, 73
── の原理　73
発汗作用　174
白血球　121
発熱　172
── の意味　175
発熱物質　172
バネ　38
バネ定数　72
速さの変化　45
針刺し事故　101
パルスオキシメータ　89
半音　146
伴行静脈　132, **176**
半座位　60
半身浴　71
半全音　146

ひ

比　145
ヒートショック　71
比較器　168
光の波長　144
非観血法　122
ピギーバック法　103
低い姿勢　35, 36
膝を曲げた姿勢　36
非常口誘導マーク　154
ヒダ(体内の)　64
引っ張り応力　59
微分的変化強調機能　155
比熱　160
皮膚　163
── 温度　162
── からの蒸発による熱伝達率
　　　　165
── からの対流による熱伝達率
　　　　166
── からの放射による熱伝達率
　　　　166
腓腹筋　12
── の張力　12
微分係数　150
肥満　171
肥満体　61
表面活性物質　82
表面張力　63, 82
貧血状態　71
頻呼吸　134
びん針　98
頻脈　134

ふ

ファウラー位　60
負圧　82
フィードバック・システム　168
フィードバック信号　168
フィンガー方式　106
負荷継続時間　59
不感温度　72
不感蒸散　165
不随意運動(眼の)　155
不随意筋　58
フックの法則　72
物質交換　121
沸点　69
フットポンプ　133
プラーク　119
プライミング　99

ブラウン運動　111
プラスチック製ボトル　102
フラッシュバック　100
プラネクター　103
フリーズドライ　69
ふるえ　174
プルキンエ現象　154
フルクテーション　86
フルスケール　144
分解能　144, 145
分子間力(水の)　91

へ

平圧　81, 82
平滑筋　58
平均血圧　117
平衡感覚器　47
平衡砂　47
平衡斑　47
並進運動　4
平面関節　18
壁側胸膜　79
ヘクトパスカル　65
ベッドメイキング　31, 38, 48
ヘリウム　68
ベルクマンの法則　64
ベルヌーイの定理　89

ほ

ポアズイユの法則　**104**, 109, 118
ボイルの法則　67, 80
母音　143
ポジショニング　60
補色　155
補色残像　155
ボディメカニクス　27
ボトムアップ形式　184
哺乳類の心臓　115, 116
骨の耐久力　61
ホメオスタシス　161
ポリウレタンフォーム　73
保冷剤　160
ホン　142
ポンピング　99
ポンプ　115

ま

摩擦係数　37
摩擦力　37
まばたき　155
マンシェット　122, 123

み

水
── の分子間力　91
── の密度　127
"水"血圧計　126
耳鳴り　69
耳ぬき　70
耳の圧力変化　69
脈圧　117
ミルキング作用　131

め

明暗視　152
明順応　154, 155
明所視　154
眼の不随意運動　155
めまい　130
面積
──，生体における　63
── に関与した生理現象　64

も

毛細血管　121
毛細血管血圧　60
網膜の構造　153
モーメント　1
目標値(体温調節の)　168

や

薬液注入ポート　103

やじろべえ　35
薬物成分の血中濃度　148

ゆ

融解熱　159
輸液バッグの高さ　107
輸液ポンプ　103, **106**
湯の温度　72
ゆらぎ　137

よ

陽圧　81
陽圧室　69
羊水　74
腰痛対策(妊婦の)　19
腰椎の耐久力　18
用不用の法則　2
翼状針　**56**, 101

ら

落差　90
ラドルックス　151
ラプラスの法則　83
卵形嚢　47
ランダムウォーク　111

り

力学的腕の長さ　3
力積　13
力点　4, 9
理系の表現　183

リバウンド　170
リバロッチ血圧計　122
流量の調節(点滴の)　104
両生類の心臓　116
リンケの式　166
輪軸　5
輪状ヒダ　64
リンパ　132

る・れ

ルート　98
冷罨法　159
冷却スプレー　159
レベル　141
連続音　149
連続の法則　90

ろ

老年性難聴　144
ローラークレンメ　104
ロングフライト血栓症　132
論理の環　184

わ

ワンダーネット　134
ワンポイントカットマーク　4